MADAME DE LAFAYETTE

La Princesse de Clèves

PARCOURS ASSOCIÉ Individu, morale et société

1678

TEXTE INTÉGRAL

Édition présentée par
Laure Helms
Agrégée de Lettres modernes

Sous la direction de Florence Renner
Agrégée de Lettres modernes

Nathan

Sommaire

ISBN : 978-2-09-151211-2

LE DOSSIER *du lycéen*

Biographie

Qui est Madame de Lafayette en 1678 ?

Lorsque *La Princesse de Clèves* paraît en 1678, Mme de Lafayette a 44 ans. Cette brillante mondaine, amie de la marquise de Sévigné et du duc de La Rochefoucauld, est bien connue du Paris littéraire de l'époque, et elle a déjà publié plusieurs ouvrages, toujours anonymement. *La Princesse de Montpensier* (1662), une nouvelle historique qui prend pour cadre les guerres de religion, a notamment rencontré la faveur du public.

Les années de formation

• Marie-Madeleine Pioche de la Vergne naît à Paris le 18 mars 1634, dans une famille de petite noblesse. Son père est simple écuyer du roi, mais il se met également au service du cardinal de Richelieu, qui lui assure en retour faveur et protection. Le père de la jeune fille meurt cependant en 1649, et sa mère épouse en secondes noces le chevalier Renaud de Sévigné. De son côté, Marie-Madeleine devient à quinze ans demoiselle d'honneur d'Anne d'Autriche, veuve de Louis XIII, et régente durant la minorité du jeune Louis XIV, âgé d'à peine cinq ans lorsqu'il accède au trône.

Mme de Lafayette reçoit une formation exceptionnelle pour une jeune fille de son époque.

• Cependant, son beau-père, le chevalier de Sévigné, se compromet durant la Fronde et il est contraint de s'exiler en Anjou avec sa famille en 1652. Durant les années qu'elle passe en province, la jeune fille complète sa culture littéraire, en découvrant notamment les romans galants de Mlle de Scudéry, comme *Clélie* qui paraît en plusieurs volumes à partir de 1654. Marie-Madeleine entre également en correspondance avec Gilles Ménage, poète mondain et érudit qui joue un rôle important dans sa formation, en l'initiant notamment au latin, à l'italien, à l'espagnol et à l'histoire. Elle reçoit ainsi une formation exceptionnelle pour une jeune fille de son époque.

Mariage, vie en province et retour à Paris

• À son retour à Paris, en 1655, la jeune femme épouse, à vingt-et-un ans, le comte François de Lafayette, de dix-sept ans son aîné. Elle acquiert ainsi un nom et un patrimoine qu'elle s'efforcera de conserver toute sa vie, malgré de nombreux procès liés à des questions d'héritage.

• Après quelques années passées en Auvergne auprès de son mari, qui n'apprécie guère la vie mondaine, Mme de Lafayette revient seule à Paris et fréquente assidûment les salons littéraires de son époque. Elle se lie notamment en 1662 avec la marquise du Plessis-Guénégaud, qui reçoit à l'hôtel de Nevers les figures intellectuelles les plus brillantes de son époque, parmi lesquelles Pascal, Racine et La Rochefoucauld.

• Mme de Lafayette reçoit également de nombreux lettrés dans son propre salon, rue Férou, en face de l'actuel Jardin du Luxembourg, qui devient « le plus joli lieu du monde pour l'esprit à Paris », selon le témoignage de Mme de Sévigné. Enfin, Mme de Lafayette est proche de la jeune Henriette d'Angleterre, qui épouse en 1661 Monsieur, le frère du roi Louis XIV, ce qui conduit Marie-Madeleine à fréquenter la cour.

De *La Princesse de Montpensier* à *La Princesse de Clèves*

• En 1662, Mme de Lafayette publie anonymement *La Princesse de Montpensier*, une nouvelle qui remporte un succès immédiat, notamment en raison de sa concision et de son efficacité. Cette œuvre a été écrite en collaboration avec Gilles Ménage, qui est devenu un ami proche.

• La jeune femme noue également une relation étroite avec le duc de La Rochefoucauld, qui publie anonymement ses *Maximes* en 1665. Pour divertir le duc, qui apprécie les œuvres romanesques, Mme de Lafayette écrit ensuite *Zaïde* (1669-1671), un roman situé dans l'Espagne du IXe siècle. L'œuvre est publiée en deux parties sous le nom de Jean de Segrais, un poète et traducteur devenu le secrétaire de Mme de Lafayette.

« … une des Précieuses de plus haut rang et de la plus haute volée. »[1]

• À la suite de la mort brutale d'Henriette d'Angleterre en 1670, Mme de Lafayette cesse de fréquenter la cour, et vit dans une demi-retraite chez elle. Elle travaille à partir de 1672 à une œuvre qu'elle songe d'abord à intituler *Le Prince de Clèves*. La Rochefoucauld et Segrais suivent de près la rédaction de l'ouvrage, en donnant à l'auteur des avis et des conseils.

• Lorsqu'elle paraît anonymement en 1678, *La Princesse de Clèves* suscite un engouement très vif, tout en étant au cœur de débats passionnés concernant le genre de l'œuvre ainsi que la vraisemblance de certaines scènes. Mme de Lafayette refuse de reconnaître qu'elle est l'auteur du livre,

---

1. Témoignage de deux voyageurs hollandais, les frères Villers.

mais elle missionne discrètement un érudit de sa connaissance, l'abbé de Charnes, pour répondre à certaines critiques adressées à son roman.

• Les dernières années de la vie de l'auteur sont marquées par une série de deuils. Le duc de La Rochefoucauld meurt en 1680, et trois années plus tard, c'est le comte de Lafayette qui disparaît à son tour. Tout en rédigeant ses *Mémoires de la cour de France pour les années 1688 et 1689*, qui seront publiés en 1731, Mme de Lafayette se retire progressivement de la vie mondaine. Elle mène une existence de plus en plus solitaire et meurt en 1693.

Contexte historique & culturel

Écrire au temps de Louis XIV

Louis XIV et la mise en place de la monarchie absolue

- En 1678, lorsque paraît *La Princesse de Clèves*, le règne de Louis XIV est à son apogée. Né en 1638, Louis XIV a cinq ans à la mort de son père Louis XIII, et c'est donc sa mère Anne d'Autriche qui assure la régence, en s'appuyant notamment sur le cardinal Mazarin. Après la Fronde (1648-1653), une période de troubles caractérisée par la révolte des parlementaires parisiens et des grands seigneurs qui protestent contre d'importantes levées d'impôts, l'autorité monarchique est rétablie. Le jeune roi restera cependant profondément marqué par cette période de contestation et il s'efforcera par la suite de renforcer le pouvoir royal, tout en prenant soin d'installer le gouvernement et la cour à l'extérieur de Paris.

À la mort de Mazarin, Louis XIV aurait affirmé : « L'État, c'est moi. »

- À la mort de Mazarin, en 1661, Louis XIV décide de gouverner par lui-même, en s'entourant d'un nombre restreint de ministres, non pas des grands seigneurs mais des bourgeois récemment anoblis, qui dépendent de la faveur royale. Colbert est ainsi nommé contrôleur général des Finances, et Louvois ministre de la Guerre. Ces ministres conseillent le roi, lui présentent des dossiers concernant les affaires du royaume, mais en définitive, le roi décide seul. De 1661 à sa mort en 1715, Louis XIV exerce ainsi pleinement ce qu'il appelle lui-même le « métier de roi », en s'appuyant sur la conviction qu'il est un monarque de droit divin[1], maître absolu de ses sujets.

Versailles et les fastes de la cour

- Louis XIV, surnommé le Roi-Soleil, organise autour de lui une cour nombreuse et fastueuse, fréquentée par des nobles qui sont contraints de quémander auprès de lui des charges, des pensions ou des places rémunératrices. Cette cour très hiérarchisée s'installe progressivement au château de Versailles, qui n'était au départ qu'une modeste résidence de campagne construite par Louis XIII. Louis XIV ordonne des travaux très coûteux, et fait

---

1. Un monarque de droit divin considère qu'il est investi par Dieu et que son pouvoir émane d'une volonté toute-puissante. Il n'a donc pas de compte à rendre aux autres hommes.

transformer ce rendez-vous de chasse en un somptueux palais, entouré d'immenses jardins et de pavillons annexes. Les travaux, coordonnés par les plus grands architectes de l'époque, Louis Le Vau et Jules Hardouin-Mansart, ainsi qu'André Le Nôtre pour les jardins, commencent en 1661 et se poursuivent jusqu'en 1710, bien après l'installation de la cour. C'est dans ce cadre que Louis XIV fait donner de nombreuses fêtes, qui lui permettent de mettre en scène le faste de son règne.

Au cours des fêtes organisées pour célébrer les progrès des travaux de Versailles, sont représentés des comédies de Molière et des ballets de Lully.

- La vie du roi et de sa famille, réglée par un cérémonial complexe, est chaque jour offerte en spectacle à des centaines de courtisans. Marié à Marie-Thérèse d'Autriche en 1660 pour des raisons de politique étrangère, Louis XIV a par ailleurs de nombreuses favorites : la duchesse de Lavallière, la marquise de Montespan et la duchesse de Fontanges ne sont que les plus célèbres d'entre elles. Après la mort de Marie-Thérèse en 1683, Louis XIV épouse en secret Madame de Maintenon, et il mène sous son influence une vie plus austère jusqu'à sa mort en 1715.

- Madame de Lafayette, proche de Madame, la belle-sœur du roi, fréquente la cour de Louis XIV durant sa jeunesse, et elle en connaît parfaitement les arcanes. Bien que l'intrigue de *La Princesse de Clèves* soit située à la fin du règne d'Henri II, « la magnificence et la galanterie » propres à la vie de la cour en 1558-1559, ainsi que les multiples intrigues qui en constituent la toile de fond, se nourrissent de l'expérience personnelle de l'auteur.

Le genre narratif et la vogue du roman-fleuve

- Au cours de la première partie du XVIIe siècle, le roman-fleuve se développe en France : des œuvres de plusieurs milliers de pages remportent un succès important auprès du public lettré. *L'Astrée*, roman pastoral d'Honoré d'Urfé, paraît ainsi en cinq parties entre 1607 et 1627.

- Cette somme romanesque met en scène plus de deux cents personnages, essentiellement de beaux bergers et de belles bergères qui ont choisi la campagne pour vivre dans la douceur et la proximité de la nature. Tous ces héros, parés de grandes qualités physiques et morales, consacrent leur existence aux raffinements du cœur et de l'esprit, exposés au fil d'une intrigue pleine de rebondissements qui multiplie les récits enchâssés.

• Quelques années plus tard, les romans de Mlle de Scudéry prolongent cette vogue en la nourrissant de l'évocation d'exploits guerriers, accomplis par de grands héros de l'Antiquité. *Artamène ou le Grand Cyrus*, publié entre 1649 et 1653, est ainsi le plus long roman de la littérature française : avec plus de treize mille pages dans l'édition originale, il comporte une dizaine de volumes et met en scène près de quatre cents personnages, au fil d'une intrigue extrêmement complexe, elle aussi riche en récits secondaires.

La littérature précieuse

• *Le Grand Cyrus*, tout comme *Clélie* et d'autres romans publiés au cours de ces mêmes années, font l'objet de discussions et d'échanges entre lettrés, en amont et en aval de leur publication. La production de ces œuvres est ainsi étroitement liée au développement de cercles mondains et littéraires. Ces salons, très souvent animés par des femmes, sont des lieux essentiels de la vie culturelle au XVIIe siècle : on y commente les parutions des auteurs à la mode, les nouvelles pièces de théâtre, et l'on y écrit volontiers, à plusieurs mains, des poèmes de circonstance, des maximes, voire des textes plus élaborés.

Les salons sont des lieux essentiels de la vie culturelle au XVIIe siècle.

• La noblesse de cette époque, écartée du pouvoir par la monarchie absolutiste, développe ainsi des pratiques sociales et culturelles nouvelles, fondées non plus sur la toute-puissance des armes, mais sur le partage de codes communs, élitistes et raffinés, notamment dans le domaine des œuvres de l'esprit. C'est ce qu'on appelle la Préciosité, qui n'est ni une école ni un mouvement structuré, mais un courant artistique et intellectuel.

• La carte de Tendre, représentation allégorique des sentiments amoureux insérée dans le premier tome de *Clélie*, constitue une illustration intéressante de cette codification : cette gravure représente un pays imaginaire, traversé par trois fleuves, qui constituent trois chemins différents pour se rendre du village de Nouvelle-Amitié à celui de Tendre.

• Au cours de sa jeunesse, Mme de Lafayette fréquente ces salons précieux avec assiduité : elle a notamment ses entrées dans le salon animé par Mlle de Scudéry, puis dans celui de la marquise du Plessis, à l'hôtel de Nevers, avant de fonder son propre salon. C'est dans ces lieux de sociabilité qu'elle s'imprègne des codes de la littérature précieuse, notamment dans le domaine de l'analyse des sentiments amoureux.

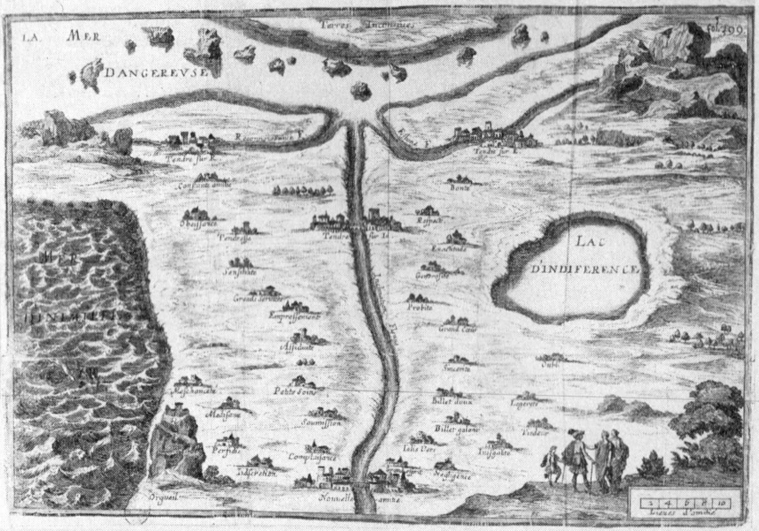

La carte de Tendre, École française (1656), collection particulière.

Le développement d'une esthétique de la brièveté

- Cependant, à partir des années 1660, le public commence à se lasser du roman baroque et de ces intrigues longues et touffues, pleines de péripéties invraisemblables. Le roman-fleuve fait l'objet de critiques de plus en plus nombreuses, voire de railleries de la part des doctes qui tiennent le genre en piètre estime. Le goût du public évolue, et valorise progressivement des œuvres fondées sur un idéal de mesure, de sobriété, ainsi que sur le respect de la vraisemblance, en somme de ce que l'on appellera *a posteriori* le classicisme.

- Du côté des textes narratifs, les lecteurs de l'époque se tournent vers la nouvelle, un genre qui se fonde non seulement sur la recherche de la concision, mais aussi de la vraisemblance : les événements rapportés y sont présentés comme récents et crédibles, à l'opposé du romanesque à outrance et des fantaisies du roman-fleuve. Jean de Segrais, un proche de Mme de Lafayette, publie en 1656 un recueil de *Nouvelles françaises*, en accompagnant son œuvre d'une réflexion théorique sur le genre.

- Les nouvelles de Segrais comportent par ailleurs une dimension historique : les événements rapportés s'inscrivent dans un cadre relativement récent, qui se réfère à une chronique vérifiable, connue des lecteurs. Tout n'y est pas forcément véridique, des personnages fictifs peuvent cohabiter avec des personnages historiques, mais l'Histoire sert de caution à l'ensemble, et un grand effort de vraisemblance est accompli.

• Un des premiers chefs-d'œuvre du genre est *La Princesse de Montpensier* que Mme de Lafayette fait paraître en 1662, sans nom d'auteur. *La Princesse de Clèves*, une quinzaine d'années plus tard, s'inscrit dans cette continuité. Avec ses deux cents pages à peine, elle appartient encore, du point de vue de l'histoire littéraire, au genre de la nouvelle historique (voir le dossier du lycéen, p. 201), et Mme de Lafayette elle-même s'applique d'ailleurs à contourner le terme de *roman* lorsqu'elle évoque son œuvre dans sa correspondance.

Repères chronologiques

L'auteur	Date	Le contexte
	1606	Honoré d'Urfé, L'Astrée
	1627	Création de l'Académie française par Richelieu
Naissance de Marie-Madeleine Pioche de La Vergne	1634	
	1643	*Mort de Louis XIII. Début de la régence d'Anne d'Autriche.*
	1648	*Mlle de Scudéry,* Artamène ou le Grand Cyrus
Mort du père de Marie-Madeleine	1649	Troubles de la Fronde
Remariage de sa mère avec le chevalier de Sévigné. Marie-Madeleine devient demoiselle d'honneur de la reine.	1650	
	1653	
	1654	*Mlle de Scudéry,* Clélie, histoire romaine
Mariage de Mlle de La Vergne avec le comte François de Lafayette. Installation au château d'Espinasse.	1655	
Mort de la mère de Mme de Lafayette	1656	*Jean de Segrais,* Les Nouvelles françaises
Naissance de ses deux fils. Retour à Paris.	1658	
	1659	
Mme de Lafayette commence à fréquenter la cour	1661	*Mort de Mazarin. Début du règne personnel de Louis XIV.*
La Princesse de Montpensier	1662	
	1664	*La Rochefoucauld,* Maximes
***Zaïde*, roman dont l'intrigue se situe en Espagne**	1669	
	1670	*Blaise Pascal,* Pensées. *Mort d'Henriette d'Angleterre (Madame, belle-sœur du roi Louis XIV).*
	1677	*Jean Racine,* Phèdre
La Princesse de Clèves	1678	
Mort de La Rochefoucauld	1680	
Mort du comte de Lafayette	1683	
	1685	*Révocation de l'Édit de Nantes*
Mort de Mme de Lafayette	1693	
	1715	*Mort de Louis XIV*

Lire...

La Princesse de Clèves

Madame de Lafayette
1678

TEXTE INTÉGRAL

« *Si vous jugez sur les apparences en ce lieu-ci, répondit madame de Chartres, vous serez souvent trompée : ce qui paraît n'est presque jamais la vérité.* »

Madame de Chartres à sa fille, la Princesse de Clèves.

Le libraire au lecteur

Quelque approbation qu'ait eue cette histoire dans les lectures qu'on en a faites, l'auteur n'a pu se résoudre à se déclarer ; il a craint que son nom ne diminuât le succès de son livre. Il sait par expérience que l'on condamne quelquefois les ouvrages sur la médiocre opinion qu'on a de l'auteur et il sait aussi que la réputation de l'auteur donne souvent du prix aux ouvrages. Il demeure donc dans l'obscurité où il est, pour laisser les jugements plus libres et plus équitables, et il se montrera néanmoins si cette histoire est aussi agréable au public que je l'espère.

PREMIÈRE PARTIE

La magnificence[1] et la galanterie[2] n'ont jamais paru en France avec tant d'éclat que dans les dernières années du règne de Henri second[3]. Ce prince était galant, bien fait, et amoureux : quoique sa passion pour Diane de Poitiers, duchesse de Valentinois, eût commencé il y avait plus de vingt ans[4], elle n'en était pas moins violente, et il n'en donnait pas des témoignages moins éclatants.

Comme il réussissait admirablement dans tous les exercices du corps, il en faisait une de ses plus grandes occupations : c'était tous les jours des parties de chasse et de paume[5], des ballets, des courses de bagues[6], ou de semblables divertissements. Les couleurs et les chiffres[7] de madame de Valentinois paraissaient partout, et elle paraissait elle-même avec tous les ajustements[8] que pouvait avoir mademoiselle de la Marck, sa petite-fille, qui était alors à marier.

La présence de la reine[9] autorisait la sienne : cette princesse était belle, quoiqu'elle eût passé la première jeunesse ; elle aimait la grandeur, la magnificence, et les plaisirs. Le roi l'avait épousée lorsqu'il était encore duc d'Orléans, et qu'il avait pour aîné le dauphin[10], qui mourut à Tournon ; prince que sa naissance et ses grandes qualités destinaient à remplir dignement la place du roi François premier, son père.

---

1. Le faste.

2. L'élégance, mais aussi les intrigues amoureuses.

3. Deuxième fils de François Ier, Henri II (1519-1559) règne de 1547 à 1559.

4. Cette liaison a débuté en 1538, et le récit commence en 1558.

5. Jeu de balle, ancêtre du tennis.

6. Courses à cheval, où les cavaliers doivent décrocher avec leur lance des anneaux suspendus à un poteau.

7. Lettres initiales entrelacées, qui sont le symbole de la personne.

8. Les parures.

9. Catherine de Médicis (1519-1589).

10. François de France, le fils aîné de François Ier (1518-1536).

Diane de Poitiers

Diane de Poitiers (1499-1566), duchesse de Valentinois, a vingt ans de plus que le roi. Elle est sa maîtresse depuis 1538. Son influence est importante, tant sur le plan politique que sur le plan culturel. Mme de Chartres résume la destinée de la duchesse de Valentinois au cours de la première partie du roman, p. 45.

L'humeur ambitieuse de la reine lui faisait trouver une grande douceur à régner. Il semblait qu'elle souffrît sans peine l'attachement du roi pour la duchesse de Valentinois, et elle n'en témoignait aucune jalousie ; mais elle avait une si profonde dissimulation, qu'il était difficile de juger de ses sentiments ; et la politique l'obligeait d'approcher cette duchesse de sa personne, afin d'en approcher aussi le roi. Ce prince aimait le commerce[1] des femmes, même de celles dont il n'était pas amoureux. Il demeurait tous les jours chez la reine à l'heure du cercle[2], où tout ce qu'il y avait de plus beau et de mieux fait de l'un et de l'autre sexe ne manquait pas de se trouver.

Jamais cour n'a eu tant de belles personnes et d'hommes admirablement bien faits ; et il semblait que la nature eût pris plaisir à placer ce qu'elle donne de plus beau dans les plus grandes princesses et dans les plus grands princes. Madame Élisabeth de France[3], qui fut depuis reine d'Espagne, commençait à faire paraître un esprit surprenant, et cette incomparable beauté qui lui a été si funeste. Marie Stuart, reine d'Écosse, qui venait d'épouser monsieur le dauphin, et qu'on appelait la reine dauphine, était une personne parfaite pour l'esprit et pour le corps ; elle avait été élevée à la cour de France, elle en avait pris toute la politesse ; et elle était née avec tant de dispositions pour toutes les belles choses, que, malgré sa grande jeunesse, elle les aimait et s'y connaissait mieux que personne. La reine, sa belle-mère, et Madame[4], sœur du roi, aimaient aussi les vers, la comédie, et la musique. Le goût que le roi François premier avait eu pour la poésie et pour les lettres régnait encore en France ; et le roi, son fils, aimant les exercices du corps, tous les plaisirs étaient à la cour. Mais ce qui rendait

1. La compagnie, la fréquentation.
2. Heure où la reine reçoit dans ses appartements.
3. Fille aînée d'Henri II (1545-1568), elle épouse le roi d'Espagne Philippe II en 1559.
4. Marguerite de France (1523-1574), sœur d'Henri II.

Marie Stuart

Marie Stuart (1542-1587) est reine d'Écosse depuis la mort de son père, quelques jours après sa naissance. La gestion du royaume d'Écosse est confiée à sa mère puis à son cousin, et Marie est élevée en France, où elle épouse le fils aîné d'Henri II, qui accède au trône en 1559. Mais François II meurt au bout d'un an, et Marie Stuart revient en Écosse, dans une période de conflit religieux. Après dix-huit années d'emprisonnement, elle est exécutée.

cette cour belle et majestueuse, était le nombre infini de princes et de grands seigneurs d'un mérite extraordinaire. Ceux que je vais nommer étaient, en des manières différentes, l'ornement et l'admiration de leur siècle.

Le roi de Navarre[5] attirait le respect de tout le monde par la grandeur de son rang et par celle qui paraissait en sa personne. Il excellait dans la guerre ; et le duc de Guise[6] lui donnait une émulation qui l'avait porté plusieurs fois à quitter sa place de général pour aller combattre auprès de lui, comme un simple soldat, dans les lieux les plus périlleux. Il est vrai aussi que ce duc avait donné des marques d'une valeur si admirable, et avait eu de si heureux succès, qu'il n'y avait point de grand capitaine qui ne dût le regarder avec envie. Sa valeur était soutenue de toutes les autres grandes qualités : il avait un esprit vaste et profond, une âme noble et élevée, et une égale capacité pour la guerre et pour les affaires. Le cardinal de Lorraine, son frère, était né avec une ambition démesurée, avec un esprit vif et une éloquence admirable ; et il avait acquis une science[7] profonde, dont il se servait pour se rendre considérable en défendant la religion catholique, qui commençait d'être attaquée. Le chevalier de Guise, que l'on appela depuis le grand prieur, était un prince aimé de tout le monde, bien fait, plein d'esprit, plein d'adresse, et d'une valeur célèbre par toute l'Europe. Le prince de Condé[8], dans un petit corps peu favorisé de la nature, avait une âme grande et hautaine, et un esprit qui le rendait aimable aux yeux même des plus belles femmes. Le duc de Nevers[9], dont la vie était glorieuse par la guerre et par les grands emplois qu'il avait eus, quoique dans un âge un peu avancé, faisait les délices de la cour. Il avait trois fils parfaitement bien faits : le second, qu'on appelait le prince de Clèves, était digne de soutenir la gloire de son nom ; il était brave et magnifique, et il avait une prudence qui ne se trouve guère avec

5. Antoine de Bourbon (1518-1562), père du futur Henri IV.

6. François Ier de Lorraine (1519-1563), chef de la puissante maison de Lorraine, opposée au protestantisme. Ses frères cadets, le cardinal de Lorraine et le chevalier de Guise, sont mentionnés ensuite.

7. Un savoir.

8. Louis Ier de Bourbon (1530-1569), chef du parti protestant.

9. Il s'agit de François de Clèves (1516-1561). Il a commandé l'armée royale pendant une partie des guerres d'Italie.

la jeunesse. Le vidame de Chartres[1], descendu de cette ancienne maison de Vendôme, dont les princes du sang n'ont point dédaigné de porter le nom, était également distingué dans la guerre et dans la galanterie ; il était beau, de bonne mine, vaillant, hardi, libéral[2] ; toutes ces bonnes qualités étaient vives et éclatantes : enfin, il était seul digne d'être comparé au duc de Nemours, si quelqu'un lui eût pu être comparable ; mais ce prince était un chef-d'œuvre de la nature ; ce qu'il avait de moins admirable était d'être l'homme du monde le mieux fait et le plus beau. Ce qui le mettait au-dessus des autres, était une valeur incomparable, et un agrément[3] dans son esprit, dans son visage et dans ses actions, que l'on n'a jamais vu qu'à lui seul. Il avait un enjouement[4] qui plaisait également aux hommes et aux femmes, une adresse extraordinaire dans tous ses exercices, une manière de s'habiller qui était toujours suivie de tout le monde, sans pouvoir être imitée, et enfin un air dans toute sa personne qui faisait qu'on ne pouvait regarder que lui dans tous les lieux où il paraissait. Il n'y avait aucune dame, dans la cour, dont la gloire n'eût été flattée de le voir attaché à elle : peu de celles à qui il s'était attaché se pouvaient vanter de lui avoir résisté ; et même plusieurs à qui il n'avait point témoigné de passion n'avaient pas laissé[5] d'en avoir pour lui. Il avait tant de douceur et tant de disposition à la galanterie, qu'il ne pouvait refuser quelques soins à celles qui tâchaient de lui plaire : ainsi il avait plusieurs maîtresses, mais il était difficile de deviner celle qu'il aimait véritablement. Il allait souvent chez la reine dauphine[6] : la beauté de cette princesse, sa douceur, le soin qu'elle avait de plaire à tout le monde, et l'estime

1. François de Vendôme (1522-1562). Un vidame est le représentant d'une abbaye ou d'un évêché.
2. Généreux.
3. Charme, grâce.
4. Disposition à la gaieté.
5. Pas manqué.
6. Marie Stuart.

Jacques de Savoie-Nemours

Le personnage de Mme de Lafayette est inspiré de Jacques de Savoie, duc de Nemours (1531-1585). Figure importante de la cour des Valois, cousin germain de François Ier, il se signale très jeune par sa bravoure et ses qualités militaires. Célèbre pour son charme et son élégance, le duc de Nemours est un prétendant sérieux de la reine d'Angleterre en 1559. Il épouse cependant en 1566 la veuve du duc de Guise, Anne d'Este, dont il était épris durant sa jeunesse.

particulière qu'elle témoignait à ce prince, avaient souvent donné lieu de croire qu'il levait les yeux jusqu'à elle. Messieurs de Guise, dont elle était nièce, avaient beaucoup augmenté leur crédit et leur considération par son mariage ; leur ambition les faisait aspirer à s'égaler aux princes du sang[7], et à partager le pouvoir du connétable de Montmorency[8]. Le roi se reposait sur lui de la plus grande partie du gouvernement des affaires, et traitait le duc de Guise et le maréchal de Saint-André[9] comme ses favoris. Mais ceux que la faveur ou les affaires approchaient de sa personne, ne s'y pouvaient maintenir qu'en se soumettant à la duchesse de Valentinois ; et, quoiqu'elle n'eût plus de jeunesse, ni de beauté, elle le gouvernait avec un empire si absolu, que l'on peut dire qu'elle était maîtresse de sa personne et de l'État.

Le roi avait toujours aimé le connétable ; et sitôt qu'il avait commencé à régner, il l'avait rappelé de l'exil où le roi François premier l'avait envoyé[10]. La cour était partagée entre messieurs de Guise et le connétable, qui était soutenu des princes du sang. L'un et l'autre parti avaient toujours songé à gagner la duchesse de Valentinois. Le duc d'Aumale, frère du duc de Guise, avait épousé une de ses filles ; le connétable aspirait à la même alliance : il ne se contentait pas d'avoir marié son fils aîné avec madame Diane, fille du roi et d'une dame de Piémont[11], qui se fit religieuse aussitôt qu'elle fut accouchée. Ce mariage avait eu beaucoup d'obstacles par les promesses que monsieur de Montmorency[12] avait faites à mademoiselle de Piennes, une des filles d'honneur[13] de la reine ; et, bien que le roi les eût surmontés avec une patience et une bonté extrême, ce connétable ne se trouvait pas encore assez appuyé, s'il ne s'assurait de madame de Valentinois, et s'il ne la séparait de messieurs de Guise, dont la grandeur commençait à donner de l'inquiétude à

7. Princes appartenant au lignage royal.

8. Un connétable est responsable de l'administration et de la conduite des armées. Le Duc de Montmorency (1492-1567) est par ailleurs un des principaux conseillers d'Henri II.

9. Allié du Duc de Guise.

10. Le Duc de Montmorency avait été disgracié en 1541.

11. Fille illégitime d'Henri II, légitimée en 1548.

12. Fils aîné du connétable, François de Montmorency (1530-1579) a contracté un mariage secret avec Jeanne de Piennes. Il dut cependant y renoncer.

13. Demoiselles de compagnie.

cette duchesse. Elle avait retardé, autant qu'elle avait pu, le mariage du dauphin avec la reine d'Écosse[1]. La beauté et l'esprit capable[2] et avancé de cette jeune reine, et l'élévation que ce mariage donnait à messieurs de Guise, lui étaient insupportables. Elle haïssait particulièrement le cardinal de Lorraine ; il lui avait parlé avec aigreur, et même avec mépris ; elle voyait qu'il prenait des liaisons avec la reine ; de sorte que le connétable la trouva disposée à s'unir avec lui, et à entrer dans son alliance par le mariage de mademoiselle de la Marck, sa petite-fille, avec monsieur d'Anville, son second fils, qui succéda depuis à sa charge sous le règne de Charles IX[3]. Le connétable ne crut pas trouver d'obstacles dans l'esprit de monsieur d'Anville pour un mariage, comme il en avait trouvé dans l'esprit de monsieur de Montmorency ; mais, quoique les raisons lui en fussent cachées, les difficultés n'en furent guère moindres. Monsieur d'Anville était éperdument amoureux de la reine dauphine ; et, quelque peu d'espérance qu'il eût dans cette passion, il ne pouvait se résoudre à prendre un engagement qui partagerait ses soins. Le maréchal de Saint-André était le seul dans la cour qui n'eût point pris de parti ; il était un des favoris, et sa faveur ne tenait qu'à sa personne : le roi l'avait aimé dès le temps qu'il était dauphin ; et depuis, il l'avait fait maréchal de France, dans un âge où l'on n'a pas encore accoutumé[4] de prétendre aux moindres dignités. Sa faveur lui donnait un éclat qu'il soutenait par son mérite et par l'agrément de sa personne, par une grande délicatesse pour sa table et pour ses meubles[5], et par la plus grande magnificence[6] qu'on eût jamais vue en un particulier. La libéralité[7] du roi fournissait à cette dépense. Ce prince allait jusqu'à la prodigalité[8] pour ceux qu'il aimait : il n'avait pas toutes les grandes qualités, mais il en avait plusieurs, et surtout celle d'aimer la guerre et de l'entendre[9] : aussi avait-il eu d'heureux succès ; et, si on en excepte la bataille de Saint-Quentin[10], son règne

1. Marie Stuart.
2. Habile, intelligent.
3. Roi de France de 1560 à 1574.
4. Où l'on n'a pas encore l'habitude.
5. Dans le choix de ses repas et de ses meubles.
6. Luxe.
7. Générosité.
8. Dépenses excessives.
9. D'en comprendre les stratégies.
10. Défaite de la France contre les Espagnols, le 10 août 1557.

n'avait été qu'une suite de victoires : il avait gagné en personne la bataille de Renty[11] ; le Piémont avait été conquis, les Anglais avaient été chassés de France, et l'empereur Charles Quint avait vu finir sa bonne fortune devant la ville de Metz[12], qu'il avait assiégée inutilement avec toutes les forces de l'Empire et de l'Espagne. Néanmoins, comme le malheur de Saint-Quentin avait diminué l'espérance de nos conquêtes, et que, depuis, la fortune[13] avait semblé se partager entre les deux rois, ils se trouvèrent insensiblement disposés à la paix.

La duchesse douairière de Lorraine[14] avait commencé à en faire des propositions dans le temps du mariage de monsieur le dauphin ; il y avait toujours eu depuis quelque négociation secrète. Enfin, Cercamp, dans le pays d'Artois, fut choisi pour le lieu où l'on devait s'assembler. Le cardinal de Lorraine, le connétable de Montmorency et le maréchal de Saint-André s'y trouvèrent pour le roi ; le duc d'Albe et le prince d'Orange, pour Philippe II[15] ; et le duc et la duchesse de Lorraine furent les médiateurs. Les principaux articles[16] étaient le mariage de madame Élisabeth de France avec Dom Carlos, infant d'Espagne[17], et celui de Madame sœur du roi, avec monsieur de Savoie.

Le roi demeura cependant sur la frontière, et il y reçut la nouvelle de la mort de Marie, reine d'Angleterre[18]. Il envoya le comte de Randan[19] à Élisabeth, pour la complimenter sur son avènement à la

11. Victoire de la France contre l'armée de Charles Quint le 13 août 1554.

12. Victoire de l'armée française contre Charles Quint, remportée le 13 octobre 1552.

13. Le hasard.

14. Nièce de Charles Quint. Une douairière est une veuve jouissant d'une partie des biens de son défunt mari.

15. Fils de Charles Quint. Il hérite de la couronne d'Espagne en 1556.

16. Les clauses préalables à ces négociations de paix.

17. Dom Carlos est le fils de Philippe II, et c'est lui qui devait en principe épouser Élisabeth de France, fille du roi Henri II. Voir l'encart p. 77.

18. Marie Tudor (1516-1558) meurt le 17 novembre 1558. Sa demi-sœur Élisabeth lui succède.

19. Charles de La Rochefoucauld (1523-1562).

Charles Quint

Charles de Habsbourg, dit Charles Quint (1500-1558), est le monarque le plus puissant de cette époque. En raison d'une politique complexe d'alliances matrimoniales, il est l'héritier de plusieurs dynasties et concentre de multiples pouvoirs. Il est empereur du Saint-Empire romain germanique, et jusqu'en 1556, roi d'Espagne, et roi de Sicile. Il a mené plusieurs guerres contre François Ier, son rival, et poursuit après la mort de ce dernier son offensive contre Henri II.

couronne ; elle le reçut avec joie. Ses droits[1] étaient si mal établis, qu'il lui était avantageux de se voir reconnue par le roi. Ce comte la trouva instruite des intérêts de la cour de France, et du mérite de ceux qui la composaient ; mais surtout il la trouva si remplie de[2] la réputation du duc de Nemours, elle lui parla tant de fois de ce prince, et avec tant d'empressement, que, quand monsieur de Randan fut revenu et qu'il rendit compte au roi de son voyage, il lui dit qu'il n'y avait rien que monsieur de Nemours ne pût prétendre auprès de cette princesse, et qu'il ne doutait point qu'elle ne fût capable de l'épouser. Le roi en parla à ce prince dès le soir même ; il lui fit conter par monsieur de Randan toutes ses conversations avec Élisabeth, et lui conseilla de tenter cette grande fortune. Monsieur de Nemours crut d'abord que le roi ne lui parlait pas sérieusement ; mais comme il vit le contraire :

« Au moins, Sire, lui dit-il, si je m'embarque dans une entreprise chimérique[3], par le conseil et pour le service de votre majesté, je la supplie de me garder le secret[4] jusqu'à ce que le succès me justifie vers le public, et de vouloir bien ne me pas faire paraître rempli d'une assez grande vanité pour prétendre qu'une reine qui ne m'a jamais vu me veuille épouser par amour. »

Le roi lui promit de ne parler qu'au connétable de ce dessein, et il jugea même le secret nécessaire pour le succès. Monsieur de Randan conseillait à monsieur de Nemours d'aller en Angleterre sur le simple prétexte de voyager, mais ce prince ne put s'y résoudre. Il envoya Lignerolles, qui était un jeune homme d'esprit, son favori, pour voir les sentiments de la reine, et pour tâcher de commencer quelque liaison[5]. En attendant l'événement de ce voyage, il alla voir le duc de Savoie, qui était alors à Bruxelles avec le roi d'Espagne. La mort de Marie d'Angleterre apporta de grands obstacles à la paix. L'assemblée se rompit à la fin de novembre, et le roi revint à Paris.

---

1. Ses droits à la couronne d'Angleterre.

2. Intéressée par.

3. Irréalisable.

4. De garder le secret sur cette affaire.

5. Relation.

Il parut alors une beauté à la cour, qui attira les yeux de tout le monde, et l'on doit croire que c'était une beauté parfaite, puisqu'elle donna de l'admiration dans un lieu où l'on était si accoutumé à voir de belles personnes. Elle était de la même maison que le vidame de Chartres, et une des plus grandes héritières de France. Son père était mort jeune, et l'avait laissée sous la conduite de madame de Chartres, sa femme, dont le bien, la vertu[6] et le mérite étaient extraordinaires. Après avoir perdu son mari, elle avait passé plusieurs années sans revenir à la cour. Pendant cette absence, elle avait donné ses soins à l'éducation de sa fille ; mais elle ne travailla pas seulement à cultiver son esprit et sa beauté, elle songea aussi à lui donner de la vertu et à la lui rendre aimable[7]. La plupart des mères s'imaginent qu'il suffit de ne parler jamais de galanterie[8] devant les jeunes personnes pour les en éloigner : madame de Chartres avait une opinion opposée ; elle faisait souvent à sa fille des peintures de l'amour ; elle lui montrait ce qu'il a d'agréable, pour la persuader plus aisément sur ce qu'elle lui en apprenait de dangereux ; elle lui contait le peu de sincérité des hommes, leurs tromperies et leur infidélité ; les malheurs domestiques où plongent les engagements[9] ; et elle lui faisait voir, d'un autre côté, quelle tranquillité suivait la vie d'une honnête femme, et combien la vertu donnait d'éclat et d'élévation à une personne qui avait de la beauté et de la naissance ; mais elle lui faisait voir aussi combien il était difficile de conserver cette vertu, que par une extrême défiance de soi-même, et par un grand soin de s'attacher à ce qui seul peut faire le bonheur d'une femme, qui est d'aimer son mari et d'en être aimée.

Cette héritière était alors un des grands partis qu'il y eût en France ; et, quoiqu'elle fût dans une extrême jeunesse, l'on avait déjà proposé plusieurs mariages. Madame de Chartres, qui était extrêmement glorieuse[10], ne trouvait presque rien digne de sa fille. La voyant dans sa seizième année, elle voulut la mener à la cour. Lorsqu'elle arriva, le vidame alla au-devant d'elle ; il fut surpris de la grande beauté de mademoiselle de Chartres, et il en fut surpris

6. Disposition à se tourner vers le bien, conformément à un idéal moral.

7. Digne d'être aimée.

8. Ici, les intrigues amoureuses.

9. Les liaisons.

10. Fière.

avec raison : la blancheur de son teint et ses cheveux blonds lui donnaient un éclat que l'on n'a jamais vu qu'à elle ; tous ses traits étaient réguliers, et son visage et sa personne étaient pleins de grâce et de charmes.

Explication de texte 1

➔ p. 23-24, de « Il parut alors une beauté à la cour... » à « ... pleins de grâce et de charmes. » (l. 216 à 252)

Mlle de Chartres, un personnage d'exception ?

SITUER

1 Relisez les pages qui précèdent l'extrait étudié. Quelle est leur fonction ? Pourquoi peut-on dire que l'arrivée de Mlle de Chartres à la cour amorce le mouvement du récit ?

2 De quelle manière la cour des Valois a-t-elle été présentée au lecteur dans les premières pages de l'œuvre ? Dans quelle mesure ce milieu risque-t-il d'être dangereux pour une jeune fille élevée à l'écart de la vie mondaine ?

EXPLIQUER

« Une beauté parfaite » ➔ l. 216 à 222

3 Comment le personnage est-il désigné dans la première ligne du passage ? À quel moment son nom est-il dévoilé ?

4 Quelle réaction l'arrivée de Mlle de Chartres suscite-t-elle immédiatement chez les habitués de la cour ?

5 Après avoir fourni au lecteur quelques indications sur l'apparence de la jeune fille, quelles informations la narratrice nous livre-t-elle ? Pourquoi ces informations sont-elles essentielles à l'époque où se situe l'intrigue ?

Une éducation particulière ➔ l. 223 à 241

6 Dans la partie centrale du texte, quel personnage occupe le premier plan ? Qu'est-ce qui caractérise cette figure ?

7 Quelle est l'originalité de l'éducation que met en œuvre Mme de Chartres pour sa fille ? Quelle conception de l'amour s'efforce-t-elle de lui transmettre ?

8 Comment la jeune fille réagit-elle aux préceptes de sa mère ?

9 Selon vous, pourquoi Mme de Lafayette accorde-t-elle autant d'importance à la figure maternelle dans la présentation du personnage principal ?

Un parti exceptionnel ➔ l. 242 à 252

10 Pourquoi Mme de Chartres conduit-elle sa fille à la cour ?

11 Sur quels éléments du portrait de la jeune fille Mme de Lafayette revient-elle dans les dernières lignes du texte ? Ces éléments nous permettent-ils de nous représenter précisément le personnage ?

CONCLURE

12 Qu'est-ce qui fait selon vous l'originalité de la présentation du personnage de Mlle de Chartres ?

ÉTUDE DE LA LANGUE

- Dans la partie centrale du texte, quel personnage est sujet grammatical de la plupart des verbes d'action et de parole ? Comment interpréter ce constat ?

ÉCRIRE

- En vous appuyant sur des éléments précis du texte, vous rédigerez un discours d'une quinzaine de lignes en utilisant le style direct. Vous donnerez la parole à Mme de Chartres, qui expose à sa fille sa conception de l'amour.

Le lendemain qu'elle fut arrivée, elle alla pour assortir des pierreries chez un Italien qui en trafiquait[1] par tout le monde. Cet homme était venu de Florence avec la reine, et s'était tellement enrichi dans son trafic, que sa maison paraissait plutôt celle d'un grand seigneur que d'un marchand. Comme elle y était, le prince de Clèves y arriva : il fut tellement surpris de sa beauté, qu'il ne put cacher sa surprise ; et mademoiselle de Chartres ne put s'empêcher de rougir en voyant l'étonnement[2] qu'elle lui avait donné ; elle se remit néanmoins, sans témoigner d'autre attention aux actions de ce prince que celle que la civilité[3] lui devait donner pour un homme tel qu'il paraissait. Monsieur de Clèves la regardait avec admiration, et il ne pouvait comprendre qui était cette belle personne qu'il ne connaissait point. Il voyait bien, par son air et par tout ce qui était à sa suite, qu'elle devait être d'une grande qualité. Sa jeunesse lui faisait croire que c'était une fille[4] ; mais, ne lui voyant point de mère, et l'Italien, qui ne la connaissait point, l'appelant madame[5], il ne savait que penser, et il la regardait toujours avec étonnement. Il s'aperçut que ses regards l'embarrassaient, contre l'ordinaire des jeunes personnes, qui voient toujours avec plaisir l'effet de leur beauté ; il lui parut même qu'il était cause qu'elle avait de l'impatience de s'en aller, et en effet elle sortit assez promptement. Monsieur de Clèves se consola de la perdre de vue, dans l'espérance de savoir qui elle était ; mais il fut bien surpris quand il sut qu'on ne la connaissait point : il demeura si touché de sa beauté et de l'air modeste qu'il avait remarqué dans ses actions, qu'on peut dire qu'il conçut pour elle, dès ce moment, une passion et une estime extraordinaires ; il alla le soir chez Madame, sœur du roi.

Cette princesse était dans une grande considération, par le crédit qu'elle avait sur le roi son frère ; et ce crédit était si grand, que le roi, en faisant la paix, consentait à rendre le Piémont pour lui faire épouser le duc de Savoie. Quoiqu'elle eût désiré toute sa vie de se

1. Faisait commerce.

2. La stupéfaction.

3. La politesse.

4. Une jeune femme non mariée.

5. C'est ainsi qu'on appelait les femmes nobles.

marier, elle n'avait jamais voulu épouser qu'un souverain, et elle avait refusé pour cette raison le roi de Navarre, lorsqu'il était duc de Vendôme, et avait toujours souhaité monsieur de Savoie ; elle avait conservé de l'inclination pour lui depuis qu'elle l'avait vu à Nice, à l'entrevue du roi François premier et du pape Paul III[1]. Comme elle avait beaucoup d'esprit, et un grand discernement pour les belles choses, elle attirait tous les honnêtes gens, et il y avait de certaines heures où toute la cour était chez elle.

Monsieur de Clèves y vint comme à l'ordinaire. Il était si rempli de l'esprit et de la beauté de mademoiselle de Chartres, qu'il ne pouvait parler d'autre chose. Il conta tout haut son aventure, et ne pouvait se lasser de donner des louanges[2] à cette personne qu'il avait vue, qu'il ne connaissait point. Madame lui dit qu'il n'y avait point de personnes comme celle qu'il dépeignait ; et que, s'il y en avait quelqu'une, elle serait connue de tout le monde. Madame de Dampierre, qui était sa dame d'honneur et amie de madame de Chartres, entendant cette conversation, s'approcha de cette princesse, et lui dit tout bas que c'était sans doute mademoiselle de Chartres que monsieur de Clèves avait vue. Madame[3] se retourna vers lui, et lui dit que, s'il voulait revenir chez elle le lendemain, elle lui ferait voir cette beauté dont il était si touché. Mademoiselle de Chartres parut en effet le jour suivant : elle fut reçue des reines avec tous les agréments qu'on peut s'imaginer, et avec une telle admiration de tout le monde, qu'elle n'entendait autour d'elle que des louanges. Elle les recevait avec une modestie si noble, qu'il ne semblait pas qu'elle les entendît, ou du moins qu'elle en fût touchée. Elle alla ensuite chez Madame, sœur du roi. Cette princesse, après avoir loué sa beauté, lui conta l'étonnement qu'elle avait donné à monsieur de Clèves. Ce prince entra un moment après.

« Venez, lui dit-elle, voyez si je ne vous tiens pas ma parole, et si, en vous montrant mademoiselle de Chartres, je ne vous fais pas voir cette beauté que vous cherchiez ; remerciez-moi au moins de lui avoir appris l'admiration que vous aviez déjà pour elle. »

---

1. Cette rencontre a eu lieu en juin 1538.

2. De faire l'éloge.

3. La sœur du roi, Marguerite de France.

Monsieur de Clèves sentit de la joie de voir que cette personne qu'il avait trouvée si aimable était d'une qualité[4] proportionnée à sa beauté : il s'approcha d'elle, et il la supplia de se souvenir qu'il avait été le premier à l'admirer, et que, sans la connaître, il avait eu pour elle tous les sentiments de respect et d'estime qui lui étaient dus.

Le chevalier de Guise et lui, qui étaient amis, sortirent ensemble de chez Madame. Ils louèrent d'abord[5] mademoiselle de Chartres sans se contraindre : ils trouvèrent enfin qu'ils la louaient trop, et ils cessèrent l'un et l'autre de dire ce qu'ils en pensaient ; mais ils furent contraints d'en parler les jours suivants partout où ils se rencontrèrent. Cette nouvelle beauté fut longtemps le sujet de toutes les conversations. La reine lui donna de grandes louanges, et eut pour elle une considération extraordinaire ; la reine dauphine en fit une de ses favorites, et pria madame de Chartres de la mener souvent chez elle ; Mesdames, filles du roi, l'envoyaient chercher pour être de tous leurs divertissements : enfin elle était aimée et admirée de toute la cour, excepté de madame de Valentinois. Ce n'est pas que cette beauté lui donnât de l'ombrage[6] ; une trop longue expérience lui avait appris qu'elle n'avait rien à craindre auprès du roi ; mais elle avait tant de haine pour le vidame de Chartres, qu'elle avait souhaité d'attacher à elle par le mariage d'une de ses filles, et qui s'était attaché à la reine, qu'elle ne pouvait regarder favorablement une personne qui portait son nom, et pour qui il faisait paraître une grande amitié.

Le prince de Clèves devint passionnément amoureux de mademoiselle de Chartres, et souhaitait ardemment de l'épouser ; mais il craignait que l'orgueil de madame de Chartres ne fût blessé, de donner sa fille à un homme qui n'était pas l'aîné de sa maison[7]. Cependant cette maison était si grande, et le comte d'Eu, qui en était l'aîné, venait d'épouser une personne si proche de la maison royale, que c'était plutôt la timidité que donne l'amour, que de véritables raisons, qui causaient les craintes de monsieur de Clèves. Il avait un grand nombre de rivaux : le chevalier de Guise lui paraissait le plus redoutable par sa naissance, par son mérite, et par l'éclat que

4. Condition, statut.

5. Aussitôt.

6. La rendît jalouse.

7. De sa famille. Le prince de Clèves est le deuxième fils du duc de Nevers.

la faveur[1] donnait à sa maison. Ce prince était devenu amoureux de mademoiselle de Chartres le premier jour qu'il l'avait vue : il s'était aperçu de la passion de monsieur de Clèves, comme monsieur de Clèves s'était aperçu de la sienne. Quoiqu'ils fussent amis, l'éloignement que donnent les mêmes prétentions[2] ne leur avait pas permis de s'expliquer ensemble ; et leur amitié s'était refroidie sans qu'ils eussent eu la force de s'éclaircir. L'aventure qui était arrivée à monsieur de Clèves, d'avoir vu le premier mademoiselle de Chartres, lui paraissait un heureux présage, et semblait lui donner quelque avantage sur ses rivaux ; mais il prévoyait de grands obstacles par le duc de Nevers, son père. Ce duc avait d'étroites liaisons avec la duchesse de Valentinois ; elle était ennemie du vidame, et cette raison était suffisante pour empêcher le duc de Nevers de consentir que son fils pensât à sa nièce.

Madame de Chartres, qui avait eu tant d'application pour inspirer la vertu à sa fille, ne discontinua pas[3] de prendre les mêmes soins dans un lieu où ils étaient si nécessaires, et où il y avait tant d'exemples si dangereux. L'ambition et la galanterie étaient l'âme de cette cour, et occupaient également les hommes et les femmes. Il y avait tant d'intérêts et tant de cabales[4] différentes, et les dames y avaient tant de part, que l'amour était toujours mêlé aux affaires, et les affaires à l'amour. Personne n'était tranquille ni indifférent : on songeait à s'élever[5], à plaire, à servir ou à nuire ; on ne connaissait ni l'ennui, ni l'oisiveté, et on était toujours occupé des plaisirs ou des intrigues. Les dames avaient des attachements particuliers pour la reine, pour la reine dauphine, pour la reine de Navarre[6], pour Madame, sœur du roi, ou pour la duchesse de Valentinois. Les inclinations, les raisons de bienséance[7], ou le rapport d'humeur[8] faisaient ces différents attachements. Celles qui avaient passé la première jeunesse et qui faisaient profession d'une vertu plus austère, étaient attachées à la reine. Celles qui étaient plus jeunes, et

1. La faveur royale.
2. Désirs.
3. Ne s'arrêta pas.
4. Intrigues secrètes, complots.
5. À progresser socialement.
6. Jeanne d'Albret (1528-1572), mère du futur Henri IV.
7. Le respect que l'on doit à une personne en fonction de son rang.
8. Les affinités.

qui cherchaient la joie et la galanterie, faisaient leur cour à la reine dauphine. La reine de Navarre avait ses favorites : elle était jeune, et elle avait du pouvoir sur le roi son mari ; il était joint au connétable, et avait par là beaucoup de crédit. Madame, sœur du roi, conservait encore de la beauté, et attirait plusieurs dames auprès d'elle. La duchesse de Valentinois avait toutes celles qu'elle daignait regarder ; mais peu de femmes lui étaient agréables ; et, excepté quelques-unes qui avaient sa familiarité et sa confiance, et dont l'humeur avait du rapport avec la sienne, elle n'en recevait chez elle que les jours où elle prenait plaisir à avoir une cour comme celle de la reine.

Toutes ces différentes cabales avaient de l'émulation et de l'envie les unes contre les autres[9]. Les dames qui les composaient avaient aussi de la jalousie entre elles, ou pour la faveur[10], ou pour les amants ; les intérêts de grandeur et d'élévation se trouvaient souvent joints à ces autres intérêts moins importants, mais qui n'étaient pas moins sensibles. Ainsi il y avait une sorte d'agitation sans désordre dans cette cour, qui la rendait très agréable, mais aussi très dangereuse pour une jeune personne. Madame de Chartres voyait ce péril, et ne songeait qu'aux moyens d'en garantir sa fille. Elle la pria, non pas comme sa mère, mais comme son amie, de lui faire confidence de toutes les galanteries qu'on lui dirait, et elle lui promit de lui aider[11] à se conduire dans des choses où l'on était souvent embarrassée quand on était jeune.

Le chevalier de Guise fit tellement paraître les sentiments et les desseins qu'il avait pour mademoiselle de Chartres, qu'ils ne furent ignorés de personne. Il ne voyait néanmoins que de l'impossibilité dans ce qu'il désirait : il savait bien qu'il n'était point un parti qui convînt à mademoiselle de Chartres, par le peu de bien[12] qu'il avait pour soutenir son rang ; et il savait bien aussi que ses frères n'approuveraient pas qu'il se mariât, par la crainte de l'abaissement que les mariages des cadets apportent d'ordinaire dans les grandes maisons. Le cardinal de Lorraine[13] lui fit bientôt voir qu'il ne se trompait pas ; il condamna l'attachement qu'il témoignait pour

9. Ces intrigues se nourrissaient entre elles.
10. Les bienfaits, le soutien des puissants.
11. De l'aider.
12. Le peu de fortune.
13. Frère du chevalier de Guise.

mademoiselle de Chartres, avec une chaleur[1] extraordinaire, mais il ne lui en dit pas les véritables raisons. Ce cardinal avait une haine pour le vidame, qui était secrète alors et qui éclata depuis. Il eut plutôt consenti à voir son frère entrer dans toute autre alliance que dans celle de ce vidame ; et il déclara si publiquement combien il en était éloigné, que madame de Chartres en fut sensiblement offensée. Elle prit de grands soins de faire voir que le cardinal de Lorraine n'avait rien à craindre, et qu'elle ne songeait pas à ce mariage. Le vidame prit la même conduite, et sentit[2] encore plus que madame de Chartres celle du cardinal de Lorraine, parce qu'il en savait mieux la cause.

Le prince de Clèves n'avait pas donné des marques moins publiques de sa passion, qu'avait fait le chevalier de Guise. Le duc de Nevers apprit cet attachement avec chagrin[3] ; il crut néanmoins qu'il n'avait qu'à parler à son fils pour le faire changer de conduite ; mais il fut bien surpris de trouver en lui le dessein formé d'épouser mademoiselle de Chartres. Il blâma ce dessein, il s'emporta, et cacha si peu son emportement, que le sujet s'en répandit bientôt à la cour, et alla jusqu'à madame de Chartres. Elle n'avait pas mis en doute que monsieur de Nevers ne regardât le mariage de sa fille comme un avantage pour son fils, elle fut bien étonnée que la maison de Clèves et celle de Guise craignissent son alliance, au lieu de la souhaiter. Le dépit qu'elle eut lui fit penser à trouver un parti pour sa fille, qui la mît au-dessus de ceux qui se croyaient au-dessus d'elle. Après avoir tout examiné, elle s'arrêta au prince dauphin, fils du duc de Montpensier[4]. Il était lors à marier, et c'était ce qu'il y avait de plus grand à la cour. Comme madame de Chartres avait beaucoup d'esprit, qu'elle était aidée du vidame, qui était dans une grande considération[5], et qu'en effet sa fille était un parti considérable, elle agit avec tant d'adresse et tant de succès, que monsieur de

1. Véhémence, force.

2. Comprit.

3. Déplaisir, mécontentement.

4. Le prince de Montpensier est appelé dauphin parce qu'il possède le Dauphiné d'Auvergne. Il épouse plus tard Mlle de Mézières, héroïne de la nouvelle *La Princesse de Montpensier* (1662).

5. Estime.

Montpensier parut souhaiter ce mariage, et il semblait qu'il ne s'y pouvait trouver de difficultés.

Le vidame, qui savait l'attachement de monsieur d'Anville pour la reine dauphine, crut néanmoins qu'il fallait employer le pouvoir que cette princesse avait sur lui, pour l'engager à servir mademoiselle de Chartres auprès du roi et auprès du prince de Montpensier, dont il était ami intime. Il en parla à cette reine, et elle entra avec joie dans une affaire où il s'agissait de l'élévation[6] d'une personne qu'elle aimait beaucoup ; elle le témoigna au vidame, et l'assura que, quoiqu'elle sût bien qu'elle ferait une chose désagréable au cardinal de Lorraine, son oncle, elle passerait avec joie par-dessus cette considération, parce qu'elle avait sujet de se plaindre de lui, et qu'il prenait tous les jours les intérêts de la reine contre les siens propres.

Les personnes galantes sont toujours bien aises qu'un prétexte leur donne lieu de parler à ceux qui les aiment. Sitôt que le vidame eut quitté madame la dauphine, elle ordonna à Chastelart, qui était favori de monsieur d'Anville[7], et qui savait la passion qu'il avait pour elle, de lui aller dire de sa part de se trouver le soir chez la reine. Chastelart reçut cette commission avec beaucoup de joie et de respect. Ce gentilhomme était d'une bonne maison de Dauphiné ; mais son mérite et son esprit le mettaient au-dessus de sa naissance. Il était reçu et bien traité de tout ce qu'il y avait de grands seigneurs à la cour, et la faveur de la maison de Montmorency l'avait particulièrement attaché à monsieur d'Anville : il était bien fait de sa personne, adroit à toutes sortes d'exercices ; il chantait agréablement, il faisait des vers, et avait un esprit galant et passionné qui plut si fort à monsieur d'Anville, qu'il le fit confident de l'amour qu'il avait pour la reine dauphine. Cette confidence l'approchait de cette princesse, et ce fut en la voyant souvent qu'il prit le commencement de cette malheureuse passion qui lui ôta la raison, et qui lui coûta enfin la vie[8].

6. La progression sociale.

7. Le second fils du duc de Montmorency, connétable de France (voir note 8, p. 19).

8. Chastelart devint en effet l'amant de Marie Stuart. Il la suivit en Écosse lorsqu'elle dut y retourner (voir l'encart p. 16) et fut exécuté en 1562 après avoir été surpris dans sa chambre.

Monsieur d'Anville ne manqua pas d'être le soir chez la reine ; il se trouva heureux que madame la dauphine l'eût choisi pour travailler à une chose qu'elle désirait, et il lui promit d'obéir exactement à ses ordres : mais madame de Valentinois, ayant été avertie du dessein de ce mariage, l'avait traversé[1] avec tant de soin, et avait tellement prévenu le roi, que, lorsque monsieur d'Anville lui en parla, il lui fit paraître qu'il ne l'approuvait pas, et lui ordonna même de le dire au prince de Montpensier. L'on peut juger ce que sentit madame de Chartres par la rupture d'une chose qu'elle avait tant désirée, dont le mauvais succès donnait un si grand avantage à ses ennemis, et faisait un si grand tort à sa fille.

La reine dauphine témoigna à mademoiselle de Chartres, avec beaucoup d'amitié, le déplaisir qu'elle avait de lui avoir été inutile :

« Vous voyez, lui dit-elle, que j'ai un médiocre pouvoir ; je suis si haïe de la reine et de la duchesse de Valentinois, qu'il est difficile que, par elles ou par ceux qui sont dans leur dépendance, elles ne traversent toujours toutes les choses que je désire : cependant, ajouta-t-elle, je n'ai jamais pensé qu'à leur plaire ; aussi elles ne me haïssent qu'à cause de la reine ma mère[2], qui leur a donné autrefois de l'inquiétude et de la jalousie. Le roi en avait été amoureux avant qu'il le fût de madame de Valentinois ; et, dans les premières années de son mariage, qu'il[3] n'avait point encore d'enfants, quoiqu'il aimât cette duchesse, il parut quasi résolu de se démarier pour épouser la reine ma mère. Madame de Valentinois, qui craignait une femme qu'il avait déjà aimée, et dont la beauté et l'esprit pouvaient diminuer sa faveur, s'unit au connétable, qui ne souhaitait pas aussi[4] que le roi épousât une sœur de messieurs de Guise : ils mirent le feu roi[5] dans leurs sentiments ; et, quoiqu'il haït mortellement la duchesse de Valentinois, comme il aimait la reine, il travailla avec eux pour empêcher le roi de se démarier ; mais, pour lui ôter absolument la

1. Avait suscité des obstacles à ce mariage.

2. Marie de Guise (1515-1560) épousa en deuxièmes noces Jacques V d'Écosse.

3. Lorsqu'il.

4. Non plus.

5. François Ier, à présent mort.

pensée d'épouser la reine ma mère, ils firent son mariage avec le roi d'Écosse, qui était veuf de madame Magdeleine, sœur du roi, et ils le firent parce qu'il était le plus prêt à conclure, et manquèrent aux engagements qu'on avait avec le roi d'Angleterre, qui la souhaitait ardemment. Il s'en fallait peu même que ce manquement ne fît une rupture entre les deux rois. Henri VIII ne pouvait se consoler de n'avoir pas épousé la reine ma mère ; et, quelque autre princesse française qu'on lui proposât, il disait toujours qu'elle ne remplacerait jamais celle qu'on lui avait ôtée. Il est vrai aussi que la reine ma mère était une parfaite beauté ; et que c'est une chose remarquable, que, veuve d'un duc de Longueville, trois rois aient souhaité de l'épouser : son malheur l'a donnée au moindre, et l'a mise dans un royaume[6] où elle ne trouve que des peines. On dit que je lui ressemble : je crains de lui ressembler aussi par sa malheureuse destinée ; et, quelque bonheur qui semble se préparer pour moi, je ne saurais croire que j'en jouisse. »

Mademoiselle de Chartres dit à la reine que ces tristes pressentiments étaient si mal fondés qu'elle ne les conserverait pas longtemps[7], et qu'elle ne devait point douter que son bonheur ne répondît aux apparences.

Personne n'osait plus penser à mademoiselle de Chartres, par la crainte de déplaire au roi, ou par la pensée de ne pas réussir auprès d'une personne qui avait espéré un prince du sang. Monsieur de Clèves ne fut retenu par aucune de ces considérations. La mort du duc de Nevers, son père, qui arriva alors, le mit dans une entière liberté de suivre son inclination[8], et, sitôt que le temps de la bienséance du deuil fut passé, il ne songea plus qu'aux moyens d'épouser mademoiselle de Chartres. Il se trouvait heureux d'en faire la proposition dans un temps où ce qui s'était passé avait éloigné les autres partis, et où il était quasi assuré qu'on ne la lui refuserait pas. Ce qui troublait sa joie était la crainte de ne lui être

6. Le royaume d'Écosse.

7. Ces pressentiments sont en réalité très justes, puisque Marie Stuart sera décapitée en 1587 après dix-huit années d'emprisonnement.

8. Son penchant.

pas agréable, et il eût préféré le bonheur de lui plaire à la certitude de l'épouser sans en être aimé.

Le chevalier de Guise lui avait donné quelque sorte de jalousie ; mais comme elle était plutôt fondée sur le mérite de ce prince que sur aucune des actions de mademoiselle de Chartres, il songea seulement à tâcher de découvrir s'il était assez heureux pour qu'elle approuvât la pensée[1] qu'il avait pour elle. Il ne la voyait que chez les reines ou aux assemblées ; il était difficile d'avoir une conversation particulière[2]. Il en trouva pourtant les moyens, et il lui parla de son dessein et de sa passion avec tout le respect imaginable ; il la pressa de[3] lui faire connaître quels étaient les sentiments qu'elle avait pour lui, et il lui dit que ceux qu'il avait pour elle étaient d'une nature qui le rendraient éternellement malheureux si elle n'obéissait que par devoir aux volontés de madame sa mère.

Comme mademoiselle de Chartres avait le cœur très noble et très bien fait, elle fut véritablement touchée de reconnaissance du procédé du prince de Clèves. Cette reconnaissance donna à ses réponses et à ses paroles un certain air de douceur qui suffisait pour donner de l'espérance à un homme aussi éperdument amoureux que l'était ce prince ; de sorte qu'il se flatta[4] d'une partie de ce qu'il souhaitait.

Elle rendit compte à sa mère de cette conversation ; et madame de Chartres lui dit qu'il y avait tant de grandeur et de bonnes qualités dans monsieur de Clèves, et qu'il faisait paraître tant de sagesse pour son âge, que, si elle sentait son inclination portée à l'épouser, elle y consentirait avec joie. Mademoiselle de Chartres répondit qu'elle lui remarquait les mêmes bonnes qualités, qu'elle l'épouserait même avec moins de répugnance qu'un autre, mais qu'elle n'avait aucune inclination[5] particulière pour sa personne.

Dès le lendemain, ce prince fit parler à madame de Chartres. Elle reçut la proposition qu'on lui faisait, et elle ne craignit point de donner à sa fille un mari qu'elle ne pût aimer, en lui donnant le

1. Le souhait de se marier.
2. Privée.
3. Il tenta de la persuader de.
4. Il se félicita d'avoir obtenu.
5. Aucun penchant.

prince de Clèves. Les articles furent conclus : on parla au roi, et ce mariage fut su de tout le monde.

Monsieur de Clèves se trouvait heureux, sans être néanmoins entièrement content : il voyait avec beaucoup de peine que les sentiments de mademoiselle de Chartres ne passaient pas ceux de l'estime et de la reconnaissance ; et il ne pouvait se flatter qu'elle en cachât de plus obligeants, puisque l'état où ils étaient lui permettait de les faire paraître sans choquer son extrême modestie. Il ne se passait guère de jours qu'il ne lui en fît ses plaintes.

« Est-il possible, lui disait-il, que je puisse n'être pas heureux en vous épousant ? Cependant il est vrai que je ne le suis pas. Vous n'avez pour moi qu'une sorte de bonté qui ne me peut satisfaire ; vous n'avez ni impatience, ni inquiétude, ni chagrin ; vous n'êtes pas plus touchée de ma passion que vous le seriez d'un attachement qui ne serait fondé que sur les avantages de votre fortune, et non pas sur les charmes de votre personne.

– Il y a de l'injustice à vous plaindre, lui répondit-elle ; je ne sais ce que vous pouvez souhaiter au-delà de ce que je fais, et il me semble que la bienséance ne permet pas que j'en fasse davantage.

– Il est vrai, lui répliqua-t-il, que vous me donnez de certaines apparences dont je serais content s'il y avait quelque chose au-delà ; mais, au lieu que la bienséance vous retienne, c'est elle seule qui vous fait faire ce que vous faites. Je ne touche ni votre inclination ni votre cœur, et ma présence ne vous donne ni de plaisir ni de trouble.

– Vous ne sauriez douter, reprit-elle, que je n'aie de la joie de vous voir ; et je rougis si souvent en vous voyant, que vous ne sauriez douter aussi que votre vue ne me donne du trouble.

– Je ne me trompe pas à votre rougeur, répondit-il ; c'est un sentiment de modestie, et non pas un mouvement de votre cœur, et je n'en tire que l'avantage que j'en dois tirer. »

Mademoiselle de Chartres ne savait que répondre, et ces distinctions étaient au-dessus de ses connaissances. Monsieur de Clèves ne voyait que trop combien elle était éloignée d'avoir pour lui des sentiments qui le pouvaient satisfaire, puisqu'il lui paraissait même qu'elle ne les entendait[6] pas.

---

6. Comprenait.

Le chevalier de Guise revint d'un voyage peu de jours avant les noces. Il avait vu tant d'obstacles insurmontables au dessein qu'il avait eu d'épouser mademoiselle de Chartres, qu'il n'avait pu se flatter d'y réussir ; et néanmoins il fut sensiblement affligé de la voir devenir la femme d'un autre : cette douleur n'éteignit pas sa passion, et il ne demeura pas moins amoureux. Mademoiselle de Chartres n'avait pas ignoré les sentiments que ce prince avait eus pour elle. Il lui fit connaître, à son retour, qu'elle était cause de l'extrême tristesse qui paraissait sur son visage ; et il avait tant de mérite et tant d'agréments, qu'il était difficile de le rendre malheureux sans en avoir quelque pitié. Aussi ne se pouvait-elle défendre d'en avoir ; mais cette pitié ne la conduisait pas à d'autres sentiments : elle contait à sa mère la peine que lui donnait l'affection de ce prince.

Madame de Chartres admirait la sincérité de sa fille ; et elle l'admirait avec raison, car jamais personne n'en a eu une si grande et si naturelle ; mais elle n'admirait pas moins que son cœur ne fût point touché, et d'autant plus, qu'elle voyait bien que le prince de Clèves ne l'avait pas touchée, non plus que les autres. Cela fut cause qu'elle prit de grands soins de l'attacher à son mari, et de lui faire comprendre ce qu'elle devait à l'inclination qu'il avait eue pour elle avant que de la connaître, et à la passion qu'il lui avait témoignée, en la préférant à tous les autres partis, dans un temps où personne n'osait plus penser à elle.

Ce mariage s'acheva : la cérémonie s'en fit au Louvre ; et le soir le roi et les reines vinrent souper chez madame de Chartres avec toute la cour, où ils furent reçus avec une magnificence admirable. Le chevalier de Guise n'osa se distinguer des autres, et ne pas assister à cette cérémonie ; mais il y fut si peu maître de sa tristesse, qu'il était aisé de la remarquer.

Monsieur de Clèves ne trouva pas que mademoiselle de Chartres eût changé de sentiment en changeant de nom. La qualité de mari lui donna de plus grands privilèges ; mais elle ne lui donna pas une autre place dans le cœur de sa femme. Cela fit aussi que, pour être son mari, il ne laissa pas d'être son amant[1], parce qu'il avait toujours quelque chose à souhaiter au-delà de sa possession ; et, quoiqu'elle

1. Il continua de l'aimer avec passion.

vécût parfaitement bien avec lui, il n'était pas entièrement heureux. Il conservait pour elle une passion violente et inquiète qui troublait sa joie : la jalousie n'avait point de part à ce trouble ; jamais mari n'a été si loin d'en prendre, et jamais femme n'a été si loin d'en donner. Elle était néanmoins exposée au milieu de la cour : elle allait tous les jours chez les reines et chez Madame. Tout ce qu'il y avait d'hommes jeunes et galants la voyaient chez elle et chez le duc de Nevers, son beau-frère, dont la maison était ouverte à tout le monde ; mais elle avait un air qui inspirait un si grand respect, et qui paraissait si éloigné de la galanterie, que le maréchal de Saint-André, quoique audacieux et soutenu de la faveur du roi, était touché de sa beauté sans oser le lui faire paraître que par des soins et des devoirs[2]. Plusieurs autres étaient dans le même état ; et madame de Chartres joignait à la sagesse de sa fille une conduite si exacte pour toutes les bienséances, qu'elle achevait de la faire paraître une personne où[3] l'on ne pouvait atteindre.

La duchesse de Lorraine, en travaillant à la paix, avait aussi travaillé pour le mariage du duc de Lorraine, son fils ; il avait été conclu avec madame Claude de France, seconde fille du roi. Les noces en furent résolues pour le mois de février[4].

Cependant le duc de Nemours était demeuré à Bruxelles, entièrement rempli et occupé de ses desseins pour l'Angleterre[5]. Il en recevait ou y envoyait continuellement des courriers. Ses espérances augmentaient tous les jours ; et enfin Lignerolles lui manda[6] qu'il était temps que sa présence vînt achever ce qui était si bien commencé. Il reçut cette nouvelle avec toute la joie que peut avoir un jeune homme ambitieux, qui se voit porté au trône par sa seule réputation. Son esprit s'était insensiblement accoutumé à la grandeur de cette fortune ; et, au lieu qu'il l'avait rejetée d'abord comme une chose où il ne pouvait parvenir, les difficultés s'étaient effacées de son imagination, et il ne voyait plus d'obstacles.

---

2. Ici, des visites.

3. Que.

4. Le mariage entre le duc de Lorraine et Claude de France eut en réalité lieu le 22 janvier 1559.

5. Son projet de mariage avec Élisabeth Ière.

6. Fit savoir.

Il envoya en diligence[1] à Paris, donner tous les ordres nécessaires pour faire un équipage magnifique, afin de paraître en Angleterre avec un éclat proportionné au dessein qui l'y conduisait, et il se hâta lui-même de venir à la cour pour assister au mariage de monsieur de Lorraine.

Il arriva la veille des fiançailles ; et dès le même soir qu'il fut arrivé, il alla rendre compte au roi de l'état de son dessein, et recevoir ses ordres et ses conseils pour ce qui lui restait à faire. Il alla ensuite chez les reines. Madame de Clèves n'y était pas, de sorte qu'elle ne le vit point, et ne sut pas même qu'il fût arrivé. Elle avait ouï parler de ce prince à tout le monde[2], comme de ce qu'il y avait de mieux fait et de plus agréable à la cour ; et surtout madame la dauphine le lui avait dépeint d'une sorte, et lui en avait parlé tant de fois, qu'elle lui avait donné de la curiosité, et même de l'impatience de le voir.

Elle passa tout le jour des fiançailles chez elle à se parer, pour se trouver le soir au bal et au festin royal qui se faisaient au Louvre. Lorsqu'elle arriva, l'on admira sa beauté et sa parure. Le bal commença ; et, comme elle dansait avec monsieur de Guise, il se fit un assez grand bruit vers la porte de la salle, comme de quelqu'un qui entrait et à qui on faisait place. Madame de Clèves acheva de danser ; et, pendant qu'elle cherchait des yeux quelqu'un qu'elle avait dessein de prendre[3], le roi lui cria de prendre celui qui arrivait. Elle se tourna, et vit un homme qu'elle crut d'abord ne pouvoir être que monsieur de Nemours, qui passait par-dessus quelque siège pour arriver où l'on dansait. Ce prince était fait d'une sorte qu'il était difficile de n'être pas surprise de le voir, quand on ne l'avait jamais vu ; surtout ce soir-là, où le soin qu'il avait pris de se parer augmentait encore l'air brillant qui était dans sa personne : mais il était difficile aussi de voir madame de Clèves pour la première fois sans avoir un grand étonnement.

Monsieur de Nemours fut tellement surpris de sa beauté, que, lorsqu'il fut proche d'elle, et qu'elle lui fit la révérence, il ne put s'empêcher de donner des marques de son admiration. Quand

---

1. Rapidement.

2. Par tout le monde.

3. De choisir comme cavalier.

ils commencèrent à danser, il s'éleva dans la salle un murmure de louanges. Le roi et les reines se souvinrent qu'ils ne s'étaient jamais vus, et trouvèrent quelque chose de singulier de les voir danser ensemble sans se connaître. Ils les appelèrent quand ils eurent fini, sans leur donner le loisir de parler à personne, et leur demandèrent s'ils n'avaient pas bien envie de savoir qui ils étaient, et s'ils ne s'en doutaient point.

« Pour moi, madame, dit monsieur de Nemours, je n'ai pas d'incertitude ; mais, comme madame de Clèves n'a pas les mêmes raisons pour deviner qui je suis que celles que j'ai pour la reconnaître, je voudrais bien que votre Majesté eût la bonté de lui apprendre mon nom.

– Je crois, dit madame la dauphine, qu'elle le sait aussi bien que vous savez le sien.

– Je vous assure madame, reprit madame de Clèves, qui paraissait un peu embarrassée, que je ne devine pas si bien que vous pensez.

– Vous devinez fort bien, répondit madame la dauphine ; et il y a même quelque chose d'obligeant pour monsieur de Nemours à ne vouloir pas avouer que vous le connaissez sans l'avoir jamais vu. »

La reine les interrompit pour faire continuer le bal : monsieur de Nemours prit la reine dauphine. Cette princesse était d'une parfaite beauté, et avait paru telle aux yeux de monsieur de Nemours avant qu'il allât en Flandres ; mais, de tout le soir, il ne put admirer que madame de Clèves.

Le chevalier de Guise, qui l'adorait toujours, était à ses pieds, et ce qui se venait de passer[4] lui avait donné une douleur sensible. Il prit comme un présage que la fortune destinait monsieur de Nemours à être amoureux de madame de Clèves ; et, soit qu'en effet il eût paru quelque trouble sur son visage, ou que la jalousie fît voir au chevalier de Guise au-delà de la vérité, il crut qu'elle avait été touchée de la vue de ce prince, et il ne put s'empêcher de lui dire que monsieur de Nemours était bien heureux de commencer à être connu d'elle par une aventure qui avait quelque chose de galant et d'extraordinaire.

---

4. Venait de se passer.

Madame de Clèves revint chez elle, l'esprit si rempli de tout ce qui s'était passé au bal, que, quoiqu'il fût fort tard, elle alla dans la chambre de sa mère pour lui en rendre compte ; et elle lui loua monsieur de Nemours avec un certain air qui donna à madame de Chartres la même pensée qu'avait eue le chevalier de Guise.

Explication de texte 2

➔ p. 40-41, de « Elle passa tout le jour… » à « … s'ils ne s'en doutaient point. » (l. 682 à 707)

La scène de bal : une rencontre fatale ?

SITUER

1 La famille royale et toute la cour assistent au bal donné au palais du Louvre. À quelle occasion ce bal est-il organisé ? Précisez la date de cet événement, en vous reportant à la page qui précède l'extrait.

2 Quelle est la situation personnelle de Mme de Clèves à ce moment du récit ? A-t-elle déjà eu l'occasion de rencontrer le duc de Nemours ?

EXPLIQUER

Préparatifs et première danse ➔ l. 682 à 685

3 À son arrivée au bal, tout le monde admire la princesse, qui ne fait cependant l'objet d'aucune description précise. Par quels moyens la narratrice parvient-elle à suggérer au lecteur la perfection de la beauté de la jeune femme ?

4 Qui est M. de Guise, le prince auquel Mme de Clèves accorde une première danse ?

Une arrivée remarquée ➔ l. 685 à 697

5 L'apparition du duc de Nemours, retardée par la narratrice, est remarquée par tous les invités. Après avoir analysé les procédés qui rendent cette entrée en scène théâtrale, précisez quels aspects du personnage sont mis en évidence par cette présentation différée.

6 Henri II enjoint à la princesse de danser avec « celui qui arrive ». Que représente symboliquement le roi à cet instant ?

7 La princesse et le duc se reconnaissent alors qu'ils n'ont jamais été présentés l'un à l'autre. Sur quoi se fonde cette reconnaissance immédiate selon vous ?

8 Relevez dans cette partie les termes qui appartiennent au lexique de la vision. Dans quelle mesure ces termes vous paraissent-ils caractéristiques des scènes de rencontre amoureuse ?

Une rencontre sous observation ➔ L. 698 à 707

9 Du duc ou de la princesse, quel personnage a le plus de difficulté à cacher son trouble ? Quelles hypothèses peut-on faire à partir de cette observation pour la suite de l'œuvre ?

10 Deux groupes de personnages assistent à cette première rencontre. Identifiez-les et analysez leurs réactions.

11 Le roi et les reines ne laissent pas à Nemours et à Mme de Clèves le temps de se parler avant de les interroger. Que pensez-vous de cette communication biaisée qui s'établit d'emblée entre les deux personnages ?

CONCLURE

12 Dans ce passage, quels sont les signes annonciateurs d'une grande passion entre les deux personnages ?

ÉTUDE DE LA LANGUE

- Relevez les litotes et les expressions allusives qui accompagnent l'évocation de cette première rencontre des deux personnages. Quel effet ce langage de la rétention produit-il sur le lecteur ?

LIRE ET COMPARER

- Relisez la scène de première rencontre entre Mlle de Chartres et M. de Clèves (p. 27). Quels points communs et surtout quelles différences pouvez-vous établir entre cette scène et le passage que nous venons d'étudier ?

Le lendemain, la cérémonie des noces se fit. Madame de Clèves y vit le duc de Nemours avec une mine et une grâce si admirables qu'elle en fut encore plus surprise.

Les jours suivants, elle le vit chez la reine dauphine, elle le vit jouer à la paume avec le roi, elle le vit courre[1] la bague, elle l'entendit parler ; mais elle le vit toujours surpasser de si loin tous les autres, et se rendre tellement maître de la conversation dans tous les lieux où il était, par l'air de sa personne, et par l'agrément de son esprit, qu'il fit, en peu de temps une grande impression dans son cœur. Il est vrai aussi que, comme monsieur de Nemours sentait pour elle une inclination violente, qui lui donnait cette douceur et cet enjouement[2] qu'inspirent les premiers désirs de plaire, il était encore plus aimable qu'il n'avait accoutumé de l'être. De sorte que, se voyant souvent, et se voyant l'un et l'autre ce qu'il y avait de plus parfait à la cour, il était difficile qu'ils ne se plussent infiniment[3].

La duchesse de Valentinois était de toutes les parties de plaisir, et le roi avait pour elle la même vivacité et les mêmes soins que dans les commencements de sa passion. Madame de Clèves, qui était dans cet âge où l'on ne croit pas qu'une femme puisse être aimée quand elle a passé vingt-cinq ans, regardait avec un extrême étonnement l'attachement que le roi avait pour cette duchesse, qui était grand-mère, et qui venait de marier sa petite-fille. Elle en parlait souvent à madame de Chartres :

« Est-il possible, madame, lui disait-elle, qu'il y ait si longtemps que le roi en soit amoureux ? Comment s'est-il pu attacher à une personne qui était beaucoup plus âgée que lui, qui avait été maîtresse de son père, et qui l'est encore de beaucoup d'autres, à ce que j'ai ouï dire ?

– Il est vrai, répondit-elle, que ce n'est ni le mérite, ni la fidélité de madame de Valentinois, qui a fait naître la passion du roi, ni qui l'a conservée : et c'est aussi en quoi il n'est pas excusable ; car si cette femme avait eu de la jeunesse et de la beauté jointe à sa naissance, qu'elle eût eu le mérite de n'avoir jamais rien aimé, qu'elle eût aimé

1. Courir.

2. Gaieté, amabilité joyeuse.

3. Il était impossible qu'ils ne se plaisent infiniment.

le roi avec une fidélité exacte, qu'elle l'eût aimé par rapport à sa seule personne, sans intérêt de grandeur, ni de fortune, et sans se servir de son pouvoir que pour des choses honnêtes ou agréables au roi même, il faut avouer qu'on aurait eu de la peine à s'empêcher de louer ce prince du grand attachement qu'il a pour elle. Si je ne craignais, continua madame de Chartres, que vous disiez de moi ce que l'on dit de toutes les femmes de mon âge, qu'elles aiment à conter les histoires de leur temps, je vous apprendrais le commencement de la passion du roi pour cette duchesse, et plusieurs choses de la cour du feu roi, qui ont même beaucoup de rapport avec celles qui se passent encore présentement.

– Bien loin de vous accuser, reprit madame de Clèves, de redire les histoires passées, je me plains, madame, que vous ne m'ayez pas instruite des présentes, et que vous ne m'ayez point appris les divers intérêts et les diverses liaisons de la cour. Je les ignore si entièrement, que je croyais, il y a peu de jours, que monsieur le connétable était fort bien avec la reine.

– Vous aviez une opinion bien opposée à la vérité, répondit madame de Chartres. La reine hait monsieur le connétable ; et, si elle a jamais[1] quelque pouvoir, il ne s'en apercevra que trop. Elle sait qu'il a dit plusieurs fois au roi, que de tous ses enfants il n'y avait que les naturels[2] qui lui ressemblassent.

– Je n'eusse jamais soupçonné cette haine, interrompit madame de Clèves, après avoir vu le soin que la reine avait d'écrire à monsieur le connétable pendant sa prison[3], la joie qu'elle a témoignée à son retour, et comme elle l'appelle toujours mon compère, aussi bien que le roi.

– Si vous jugez sur les apparences en ce lieu-ci, répondit madame de Chartres, vous serez souvent trompée : ce qui paraît n'est presque jamais la vérité.

« Mais pour revenir à madame de Valentinois, vous savez qu'elle s'appelle Diane de Poitiers ; sa maison est très illustre, elle vient des anciens ducs d'Aquitaine, son aïeule était fille

1. Si elle a un jour.

2. Les enfants nés en dehors des liens du mariage.

3. Pendant qu'il était emprisonné. Le connétable de Montmorency avait été fait prisonnier à la suite de la défaite de Saint-Quentin, le 10 août 1557.

naturelle de Louis XI, et enfin il n'y a rien que de grand dans sa naissance. Saint-Valier, son père, se trouva embarrassé dans l'affaire du connétable de Bourbon[4], dont vous avez ouï parler. Il fut condamné à avoir la tête tranchée, et conduit sur l'échafaud. Sa fille, dont la beauté était admirable, et qui avait déjà plu au feu roi, fit si bien (je ne sais par quels moyens) qu'elle obtint la vie de son père[5]. On lui porta sa grâce, comme il n'attendait que le coup de la mort ; mais la peur l'avait tellement saisi, qu'il n'avait plus de connaissance[6], et il mourut peu de jours après. Sa fille parut à la cour comme la maîtresse du roi. Le voyage d'Italie et la prison de ce prince[7] interrompirent cette passion. Lorsqu'il revint d'Espagne, et que madame la régente[8] alla au-devant de lui à Bayonne, elle mena toutes ses filles[9], parmi lesquelles était mademoiselle de Pisseleu, qui a été depuis la duchesse d'Estampes[10]. Le roi en devint amoureux. Elle était inférieure en naissance, en esprit et en beauté à madame de Valentinois, et elle n'avait au-dessus d'elle que l'avantage de la grande jeunesse. Je lui ai ouï dire plusieurs fois qu'elle était née le jour que Diane de Poitiers avait été mariée ; la haine le lui faisait dire, et non pas la vérité[11] : car je suis bien trompée si la duchesse de Valentinois n'épousa monsieur de Brezé, grand sénéchal de Normandie[12], dans le même temps que le roi devint amoureux de madame d'Estampes. Jamais il n'y a eu une si grande haine que l'a été celle de ces deux femmes. La duchesse de Valentinois

4. Ce connétable a trahi François Ier, et le père de Diane de Poitiers a été accusé de complicité avec lui et condamné à mort. Il est finalement gracié après une intervention de sa fille.

5. Une grâce pour la vie de son père.

6. Qu'il avait perdu conscience.

7. François Ier est fait prisonnier et conduit en Espagne à la suite de la défaite de Pavie, en 1525.

8. La mère de François Ier, Louise de Savoie.

9. Ses filles d'honneur.

10. Anne de Pisseleu (1508-1575), duchesse d'Étampes, devient la favorite de François Ier jusqu'à la mort de celui-ci, en 1547.

11. Car cette affirmation médisante est une façon de souligner l'âge de Mme de Valentinois.

12. Premier mari de Diane de Poitiers.

La régence

La régence est le gouvernement transitoire mis en place dans une monarchie lorsque le souverain est trop jeune pour régner, ou qu'il est dans l'incapacité de diriger le royaume, comme François Ier durant son emprisonnement en Espagne. Le plus souvent, le (la) régent(e) appartient à la famille royale, mais ce n'est pas toujours le cas.

ne pouvait pardonner à madame d'Estampes de lui avoir ôté le titre de maîtresse du roi. Madame d'Estampes avait une jalousie violente contre madame de Valentinois, parce que le roi conservait un commerce[1] avec elle. Ce prince n'avait pas une fidélité exacte pour ses maîtresses : il y en avait toujours une qui avait le titre et les honneurs, mais les dames que l'on appelait de la petite bande le partageaient tour-à-tour. La perte du dauphin son fils[2], qui mourut à Tournon, et que l'on crut empoisonné, lui donna une sensible affliction. Il n'avait pas la même tendresse, ni le même goût pour son second fils, qui règne présentement ; il ne lui trouvait pas assez de hardiesse, ni assez de vivacité. Il s'en plaignit un jour à madame de Valentinois, et elle lui dit qu'elle voulait le faire devenir amoureux d'elle, pour le rendre plus vif et plus agréable. Elle y réussit comme vous le voyez. Il y a plus de vingt ans que cette passion dure, sans qu'elle ait été altérée, ni par le temps, ni par les obstacles.

« Le feu roi s'y opposa d'abord ; et, soit qu'il eût encore assez d'amour pour madame de Valentinois pour avoir de la jalousie, ou qu'il fût poussé par la duchesse d'Estampes, qui était au désespoir que monsieur le dauphin fût attaché à son ennemie, il est certain qu'il vit cette passion avec une colère et un chagrin[3] dont il donnait tous les jours des marques. Son fils ne craignit ni sa colère ni sa haine, et rien ne put l'obliger à diminuer son attachement, ni à le cacher ; il fallut que le roi s'accoutumât à le souffrir[4]. Aussi cette opposition à ses volontés l'éloigna encore de lui, et l'attacha davantage au duc d'Orléans, son troisième fils[5]. C'était un prince bien fait, beau, plein de feu et d'ambition, d'une jeunesse fougueuse, qui avait besoin d'être modéré, mais qui eût fait aussi un prince d'une grande élévation[6], si l'âge eût mûri son esprit.

1. Une liaison.

2. Fils aîné de François Ier, qui aurait dû lui succéder sur le trône. Voir note 10, p. 15.

3. Mécontentement.

4. Supporter.

5. Charles (1522-1545), duc d'Orléans.

6. Qualité.

« Le rang d'aîné qu'avait le dauphin, et la faveur du roi qu'avait le duc d'Orléans, faisaient entre eux une sorte d'émulation[7], qui allait jusqu'à la haine. Cette émulation avait commencé dès leur enfance, et s'était toujours conservée. Lorsque l'empereur[8] passa en France, il donna une préférence entière au duc d'Orléans sur monsieur le dauphin, qui la ressentit si vivement, que, comme cet empereur était à Chantilly, il voulut obliger monsieur le connétable à l'arrêter, sans attendre le commandement du roi. Monsieur le connétable ne le voulut pas : le roi le blâma, dans la suite, de n'avoir pas suivi le conseil de son fils ; et, lorsqu'il l'éloigna de la cour, cette raison y eut beaucoup de part.

« La division[9] des deux frères donna la pensée à la duchesse d'Estampes de s'appuyer de monsieur le duc d'Orléans, pour la soutenir auprès du roi contre madame de Valentinois. Elle y réussit : ce prince, sans être amoureux d'elle, n'entra guère moins dans ses intérêts[10], que le dauphin était dans ceux de madame de Valentinois. Cela fit deux cabales[11] dans la cour, telles que vous pouvez vous les imaginer ; mais ces intrigues ne se bornèrent pas seulement à des démêlés de femmes.

« L'empereur, qui avait conservé de l'amitié pour le duc d'Orléans, avait offert plusieurs fois de lui remettre le duché de Milan. Dans les propositions qui se firent depuis pour la paix, il faisait espérer[12] de lui donner les dix-sept provinces, et de lui faire épouser sa fille. Monsieur le dauphin ne souhaitait ni la paix, ni ce mariage. Il se servit de monsieur le connétable, qu'il a toujours aimé, pour faire voir au roi de quelle importance il était de ne pas donner à son successeur un frère aussi puissant que le serait un duc d'Orléans, avec l'alliance de l'empereur et les dix-sept provinces. Monsieur le connétable entra d'autant mieux dans les sentiments de monsieur le dauphin, qu'il s'opposait par-là à ceux de madame

---

7. De rivalité.

8. Charles Quint. Voir l'encart p. 21.

9. Mésentente.

10. N'entra pas moins dans le calcul de ses intérêts.

11. Conspirations.

12. Il lui laissait espérer.

d'Estampes, qui était son ennemie déclarée, et qui souhaitait ardemment l'élévation de monsieur le duc d'Orléans.

« Monsieur le dauphin commandait alors l'armée du roi en Champagne, et avait réduit celle de l'empereur en une telle extrémité, qu'elle eût péri entièrement, si la duchesse d'Estampes, craignant que de trop grands avantages ne nous fissent refuser la paix et l'alliance de l'empereur pour monsieur le duc d'Orléans, n'eût fait secrètement avertir les ennemis de surprendre Épernay et Château-Thierry, qui étaient pleins de vivres. Ils le firent, et sauvèrent par ce moyen toute leur armée.

« Cette duchesse ne jouit pas longtemps du succès de sa trahison. Peu après, monsieur le duc d'Orléans mourut à Faremoutiers, d'une espèce de maladie contagieuse. Il aimait une des plus belles femmes de la cour, et en était aimé. Je ne vous la nommerai pas, parce qu'elle a vécu depuis avec tant de sagesse, et qu'elle a même caché avec tant de soin la passion qu'elle avait pour ce prince, qu'elle a mérité que l'on conserve sa réputation. Le hasard fit qu'elle reçut la nouvelle de la mort de son mari le même jour qu'elle apprit celle de monsieur d'Orléans ; de sorte qu'elle eut ce prétexte pour cacher sa véritable affliction[1], sans avoir la peine de se contraindre[2].

« Le roi ne survécut guère au prince son fils[3] ; il mourut deux ans après. Il recommanda à monsieur le dauphin de se servir[4] du cardinal de Tournon et de l'amiral d'Annebault, et ne parla point de monsieur le connétable, qui était pour lors relégué à Chantilly. Ce fut néanmoins la première chose que fit le roi son fils, de le rappeler, et de lui donner le gouvernement des affaires.

« Madame d'Estampes fut chassée, et reçut tous les mauvais traitements qu'elle pouvait attendre d'une ennemie toute-puissante. La duchesse de Valentinois se vengea alors pleinement, et de cette

1. Peine.
2. De se forcer.
3. Son troisième fils, Charles.
4. De s'appuyer sur.

La trahison d'une favorite

La duchesse d'Étampes, favorite de François Ier, est hostile au dauphin (le futur Henri II) qui a pris pour maîtresse la duchesse de Valentinois, son ancienne rivale. Elle soutient en revanche le troisième fils de François Ier, le duc d'Orléans, auquel Charles Quint a proposé une alliance. C'est pour cette raison qu'elle indique aux troupes de l'Empereur où trouver des vivres en Champagne.

duchesse, et de tous ceux qui lui avaient déplu. Son pouvoir parut plus absolu sur l'esprit du roi, qu'il ne paraissait encore pendant qu'il était dauphin. Depuis douze ans que ce prince règne, elle est maîtresse absolue de toutes choses : elle dispose des charges[5] et des affaires ; elle a fait chasser le cardinal de Tournon, le chancelier Olivier, et Villeroy. Ceux qui ont voulu éclairer le roi sur sa conduite ont péri dans cette entreprise. Le comte de Taix, grand maître de l'artillerie, qui ne l'aimait pas, ne put s'empêcher de parler de ses galanteries[6], et surtout de celle du comte de Brissac, dont le roi avait déjà eu beaucoup de jalousie. Néanmoins, elle fit si bien, que le comte de Taix fut disgracié ; on lui ôta sa charge ; et, ce qui est presque incroyable, elle la fit donner au comte de Brissac, et l'a fait ensuite maréchal de France. La jalousie du roi augmenta néanmoins d'une telle sorte, qu'il ne put souffrir que ce maréchal demeurât à la cour ; mais la jalousie, qui est aigre et violente en tous les autres, est douce et modérée en lui par l'extrême respect qu'il a pour sa maîtresse ; en sorte qu'il n'osa éloigner son rival que sur le prétexte de lui donner le gouvernement de Piémont. Il y a passé plusieurs années ; il revint, l'hiver dernier, sur le prétexte de demander des troupes et d'autres choses nécessaires pour l'armée qu'il commande. Le désir de revoir madame de Valentinois, et la crainte d'en être oublié, avaient peut-être beaucoup de part à ce voyage. Le roi le reçut avec une grande froideur. Messieurs de Guise, qui ne l'aiment pas, mais qui n'osent le témoigner à cause de madame de Valentinois, se servirent de monsieur le vidame, qui est son ennemi déclaré, pour empêcher qu'il n'obtînt aucune des choses qu'il était venu demander. Il n'était pas difficile de lui nuire ; le roi le haïssait, et sa présence lui donnait de l'inquiétude ; de sorte qu'il fut contraint de s'en retourner sans remporter aucun fruit de son voyage, que d'avoir peut-être rallumé dans le cœur de madame de Valentinois des sentiments que l'absence commençait d'éteindre. Le roi a bien eu d'autres sujets de jalousie[7] ; mais ou il ne les a pas connus, ou il n'a osé s'en plaindre.

---

5. Elle décide des fonctions, des dignités.

6. Intrigues amoureuses.

7. D'autres raisons d'être jaloux de Mme de Valentinois.

« Je ne sais, ma fille, ajouta madame de Chartres, si vous ne trouverez point que je vous ai plus appris de choses que vous n'aviez envie d'en savoir.

– Je suis très éloignée, madame, de faire cette plainte, répondit madame de Clèves ; et, sans la peur de vous importuner, je vous demanderais encore plusieurs circonstances que j'ignore. »

La passion de monsieur de Nemours pour madame de Clèves, fut d'abord si violente, qu'elle lui ôta le goût et même le souvenir de toutes les personnes qu'il avait aimées, et avec qui il avait conservé des commerces[1] pendant son absence. Il ne prit pas seulement le soin de chercher des prétextes pour rompre avec elles ; il ne put se donner la patience d'écouter leurs plaintes, et de répondre à leurs reproches. Madame la dauphine, pour qui il avait eu des sentiments assez passionnés, ne put tenir[2] dans son cœur contre madame de Clèves. Son impatience pour le voyage d'Angleterre[3] commença même à se ralentir, et il ne pressa plus avec tant d'ardeur les choses qui étaient nécessaires pour son départ. Il allait souvent chez la reine dauphine, parce que madame de Clèves y allait souvent, et il n'était pas fâché de laisser imaginer ce que l'on avait cru de ses sentiments pour cette reine. Madame de Clèves lui paraissait d'un si grand prix, qu'il se résolut de manquer plutôt à lui donner des marques de sa passion, que de hasarder de la faire connaître[4] au public. Il n'en parla pas même au vidame de Chartres, qui était son ami intime, et pour qui il n'avait rien de caché. Il prit une conduite si sage, et s'observa avec tant de soin, que personne ne le soupçonna d'être amoureux de madame de Clèves, que[5] le chevalier de Guise ; et elle aurait eu peine à s'en apercevoir elle-même, si l'inclination qu'elle avait pour lui ne lui eût donné une attention particulière pour ses actions, qui ne lui permit pas d'en douter.

Elle ne se trouva pas la même disposition à dire[6] à sa mère ce qu'elle pensait des sentiments de ce prince, qu'elle avait eue à lui

1. Liens.
2. Rivaliser.
3. Où l'attend la reine qui songe à le prendre comme époux.
4. Il se résolut à ne pas lui montrer sa passion, plutôt que de prendre le risque de la faire connaître.
5. À part.
6. Elle n'eut pas le souhait de dire.

parler de ses autres amants[7] ; sans avoir un dessein formé de le lui cacher, elle ne lui en parla point. Mais madame de Chartres ne le voyait que trop, aussi bien que le penchant que sa fille avait pour lui. Cette connaissance lui donna une douleur sensible : elle jugeait bien le péril où était cette jeune personne, d'être aimée d'un homme fait comme monsieur de Nemours, pour qui elle avait de l'inclination. Elle fut entièrement confirmée dans les soupçons qu'elle avait de cette inclination, par une chose qui arriva peu de jours après.

Le maréchal de Saint-André, qui cherchait toutes les occasions de faire voir sa magnificence[8], supplia le roi, sur le prétexte de lui montrer sa maison, qui ne venait que d'être achevée, de lui vouloir faire l'honneur d'y aller souper avec les reines. Ce maréchal était bien aise aussi de faire paraître aux yeux de madame de Clèves cette dépense éclatante qui allait jusqu'à la profusion[9].

Quelques jours avant celui qui avait été choisi pour ce souper, le roi dauphin, dont la santé était assez mauvaise, s'était trouvé mal, et n'avait vu personne. La reine sa femme avait passé tout le jour auprès de lui. Sur le soir, comme il se portait mieux, il fit entrer toutes les personnes de qualité qui étaient dans son antichambre. La reine dauphine s'en alla chez elle ; elle y trouva madame de Clèves et quelques autres dames qui étaient le plus dans sa familiarité.

Comme il était déjà assez tard, et qu'elle n'était point habillée, elle n'alla pas chez la reine ; elle fit dire qu'on ne la voyait point, et fit apporter ses pierreries[10], afin d'en choisir pour le bal du maréchal de Saint-André, et pour en donner à madame de Clèves, à qui elle en avait promis. Comme elles étaient dans cette occupation, le prince de Condé arriva. Sa qualité[11] lui rendait toutes les entrées libres. La reine dauphine lui dit qu'il venait sans doute de chez le roi son mari, et lui demanda ce que l'on y faisait.

« L'on dispute contre[12] monsieur de Nemours, madame, répondit-il, et il défend avec tant de chaleur la cause qu'il soutient, qu'il faut que ce soit la sienne. Je crois qu'il a quelque maîtresse qui

7. Des autres hommes qui lui témoignaient de l'amour.

8. Sa richesse.

9. L'excès.

10. Pierres précieuses, utilisées comme bijoux.

11. Son rang.

12. L'on s'oppose à.

lui donne de l'inquiétude quand elle est au bal, tant il trouve que c'est une chose fâcheuse pour un amant, que d'y voir la personne qu'il aime.

– Comment ! reprit madame la dauphine, monsieur de Nemours ne veut pas que sa maîtresse aille au bal ? J'avais bien cru que les maris pouvaient souhaiter que leurs femmes n'y allassent pas ; mais, pour les amants, je n'avais jamais pensé qu'ils pussent être de ce sentiment.

– Monsieur de Nemours trouve, répliqua le prince de Condé, que le bal est ce qu'il y a de plus insupportable pour les amants, soit qu'ils soient aimés, ou qu'ils ne le soient pas. Il dit que, s'ils sont aimés, ils ont le chagrin de l'être moins pendant plusieurs jours ; qu'il n'y a point de femme que le soin de sa parure n'empêche de songer à son amant ; qu'elles en sont entièrement occupées ; que ce soin de se parer est pour tout le monde, aussi bien que pour celui qu'elles aiment ; que, lorsqu'elles sont au bal, elles veulent plaire à tous ceux qui les regardent ; que, quand elles sont contentes de leur beauté, elles en ont une joie dont leur amant ne fait pas la plus grande partie[1]. Il dit aussi que, quand on n'est point aimé, on souffre encore davantage de voir sa maîtresse dans une assemblée ; que plus elle est admirée du public, plus on se trouve malheureux de n'en être point aimé ; que l'on craint toujours que sa beauté ne fasse naître quelque amour plus heureux que le sien. Enfin il trouve qu'il n'y a point de souffrance pareille à celle de voir sa maîtresse au bal, si ce n'est de savoir qu'elle y est, et de n'y être pas. »

Madame de Clèves ne faisait pas semblant d'entendre[2] ce que disait le prince de Condé, mais elle l'écoutait avec attention. Elle jugeait aisément quelle part elle avait à l'opinion[3] que soutenait monsieur de Nemours, et surtout à ce qu'il disait du chagrin de n'être pas au bal où était sa maîtresse, parce qu'il ne devait pas être à celui du maréchal de Saint-André, et que le roi l'envoyait au-devant du duc de Ferrare.

---

1. N'est pas le plus responsable.

2. Faisait semblant de ne pas entendre.

3. Elle comprenait aisément qu'elle était la cause de l'opinion.

La reine dauphine riait avec le prince de Condé, et n'approuvait pas l'opinion de monsieur de Nemours.

« Il n'y a qu'une occasion, madame, lui dit ce prince, où monsieur de Nemours consente que sa maîtresse aille au bal, qu'alors que[4] c'est lui qui le donne ; et il dit que l'année passée qu'il en donna un à votre majesté, il trouva que sa maîtresse lui faisait une faveur d'y venir, quoiqu'elle ne semblât que vous y suivre ; que c'est toujours faire une grâce à un amant, que d'aller prendre sa part à un plaisir qu'il donne ; que c'est aussi une chose agréable pour l'amant, que sa maîtresse le voie le maître d'un lieu où est toute la cour, et qu'elle le voie se bien acquitter d'en faire les honneurs.

– Monsieur de Nemours avait raison, dit la reine dauphine, en souriant, d'approuver que sa maîtresse allât au bal : il y avait alors un si grand nombre de femmes à qui il donnait cette qualité[5], que, si elles n'y fussent point venues, il y aurait eu peu de monde. »

Sitôt que le prince de Condé avait commencé à conter les sentiments de monsieur de Nemours sur le bal, madame de Clèves avait senti une grande envie de ne point aller à celui du maréchal de Saint-André. Elle entra aisément dans l'opinion qu'il ne fallait pas aller chez un homme dont on était aimée, et elle fut bien aise d'avoir une raison de sévérité[6] pour faire une chose qui était une faveur pour monsieur de Nemours. Elle emporta néanmoins la parure que lui avait donnée la reine dauphine ; mais le soir, lorsqu'elle la montra à sa mère, elle lui dit qu'elle n'avait pas dessein de s'en servir ; que le maréchal de Saint-André prenait tant de soin de faire voir qu'il était attaché à elle, qu'elle ne doutait point qu'il ne voulût aussi faire croire qu'elle aurait part au divertissement qu'il devait donner au roi, et que, sous prétexte de faire l'honneur de chez lui, il lui rendrait des soins dont peut-être elle serait embarrassée.

Madame de Chartres combattit quelque temps l'opinion de sa fille, comme la trouvant particulière[7] ; mais, voyant qu'elle s'y

4. Uniquement lorsque.

5. D'être ses maîtresses.

6. D'avoir une raison, en prétextant la sévérité.

7. Étrange.

opiniâtrait[1], elle s'y rendit[2], et lui dit qu'il fallait donc qu'elle fît la malade, pour avoir un prétexte de n'y pas aller, parce que les raisons qui l'en empêchaient ne seraient pas approuvées, et qu'il fallait même empêcher qu'on ne les soupçonnât. Madame de Clèves consentit volontiers à passer quelques jours chez elle, pour ne point aller dans un lieu où monsieur de Nemours ne devait pas être ; et il partit sans avoir le plaisir de savoir qu'elle n'irait pas.

Il revint le lendemain du bal ; il sut qu'elle ne s'y était pas trouvée ; mais, comme il ne savait pas que l'on eût redit devant elle la conversation de chez le roi dauphin, il était bien éloigné de croire qu'il fût assez heureux pour l'avoir empêchée d'y aller.

Le lendemain, comme il était chez la reine, et qu'il parlait à madame la dauphine, madame de Chartres et madame de Clèves y vinrent, et s'approchèrent de cette princesse. Madame de Clèves était un peu négligée, comme une personne qui s'était trouvée mal ; mais son visage ne répondait pas à son habillement.

« Vous voilà si belle, lui dit madame la dauphine, que je ne saurais croire que vous ayez été malade. Je pense que monsieur le prince de Condé, en vous contant l'avis de monsieur de Nemours sur le bal, vous a persuadée que vous feriez une faveur au maréchal de Saint-André d'aller chez lui, et que c'est ce qui vous a empêchée d'y venir. »

Madame de Clèves rougit de ce que madame la dauphine devinait si juste, et de ce qu'elle disait devant monsieur de Nemours ce qu'elle avait deviné.

Madame de Chartres vit dans ce moment[3] pourquoi sa fille n'avait pas voulu aller au bal ; et, pour empêcher que monsieur de Nemours ne le jugeât[4] aussi bien qu'elle, elle prit la parole avec un air qui semblait être appuyé sur la vérité.

« Je vous assure, madame, dit-elle à madame la dauphine, que votre majesté fait plus d'honneur à ma fille qu'elle n'en mérite. Elle était véritablement malade ; mais je crois que, si je ne l'en eusse

1. Qu'elle s'y entêtait.
2. Elle se rendit à son avis.
3. Comprit alors.
4. Comprît.

empêchée, elle n'eût pas laissé[5] de vous suivre et de se montrer aussi changée qu'elle était, pour avoir le plaisir de voir tout ce qu'il y a eu d'extraordinaire au divertissement d'hier au soir. »

Madame la dauphine crut ce que disait madame de Chartres, monsieur de Nemours fut bien fâché d'y trouver de l'apparence[6] ; néanmoins la rougeur de madame de Clèves lui fit soupçonner que ce que madame la dauphine avait dit n'était pas entièrement éloigné de la vérité. Madame de Clèves avait d'abord été fâchée que monsieur de Nemours eût eu lieu de croire que c'était lui qui l'avait empêchée d'aller chez le maréchal de Saint-André ; mais ensuite elle sentit quelque espèce de chagrin que sa mère lui en eût entièrement ôté l'opinion.

Quoique l'assemblée de Cercamp[7] eût été rompue, les négociations pour la paix avaient toujours continué, et les choses s'y disposèrent d'une telle sorte que, sur la fin de février, on se rassembla à Cateau-Cambrésis. Les mêmes députés y retournèrent ; et l'absence du maréchal de Saint-André défit monsieur de Nemours du rival qui lui était plus redoutable par l'attention qu'il avait à observer ceux qui approchaient madame de Clèves, que[8] par le progrès qu'il pouvait faire auprès d'elle.

Madame de Chartres n'avait pas voulu laisser voir à sa fille qu'elle connaissait ses sentiments pour ce prince, de peur de se rendre suspecte sur les choses qu'elle avait envie de lui dire. Elle se mit un jour à parler de lui ; elle lui en dit du bien, et y mêla beaucoup de louanges empoisonnées sur la sagesse qu'il avait d'être incapable de devenir amoureux, et sur ce qu'il ne se faisait qu'un plaisir, et non pas un attachement sérieux du commerce des femmes. « Ce n'est pas, ajouta-t-elle, que l'on ne l'ait soupçonné d'avoir une grande passion pour la reine dauphine ; je vois même qu'il y va très souvent, et je vous conseille d'éviter autant que vous pourrez de lui parler, et surtout en particulier, parce que, madame la dauphine vous traitant comme elle fait, on dirait bientôt que vous êtes leur confidente, et

5. Manqué.

6. D'y trouver l'apparence de la vérité.

7. Site d'une importante abbaye cistercienne, où se sont ouvertes en 1558 les négociations préliminaires au traité de paix du Cateau-Cambrésis, qui mettent un terme en 1559 au conflit entre la France d'un côté, l'Espagne et le Saint-Empire romain germanique de l'autre.

8. Autant que.

vous savez combien cette réputation est désagréable. Je suis d'avis, si ce bruit continue, que vous alliez un peu moins chez madame la dauphine, afin de ne vous pas trouver mêlée dans des aventures de galanterie. »

Madame de Clèves n'avait jamais ouï parler de monsieur de Nemours et de madame la dauphine[1] : elle fut si surprise de ce que lui dit sa mère, et elle crut si bien voir combien elle s'était trompée dans tout ce qu'elle avait pensé des sentiments de ce prince, qu'elle en changea de visage. Madame de Chartres s'en aperçut ; il vint du monde dans ce moment ; madame de Clèves s'en alla chez elle, et s'enferma dans son cabinet[2].

L'on ne peut exprimer la douleur qu'elle sentit de connaître, par ce que lui venait de dire sa mère, l'intérêt qu'elle prenait à monsieur de Nemours : elle n'avait encore osé se l'avouer à elle-même. Elle vit alors que les sentiments qu'elle avait pour lui étaient ceux que monsieur de Clèves lui avait tant demandés ; elle trouva combien il était honteux de les avoir pour un autre que pour un mari qui les méritait. Elle se sentit blessée et embarrassée de la crainte que monsieur de Nemours ne la voulût faire servir de prétexte à madame la dauphine[3], et cette pensée la détermina à conter à madame de Chartres ce qu'elle ne lui avait point encore dit.

Elle alla le lendemain matin dans sa chambre pour exécuter ce qu'elle avait résolu ; mais elle trouva que madame de Chartres avait un peu de fièvre, de sorte qu'elle ne voulut pas lui parler. Ce mal paraissait néanmoins si peu de chose, que madame de Clèves ne laissa pas d'aller l'après-dînée[4] chez madame la dauphine : elle était dans son cabinet avec deux ou trois dames qui étaient le plus avant dans sa familiarité.

« Nous parlions de monsieur de Nemours, lui dit cette reine en la voyant, et nous admirions combien il est changé depuis son retour de Bruxelles ; devant que[5] d'y aller, il avait un nombre infini de maîtresses, et c'était même un défaut en lui, car il ménageait[6]

---

1. N'avait jamais entendu parler d'une liaison entre.
2. Pièce à l'écart, où l'on se retire.
3. Ne voulût l'utiliser comme un prétexte pour voir madame la dauphine.
4. Ne manqua pas d'aller l'après-midi.
5. Avant.
6. Traitait.

également celles qui avaient du mérite et celles qui n'en avaient pas ; depuis qu'il est revenu, il ne connaît ni les unes ni les autres ; il n'y a jamais eu un si grand changement ; je trouve même qu'il y en a dans son humeur, et qu'il est moins gai que de coutume. »

Madame de Clèves ne répondit rien, et elle pensait avec honte qu'elle aurait pris tout ce que l'on disait du changement de ce prince pour des marques de sa passion, si elle n'avait point été détrompée. Elle se sentait quelque aigreur contre madame la dauphine, de lui voir chercher des raisons et s'étonner d'une chose dont apparemment elle savait mieux la vérité que personne. Elle ne put s'empêcher de lui en témoigner quelque chose ; et, comme les autres dames s'éloignèrent, elle s'approcha d'elle, et lui dit tout bas :

« Est-ce aussi pour moi, madame, que vous venez de parler, et voudriez-vous me cacher que vous fussiez celle qui a fait changer de conduite à monsieur de Nemours ?

– Vous êtes injuste, lui dit madame la dauphine ; vous savez que je n'ai rien de caché pour vous. Il est vrai que monsieur de Nemours, devant que d'aller à Bruxelles, a eu, je crois, intention de me laisser entendre qu'il ne me haïssait pas ; mais, depuis qu'il est revenu, il ne m'a pas même paru qu'il se souvînt des choses qu'il avait faites, et j'avoue que j'ai de la curiosité de savoir ce qui l'a fait changer. Il sera bien difficile que je ne le démêle[7], ajouta-t-elle ; le vidame de Chartres, qui est son ami intime, est amoureux d'une personne sur qui j'ai quelque pouvoir, et je saurai par ce moyen ce qui a fait ce changement. »

Madame la dauphine parla d'un air qui persuada madame de Clèves, et elle se trouva malgré elle dans un état plus calme et plus doux que celui où elle était auparavant.

Lorsqu'elle revint chez sa mère, elle sut qu'elle était beaucoup plus mal qu'elle ne l'avait laissée. La fièvre lui avait redoublé, et les jours suivants elle augmenta de telle sorte qu'il parut que ce serait une maladie considérable. Madame de Clèves était dans une affliction extrême, elle ne sortait point de la chambre de sa mère ; monsieur de Clèves y passait aussi presque tous les jours, et par l'intérêt qu'il prenait à madame de Chartres, et pour empêcher sa

7. Il me sera facile de le savoir.

femme de s'abandonner à la tristesse, mais pour avoir aussi le plaisir de la voir, sa passion n'était point diminuée.

Monsieur de Nemours, qui avait toujours eu beaucoup d'amitié pour lui, n'avait pas cessé de lui en témoigner depuis son retour de Bruxelles. Pendant la maladie de madame de Chartres, ce prince trouva le moyen de voir plusieurs fois madame de Clèves, en faisant semblant de chercher son mari, ou de le venir prendre pour le mener promener. Il le cherchait même à des heures où il savait bien qu'il n'y était pas ; et, sous le prétexte de l'attendre, il demeurait dans l'antichambre de madame de Chartres, où il y avait toujours plusieurs personnes de qualité. Madame de Clèves y venait souvent ; et, pour être affligée, elle n'en paraissait pas moins belle à monsieur de Nemours. Il lui faisait voir combien il prenait d'intérêt à son affliction, et il lui en parlait avec un air si doux et si soumis, qu'il la persuadait aisément que ce n'était pas de madame la dauphine dont il était amoureux.

Elle ne pouvait s'empêcher d'être troublée de sa vue, et d'avoir pourtant du plaisir à le voir ; mais, quand elle ne le voyait plus, et qu'elle pensait que ce charme qu'elle trouvait dans sa vue était le commencement des passions, il s'en fallait peu qu'elle ne crût le haïr, par la douleur que lui donnait cette pensée.

Madame de Chartres empira si considérablement, que l'on commença à désespérer de sa vie ; elle reçut ce que les médecins lui dirent du péril où elle était avec un courage digne de sa vertu et de sa piété. Après qu'ils furent sortis, elle fit retirer tout le monde et appeler madame de Clèves.

« Il faut nous quitter, ma fille, lui dit-elle, en lui tendant la main ; le péril où je vous laisse et le besoin que vous avez de moi augmentent le déplaisir que j'ai de vous quitter. Vous avez de l'inclination pour monsieur de Nemours ; je ne vous demande point de me l'avouer ; je ne suis plus en état de me servir de votre sincérité pour vous conduire[1]. Il y a déjà longtemps que je me suis aperçue de cette inclination ; mais je ne vous en ai pas voulu parler d'abord, de peur de vous en faire apercevoir vous-même. Vous ne la connaissez que trop présentement ; vous êtes sur le bord du précipice : il faut de

1. Pour conduire votre vie.

grands efforts et de grandes violences pour vous retenir. Songez ce que vous devez à votre mari, songez ce que vous vous devez à vous-même, et pensez que vous allez perdre cette réputation que vous vous êtes acquise, et que je vous ai tant souhaitée. Ayez de la force et du courage, ma fille ; retirez-vous de la cour, obligez votre mari de vous emmener, ne craignez point de prendre des partis[2] trop rudes et trop difficiles ; quelque affreux qu'ils vous paraissent d'abord, ils seront plus doux dans les suites[3] que les malheurs d'une galanterie. Si d'autres raisons que celles de la vertu et de votre devoir vous pouvaient obliger à ce que je souhaite, je vous dirais que, si quelque chose était capable de troubler le bonheur que j'espère en sortant de ce monde, ce serait de vous voir tomber[4] comme les autres femmes ; mais, si ce malheur vous doit arriver, je reçois la mort avec joie, pour n'en être pas le témoin. »

Madame de Clèves fondait en larmes sur la main de sa mère, qu'elle tenait serrée entre les siennes ; et madame de Chartres se sentant touchée elle-même :

« Adieu, ma fille, lui dit-elle, finissons une conversation qui nous attendrit trop l'une et l'autre, et souvenez-vous, si vous pouvez, de tout ce que je viens de vous dire. »

Elle se tourna de l'autre côté en achevant ces paroles, et commanda à sa fille d'appeler ses femmes, sans vouloir l'écouter ni parler davantage. Madame de Clèves sortit de la chambre de sa mère en l'état que l'on peut s'imaginer, et madame de Chartres ne songea plus qu'à se préparer à la mort. Elle vécut encore deux jours, pendant lesquels elle ne voulut plus revoir sa fille, qui était la seule chose à quoi elle se sentait attachée.

Madame de Clèves était dans une affliction extrême ; son mari ne la quittait point, et, sitôt que madame de Chartres fut expirée[5], il l'emmena à la campagne, pour l'éloigner d'un lieu qui ne faisait qu'aigrir[6] sa douleur. On n'en a jamais vu de pareille. Quoique

2. Décisions.

3. Dans leurs conséquences.

4. Succomber à la tentation de l'adultère.

5. Eut rendu son dernier souffle.

6. Accentuer.

la tendresse et la reconnaissance y eussent la plus grande part, le besoin qu'elle sentait qu'elle avait de sa mère pour se défendre contre monsieur de Nemours ne laissait pas d'y en avoir beaucoup. Elle se trouvait malheureuse d'être abandonnée à elle-même, dans un temps où elle était si peu maîtresse de ses sentiments, et où elle eût tant souhaité d'avoir quelqu'un qui pût la plaindre et lui donner de la force. La manière dont monsieur de Clèves en usait pour elle lui faisait souhaiter plus fortement que jamais de ne manquer à rien de ce qu'elle lui devait. Elle lui témoignait aussi plus d'amitié et plus de tendresse qu'elle n'avait encore fait ; elle ne voulait point qu'il la quittât, et il lui semblait qu'à force de s'attacher à lui, il la défendrait contre monsieur de Nemours.

Ce prince vint voir monsieur de Clèves à la campagne, il fit ce qu'il put pour rendre aussi une visite à madame de Clèves ; mais elle ne le voulut point recevoir, et sentant bien qu'elle ne pouvait s'empêcher de le trouver aimable[1], elle avait fait une forte résolution de s'empêcher de le voir, et d'en éviter toutes les occasions qui dépendraient d'elle.

Monsieur de Clèves vint à Paris pour faire sa cour[2], et promit à sa femme de s'en retourner le lendemain ; il ne revint néanmoins que le jour d'après.

« Je vous attendis tout hier, lui dit madame de Clèves lorsqu'il arriva ; et je vous dois faire des reproches de n'être pas venu comme vous me l'aviez promis. Vous savez que si je pouvais sentir une nouvelle affliction en l'état où je suis, ce serait la mort de madame de Tournon, que j'ai apprise ce matin. J'en aurais été touchée quand je ne l'aurais point[3] connue ; c'est toujours une chose digne de pitié, qu'une femme jeune et belle comme celle-là soit morte en deux jours ; mais de plus, c'était une des personnes du monde qui me plaisait davantage[4], et qui paraissait avoir autant de sagesse que de mérite.

---

1. Digne d'être aimé.
2. Faire des visites et rendre hommage aux personnes de haut rang qui appartiennent à cette cour.
3. Même si je ne l'avais pas.
4. Le plus.

– Je fus très fâché de ne pas revenir hier, répondit monsieur de Clèves ; mais j'étais si nécessaire à la consolation d'un malheureux, qu'il m'était impossible de le quitter. Pour madame de Tournon, je ne vous conseille pas d'en être affligée, si vous la regrettez comme une femme pleine de sagesse et digne de votre estime.

– Vous m'étonnez, reprit madame de Clèves, et je vous ai ouï dire plusieurs fois qu'il n'y avait point de femme à la cour que vous estimassiez davantage.

– Il est vrai, répondit-il, mais les femmes sont incompréhensibles ; et quand je les vois toutes, je me trouve si heureux de vous avoir, que je ne saurais assez admirer mon bonheur.

– Vous m'estimez plus que je ne vaux, répliqua madame de Clèves en soupirant, et il n'est pas encore temps de me trouver digne de vous. Apprenez-moi, je vous en supplie, ce qui vous a détrompé de madame de Tournon.

– Il y a longtemps que je le suis, répliqua-t-il, et que je sais qu'elle aimait le comte de Sancerre, à qui elle donnait des espérances de l'épouser.

– Je ne saurais croire, interrompit madame de Clèves, que madame de Tournon, après cet éloignement si extraordinaire qu'elle a témoigné pour le mariage depuis qu'elle est veuve, et après les déclarations publiques qu'elle a faites de ne se remarier jamais, ait donné des espérances à Sancerre.

– Si elle n'en eût donné qu'à lui, répliqua monsieur de Clèves, il ne faudrait pas s'étonner ; mais ce qu'il y a de surprenant, c'est qu'elle en donnait aussi à Estouteville dans le même temps ; et je vais vous apprendre toute cette histoire. »

Portrait d'Henri II, roi de France, anonyme, peinture à l'huile, 1555.

DEUXIÈME PARTIE

« Vous savez l'amitié qu'il y a entre Sancerre et moi ; néanmoins il devint amoureux de madame de Tournon, il y a environ deux ans, et me le cacha avec beaucoup de soin, aussi bien qu'à tout le reste du monde. J'étais bien éloigné de le soupçonner. Madame de Tournon paraissait encore inconsolable de la mort de son mari, et vivait dans une retraite austère. La sœur de Sancerre était quasi la seule personne qu'elle vît, et c'était chez elle qu'il en était devenu amoureux.

« Un soir qu'il devait y avoir une comédie au Louvre, et que l'on n'attendait plus que le roi et madame de Valentinois pour commencer, l'on vint dire qu'elle s'était trouvée mal, et que le roi ne viendrait pas. On jugea aisément que le mal de cette duchesse était quelque démêlé[1] avec le roi : nous savions les jalousies qu'il avait eues du maréchal de Brissac pendant qu'il avait été à la cour, mais il était retourné en Piémont depuis quelques jours, et nous ne pouvions imaginer le sujet de cette brouillerie.

« Comme j'en parlais avec Sancerre, monsieur d'Anville arriva dans la salle, et me dit tout bas que le roi était dans une affliction et dans une colère qui faisaient pitié ; qu'en un raccommodement[2] qui s'était fait entre lui et madame de Valentinois, il y avait quelques jours, sur des démêlés qu'ils avaient eus pour le maréchal de Brissac, le roi lui avait donné une bague, et l'avait priée de la porter ; que, pendant qu'elle s'habillait pour venir à la comédie, il avait remarqué qu'elle n'avait point cette bague, et lui en avait demandé la raison ; qu'elle avait paru étonnée de ne la pas avoir ; qu'elle l'avait demandée à ses femmes, lesquelles, par malheur, ou faute d'être bien instruites, avaient répondu qu'il y avait quatre ou cinq jours qu'elles ne l'avaient vue.

« Ce temps est précisément celui du départ du maréchal de Brissac, continua monsieur d'Anville : le roi n'a point douté qu'elle ne lui ait donné la bague, en lui disant adieu. Cette pensée a

1. Dispute.

2. Que pour une réconciliation.

réveillé si vivement toute cette jalousie, qui n'était pas encore bien éteinte, qu'il s'est emporté, contre son ordinaire, et lui a fait mille reproches. Il vient de rentrer chez lui très affligé ; mais je ne sais s'il l'est davantage de l'opinion[1] que madame de Valentinois a sacrifié sa bague, que de la crainte de lui avoir déplu par sa colère. »

« Sitôt que monsieur d'Anville eut achevé de me conter cette nouvelle, je me rapprochai de Sancerre pour la lui apprendre ; je la lui dis comme un secret que l'on venait de me confier, et dont je lui défendais de parler.

« Le lendemain matin, j'allai d'assez bonne heure chez ma belle-sœur ; je trouvai madame de Tournon au chevet de son lit ; elle n'aimait pas madame de Valentinois, et elle savait bien que ma belle-sœur n'avait pas sujet de s'en louer. Sancerre avait été chez elle au sortir de la comédie. Il lui avait appris la brouillerie du roi avec cette duchesse ; et madame de Tournon était venue la conter à ma belle-sœur, sans savoir ou sans faire réflexion que c'était moi qui l'avais apprise à son amant.

« Sitôt que je m'approchai de ma belle-sœur, elle dit à madame de Tournon que l'on pouvait me confier ce qu'elle venait de lui dire ; et, sans attendre la permission de madame de Tournon, elle me conta mot pour mot tout ce que j'avais dit à Sancerre le soir précédent. Vous pouvez juger comme j'en fus étonné. Je regardai madame de Tournon ; elle me parut embarrassée. Son embarras me donna du soupçon : je n'avais dit la chose qu'à Sancerre ; il m'avait quitté au sortir de la comédie, sans m'en dire la raison ; je me souvins de lui avoir ouï[2] extrêmement louer madame de Tournon. Toutes ces choses m'ouvrirent les yeux, et je n'eus pas de peine à démêler[3] qu'il avait une galanterie avec elle, et qu'il l'avait vue depuis qu'il m'avait quitté.

« Je fus si piqué[4] de voir qu'il me cachait cette aventure, que je dis plusieurs choses qui firent connaître à madame de Tournon

1. En raison du fait.
2. De l'avoir entendu.
3. Comprendre.
4. Vexé.

l'imprudence qu'elle avait faite ; je la remis à son carrosse[5], et je l'assurai, en la quittant, que j'enviais le bonheur de celui qui lui avait appris la brouillerie du roi et de madame de Valentinois.

« Je m'en allai à l'heure même trouver Sancerre ; je lui fis des reproches, et je lui dis que je savais sa passion pour madame de Tournon, sans lui dire comment je l'avais découverte : il fut contraint de me l'avouer. Je lui contai ensuite ce qui me l'avait apprise, et il m'apprit aussi le détail de leur aventure : il me dit que, quoiqu'il fût cadet de sa maison, et très éloigné de pouvoir prétendre un aussi bon parti, néanmoins elle était résolue de l'épouser. L'on ne peut être plus surpris que je le fus. Je dis à Sancerre de presser la conclusion de son mariage, et qu'il n'y avait rien qu'il ne dût craindre d'une femme qui avait l'artifice[6] de soutenir, aux yeux du public, un personnage si éloigné de la vérité. Il me répondit qu'elle avait été véritablement affligée ; mais que l'inclination qu'elle avait eue pour lui avait surmonté cette affliction, et qu'elle n'avait pu laisser paraître tout d'un coup un si grand changement. Il me dit encore plusieurs autres raisons pour l'excuser, qui me firent voir à quel point il en était amoureux. Il m'assura qu'il la ferait consentir que je susse la passion[7] qu'il avait pour elle, puisque aussi bien c'était elle-même qui me l'avait apprise. Il l'y obligea en effet, quoique avec beaucoup de peine, et je fus ensuite très avant dans leur confidence[8].

« Je n'ai jamais vu une femme avoir une conduite si honnête et si agréable à l'égard de son amant ; néanmoins j'étais toujours choqué de son affectation à paraître encore affligée[9]. Sancerre était si amoureux et si content de la manière dont elle en usait pour lui, qu'il n'osait quasi la presser de conclure leur mariage, de peur qu'elle ne crût qu'il le souhaitait plutôt par intérêt que par une véritable passion. Il lui en parla toutefois, et elle lui parut résolue à l'épouser ; elle commença même à quitter cette retraite où elle vivait, et à se remettre dans le monde : elle venait chez ma belle-sœur à des heures où une partie

5. Je l'accompagnais jusqu'à son carrosse.

6. L'hypocrisie.

7. Qu'il lui ferait accepter que je sois au courant de la passion.

8. Très mêlé à leur secret.

9. De la mort de son mari.

de la cour s'y trouvait. Sancerre n'y venait que rarement, mais ceux qui y étaient tous les soirs et qui l'y voyaient souvent la trouvaient très aimable.

« Peu de temps après qu'elle eut commencé à quitter sa solitude, Sancerre crut voir quelque refroidissement dans la passion qu'elle avait pour lui. Il m'en parla plusieurs fois, sans que je fisse aucun fondement[1] sur ses plaintes ; mais à la fin, comme il me dit qu'au lieu d'achever leur mariage, elle semblait l'éloigner, je commençai à croire qu'il n'avait pas de tort d'avoir de l'inquiétude : je lui répondis que, quand la passion de madame de Tournon diminuerait après avoir duré deux ans, il ne faudrait pas s'en étonner ; que quand même[2], sans être diminuée, elle ne serait pas assez forte pour l'obliger à l'épouser, il ne devrait pas s'en plaindre ; que ce mariage, à l'égard du public, lui ferait un extrême tort, non seulement parce qu'il n'était pas un assez bon parti pour elle, mais par le préjudice qu'il apporterait à sa réputation ; qu'ainsi tout ce qu'il pouvait souhaiter était qu'elle ne le trompât point, et qu'elle ne lui donnât pas de fausses espérances. Je lui dis encore que, si elle n'avait pas la force de l'épouser, ou qu'elle lui avouât qu'elle en aimait quelque autre, il ne fallait point qu'il s'emportât, ni qu'il se plaignît ; mais qu'il devrait conserver pour elle de l'estime et de la reconnaissance.

« Je vous donne, lui dis-je, le conseil que je prendrais pour moi-même ; car la sincérité me touche d'une telle sorte, que je crois que, si ma maîtresse et même ma femme m'avouait que quelqu'un lui plût, j'en serais affligé sans en être aigri ; je quitterais le personnage d'amant ou de mari, pour la conseiller et pour la plaindre. »

Ces paroles firent rougir madame de Clèves, et elle y trouva un certain rapport avec l'état où elle était, qui la surprit, et qui lui donna un trouble dont elle fut longtemps à se remettre.

« Sancerre parla à madame de Tournon, continua monsieur de Clèves ; il lui dit tout ce que je lui avais conseillé ; mais elle le rassura avec tant de soin, et parut si offensée de ses soupçons, qu'elle les lui ôta entièrement. Elle remit[3] néanmoins leur mariage après un voyage

1. Sans que je n'accorde aucun crédit.
2. Quand bien même.
3. Reporta.

qu'il allait faire et qui devait être assez long : mais elle se conduisit si bien jusqu'à son départ, et en parut si affligée, que je crus aussi bien que lui qu'elle l'aimait véritablement. Il partit il y a environ trois mois. Pendant son absence j'ai peu vu madame de Tournon : vous m'avez entièrement occupé, et je savais seulement qu'il devait bientôt revenir.

« Avant-hier, en arrivant à Paris, j'appris qu'elle était morte. J'envoyai savoir chez lui si on n'avait point eu de ses nouvelles : on me manda qu'il était arrivé dès la veille, qui était précisément le jour de la mort de madame de Tournon. J'allai le voir à l'heure même, me doutant bien de l'état où je le trouverais : mais son affliction passait de beaucoup ce que je m'en étais imaginé.

« Je n'ai jamais vu une douleur si profonde et si tendre. Dès le moment qu'il me vit, il m'embrassa, fondant en larmes : « Je ne la verrai plus, me dit-il, je ne la verrai plus, elle est morte ! je n'en étais pas digne ; mais je la suivrai bientôt ! »

« Après cela il se tut ; et puis, de temps en temps, redisant toujours : « Elle est morte, et je ne la verrai plus ! » il revenait aux cris et aux larmes, et demeurait comme un homme qui n'avait plus de raison. Il me dit qu'il n'avait pas reçu souvent de ses lettres pendant son absence ; mais qu'il ne s'en était pas étonné, parce qu'il la connaissait, et qu'il savait la peine qu'elle avait à hasarder de ses lettres[4]. Il ne doutait point qu'il ne l'eût épousée à son retour ; il la regardait comme la plus aimable et la plus fidèle personne qui eût jamais été ; il s'en croyait tendrement aimé ; il la perdait dans le moment qu'il pensait s'attacher à elle pour jamais. Toutes ces pensées le plongeaient dans une affliction violente, dont il était entièrement accablé ; et j'avoue que je ne pouvais m'empêcher d'en être touché.

« Je fus néanmoins contraint de le quitter pour aller chez le roi ; je lui promis que je reviendrais bientôt. Je revins en effet, et je ne fus jamais si surpris que de le trouver tout différent de ce que je l'avais quitté. Il était debout dans sa chambre, avec un visage furieux, marchant et s'arrêtant comme s'il eût été hors de lui-même. « Venez, venez, me dit-il, venez voir l'homme du monde le plus désespéré ; je suis plus malheureux mille fois que je n'étais tantôt, et ce que je viens d'apprendre de madame de Tournon est pire que sa mort. »

4. Prendre le risque d'écrire des lettres.

« Je crus que la douleur le troublait entièrement ; et je ne pouvais m'imaginer qu'il y eût quelque chose de pire que la mort d'une maîtresse que l'on aime, et dont on est aimé. Je lui dis que, tant que son affliction avait eu des bornes, je l'avais approuvée, et que j'y étais entré ; mais que je ne le plaindrais plus s'il s'abandonnait au désespoir, et s'il perdait la raison.

« Je serais trop heureux de l'avoir perdue, et la vie aussi, s'écria-t-il : madame de Tournon m'était infidèle, et j'apprends son infidélité et sa trahison le lendemain que j'ai appris sa mort, dans un temps où mon âme est remplie et pénétrée de la plus vive douleur et de la plus tendre amour[1] que l'on ait jamais sentie ; dans un temps où son idée est dans mon cœur comme la plus parfaite chose qui ait jamais été, et la plus parfaite à mon égard ; je trouve que je suis trompé, et qu'elle ne mérite pas que je la pleure : cependant j'ai la même affliction de sa mort, que si elle m'était fidèle, et je sens son infidélité comme si elle n'était point morte. Si j'avais appris son changement devant[2] sa mort, la jalousie, la colère, la rage, m'auraient rempli et m'auraient endurci en quelque sorte contre la douleur de sa perte ; mais je suis dans un état où je ne puis ni m'en consoler, ni la haïr. »

« Vous pouvez juger si je fus surpris de ce que me disait Sancerre ; je lui demandai comment il avait su ce qu'il venait de me dire. Il me conta qu'un moment après que j'étais sorti de sa chambre, Estouteville, qui est son ami intime, mais qui ne savait pourtant rien de son amour pour madame de Tournon, l'était venu voir ; que d'abord qu'il[3] avait été assis, il avait commencé à pleurer, et qu'il lui avait dit qu'il lui demandait pardon de lui avoir caché ce qu'il lui allait apprendre ; qu'il le priait d'avoir pitié de lui ; qu'il venait lui ouvrir son cœur, et qu'il voyait l'homme du monde le plus affligé de la mort de madame de Tournon.

« Ce nom, me dit Sancerre, m'a tellement surpris, que, quoique mon premier mouvement ait été de lui dire que j'en étais plus affligé que lui, je n'ai pas eu néanmoins la force de parler. Il a continué, et m'a dit qu'il était amoureux d'elle depuis six mois ; qu'il avait toujours voulu me le dire, mais qu'elle le lui avait défendu expressément,

1. Le mot « amour » peut être employé au féminin au XVIIe siècle.

2. Avant.

3. Dès qu'il.

et avec tant d'autorité, qu'il n'avait osé lui désobéir ; qu'il lui avait plu quasi dans le même temps qu'il l'avait aimée ; qu'ils avaient caché leur passion à tout le monde ; qu'il n'avait jamais été chez elle publiquement ; qu'il avait eu le plaisir de la consoler de la mort de son mari, et qu'enfin il l'allait épouser dans le temps qu'elle était morte ; mais que ce mariage, qui était un effet de passion, aurait paru un effet de devoir et d'obéissance ; qu'elle avait gagné son père pour se faire commander[4] de l'épouser, afin qu'il n'y eût pas un trop grand changement dans sa conduite, qui avait été si éloignée de se marier.

« Tant qu'Estouteville m'a parlé, me dit Sancerre, j'ai ajouté foi à ses paroles, parce que j'y ai trouvé de la vraisemblance, et que le temps où il m'a dit qu'il avait commencé à aimer madame de Tournon est précisément celui où elle m'a paru changée ; mais un moment après je l'ai cru un menteur, ou du moins un visionnaire[5] : j'ai été prêt à le lui dire, j'ai passé ensuite à vouloir m'éclaircir[6] ; je l'ai questionné, je lui ai fait paraître des doutes. Enfin j'ai tant fait pour m'assurer de mon malheur, qu'il m'a demandé si je connaissais l'écriture de madame de Tournon. Il a mis sur mon lit quatre de ses lettres, et son portrait. Mon frère est entré dans ce moment. Estouteville avait le visage si plein de larmes, qu'il a été contraint de sortir pour ne se pas laisser voir ; il m'a dit qu'il reviendrait ce soir requérir ce qu'il me laissait ; et moi je chassai mon frère, sur le prétexte de me trouver mal, par l'impatience de voir ces lettres que l'on m'avait laissées, et espérant d'y trouver quelque chose qui ne me persuaderait pas[7] tout ce qu'Estouteville venait de me dire. Mais hélas ! que n'y ai-je point trouvé ! Quelle tendresse ! quels serments ! quelles assurances de l'épouser ! quelles lettres ! Jamais elle ne m'en a écrit de semblables. Ainsi, ajouta-t-il, j'éprouve à la fois la douleur de la mort et celle de l'infidélité ; ce sont deux maux que l'on a souvent comparés, mais qui n'ont jamais été sentis en même temps par la même personne. J'avoue, à ma honte, que je sens encore plus sa perte que son changement ; je ne puis la trouver assez coupable pour consentir à sa mort.

4. Qu'elle avait convaincu son père de lui ordonner.

5. Ici, un fou.

6. J'ai voulu ensuite comprendre.

7. Ne me confirmerait pas.

Si elle vivait, j'aurais le plaisir de lui faire des reproches, et de me venger d'elle, en lui faisant connaître son injustice. Mais je ne la verrai plus, reprenait-il, je ne la verrai plus ; ce mal est le plus grand de tous les maux : je souhaiterais de lui rendre la vie aux dépens de la mienne[1]. Quel souhait ! si elle revenait, elle vivrait pour Estouteville. Que j'étais heureux hier, s'écriait-il, que j'étais heureux ! j'étais l'homme du monde le plus affligé ; mais mon affliction était raisonnable, et je trouvais quelque douceur à penser que je ne devais jamais me consoler : aujourd'hui tous mes sentiments sont injustes ; je paie à une passion feinte qu'elle a eue pour moi, le même tribut[2] de douleur que je croyais devoir à une passion véritable. Je ne puis ni haïr, ni aimer sa mémoire ; je ne puis me consoler ni m'affliger. Du moins, me dit-il, en se retournant tout d'un coup vers moi, faites, je vous en conjure, que je ne voie jamais Estouteville : son nom seul me fait horreur. Je sais bien que je n'ai nul sujet de m'en plaindre ; c'est ma faute de lui avoir caché que j'aimais madame de Tournon ; s'il l'eût su il ne s'y serait peut-être pas attaché, elle ne m'aurait pas été infidèle ; il est venu me chercher pour me confier sa douleur ; il me fait pitié. Eh ! c'est avec raison, s'écriait-il ; il aimait madame de Tournon ; il en était aimé, et il ne la verra jamais ; je sens bien néanmoins que je ne saurais m'empêcher de le haïr. Et encore une fois, je vous conjure de faire en sorte que je ne le voie point. »

« Sancerre se remit ensuite à pleurer, à regretter madame de Tournon, à lui parler, et à lui dire les choses du monde les plus tendres. Il repassa ensuite à la haine, aux plaintes, aux reproches et aux imprécations[3] contre elle. Comme je le vis dans un état si violent, je connus bien qu'il me fallait quelque secours pour m'aider à calmer son esprit : j'envoyai quérir son frère, que je venais de quitter chez le roi ; j'allai lui parler dans l'antichambre, avant qu'il entrât, et je lui contai l'état où était Sancerre. Nous donnâmes des ordres pour empêcher qu'il ne vît Estouteville, et nous employâmes une partie de la nuit à tâcher de le rendre capable de raison. Ce matin, je l'ai

1. Mourir moi-même pour lui redonner vie.

2. Le même prix.

3. Malédictions.

encore trouvé plus affligé ; son frère est demeuré auprès de lui, et je suis revenu auprès de vous.

– L'on ne peut être plus surprise que je le suis, dit alors madame de Clèves, et je croyais madame de Tournon incapable d'amour et de tromperie.

– L'adresse et la dissimulation, reprit monsieur de Clèves, ne peuvent aller plus loin qu'elle les a portées. Remarquez que, quand Sancerre crut qu'elle était changée pour lui[4], elle l'était véritablement, et qu'elle commençait à aimer Estouteville. Elle disait à ce dernier qu'il la consolait de la mort de son mari, et que c'était lui qui était cause qu'elle quittait cette grande retraite ; et il paraissait à Sancerre que c'était parce que nous avions résolu qu'elle ne témoignerait plus d'être si affligée. Elle faisait valoir à Estouteville de cacher leur intelligence[5], et de paraître obligée à l'épouser par le commandement de son père, comme un effet du soin qu'elle avait de sa réputation ; et c'était pour abandonner Sancerre, sans qu'il eût sujet de s'en plaindre. Il faut que je m'en retourne, continua monsieur de Clèves, pour voir ce malheureux, et je crois qu'il faut que vous reveniez aussi à Paris. Il est temps que vous voyiez le monde, et que vous receviez ce nombre infini de visites dont aussi bien vous ne sauriez vous dispenser. »

Madame de Clèves consentit à son retour, et elle revint le lendemain. Elle se trouva plus tranquille sur monsieur de Nemours qu'elle n'avait été ; tout ce que lui avait dit madame de Chartres en mourant, et la douleur de sa mort, avaient fait une suspension à[6] ses sentiments, qui lui faisait croire qu'ils étaient entièrement effacés.

Dès le même soir qu'elle fut arrivée, madame la dauphine la vint voir, et, après lui avoir témoigné la part qu'elle avait prise à son affliction, elle lui dit que, pour la détourner de ces tristes pensées, elle voulait l'instruire de tout ce qui s'était passé à la cour en son absence : elle lui conta ensuite plusieurs choses particulières.

---

4. Qu'elle n'était plus dans les mêmes sentiments pour lui.

5. Leur complicité.

6. Avaient suspendu.

« Mais ce que j'ai le plus d'envie de vous apprendre, ajouta-t-elle, c'est qu'il est certain que monsieur de Nemours est passionnément amoureux, et que ses amis les plus intimes, non seulement ne sont point dans sa confidence, mais qu'ils ne peuvent deviner qui est la personne qu'il aime. Cependant cet amour est assez fort pour lui faire négliger ou abandonner, pour mieux dire, les espérances d'une couronne. »

Madame la dauphine conta ensuite tout ce qui s'était passé sur l'Angleterre.

« J'ai appris ce que je viens de vous dire, continua-t-elle, de monsieur d'Anville ; et il m'a dit ce matin que le roi envoya quérir hier au soir monsieur de Nemours, sur des lettres de Lignerolles, qui demande à revenir, et qui écrit au roi qu'il ne peut plus soutenir auprès de la reine d'Angleterre les retardements de monsieur de Nemours ; qu'elle commence à s'en offenser, et qu'encore qu'elle n'eût point donné de parole positive, elle en avait assez dit pour faire hasarder un voyage[1]. Le roi lut cette lettre à monsieur de Nemours, qui, au lieu de parler sérieusement, comme il avait fait dans les commencements, ne fit que rire, que badiner[2], et se moquer des espérances de Lignerolles. Il dit que toute l'Europe condamnerait son imprudence, s'il hasardait d'aller en Angleterre comme un prétendu mari de la reine, sans être assuré du succès.

« Il me semble aussi, ajouta-t-il, que je prendrais mal mon temps, de faire ce voyage présentement que[3] le roi d'Espagne fait de si grandes instances pour épouser cette reine. Ce ne serait peut-être pas un rival bien redoutable dans une galanterie ; mais je pense que dans un mariage votre majesté ne me conseillerait pas de lui disputer quelque chose.

« – Je vous le conseillerais en cette occasion, reprit le roi ; mais vous n'aurez rien à lui disputer ; je sais qu'il a d'autres pensées[4] ; et, quand il n'en aurait pas, la reine Marie[5] s'est trop mal trouvée du joug

1. Pour que M. de Nemours prît le risque de se rendre en Angleterre.
2. Plaisanter, parler avec légèreté.
3. Au moment où.
4. D'autres projets de mariage.
5. Marie Tudor, la reine d'Angleterre qui vient de mourir, était l'épouse du roi d'Espagne Philippe II. Voir note 18, p. 21.

de l'Espagne, pour croire que sa sœur le veuille reprendre, et qu'elle se laisse éblouir à l'éclat de tant de couronnes jointes ensemble[6].

« – Si elle ne s'en laisse pas éblouir, repartit monsieur de Nemours, il y a apparence qu'elle voudra se rendre heureuse par l'amour. Elle a aimé le milord Courtenay, il y a déjà quelques années. Il était aussi aimé de la reine Marie, qui l'aurait épousé du[7] consentement de toute l'Angleterre, sans qu'elle connut que la jeunesse et la beauté de sa sœur Élisabeth le touchaient davantage que l'espérance de régner. Votre majesté sait que les violentes jalousies qu'elle en eut la portèrent à les mettre l'un et l'autre en prison, à exiler ensuite le milord Courtenay, et la déterminèrent enfin à épouser le roi d'Espagne. Je crois qu'Élisabeth, qui est présentement sur le trône, rappellera bientôt ce milord, et qu'elle choisira un homme qu'elle a aimé, qui est fort aimable, qui a tant souffert pour elle, plutôt qu'un autre qu'elle n'a jamais vu.

« – Je serais de votre avis, repartit le roi, si Courtenay vivait encore ; mais j'ai su, depuis quelques jours, qu'il est mort à Padoue, où il était relégué. Je vois bien, ajouta-t-il en quittant monsieur de Nemours, qu'il faudrait faire votre mariage comme on ferait celui de monsieur le dauphin, et envoyer épouser la reine d'Angleterre par des ambassadeurs[8]. »

« Monsieur d'Anville et monsieur le vidame, qui étaient chez le roi avec monsieur de Nemours, sont persuadés que c'est cette même passion dont il est occupé qui le détourne d'un si grand dessein. Le vidame, qui le voit de plus près que personne, a dit à madame de Martigues que ce prince est tellement changé qu'il ne le reconnaît plus ; et ce qui l'étonne davantage, c'est qu'il ne lui voit aucun commerce[9] ni aucunes heures particulières où il se dérobe, en sorte qu'il croit qu'il n'a point d'intelligence avec la personne qu'il aime ; et c'est ce qui fait méconnaître monsieur de Nemours[10], de lui voir aimer une femme qui ne répond point à son amour. »

6. Philippe II a en effet songé à épouser Élisabeth, sœur de sa femme Marie Tudor, morte en novembre 1558.

7. Avec le.

8. Par procuration, comme cela arrivait pour les alliances royales.

9. Aucune liaison.

10. C'est ce qui fait qu'on ne reconnaît plus M. de Nemours.

Quel poison pour madame de Clèves que le discours de madame la dauphine ! Le moyen de ne se pas reconnaître pour cette personne dont on ne savait point le nom ! et le moyen de n'être pas pénétrée de reconnaissance et de tendresse, en apprenant, par une voie qui ne lui pouvait être suspecte, que ce prince, qui touchait déjà son cœur, cachait sa passion à tout le monde, et négligeait pour l'amour d'elle les espérances d'une couronne ! Aussi ne peut-on représenter ce qu'elle sentit, et le trouble qui s'éleva dans son âme. Si madame la dauphine l'eût regardée avec attention, elle eût aisément remarqué que les choses qu'elle venait de dire ne lui étaient pas indifférentes ; mais, comme elle n'avait aucun soupçon de la vérité, elle continua de parler, sans y faire de réflexion.

« Monsieur d'Anville, ajouta-t-elle, qui, comme je vous viens de dire, m'a appris tout ce détail, m'en croit mieux instruite que lui ; et il a une si grande opinion de mes charmes, qu'il est persuadé que je suis la seule personne qui puisse faire de si grands changements en monsieur de Nemours. »

Ces dernières paroles de madame la dauphine donnèrent une autre sorte de trouble à madame de Clèves, que celui qu'elle avait eu quelques moments auparavant.

« Je serais aisément de l'avis de monsieur d'Anville, répondit-elle ; et il y a beaucoup d'apparence, madame, qu'il ne faut pas moins qu'une princesse telle que vous pour faire mépriser la reine d'Angleterre.

– Je vous l'avouerais, si je le savais, repartit madame la dauphine, et je le saurais s'il était véritable. Ces sortes de passions n'échappent point à la vue de celles qui les causent : elles s'en aperçoivent les premières. Monsieur de Nemours ne m'a jamais témoigné que de légères complaisances[1] ; mais il y a néanmoins une si grande différence de la manière dont il a vécu avec moi, à celle dont il y vit présentement, que je puis vous répondre que je ne suis pas la cause de l'indifférence qu'il a pour la couronne d'Angleterre.

1. Amabilités.

« Je m'oublie avec vous, ajouta madame la dauphine, et je ne me souviens pas qu'il faut que j'aille voir Madame[2]. Vous savez que la paix est quasi conclue ; mais vous ne savez pas que le roi d'Espagne n'a voulu passer aucun article qu'à condition d'épouser cette princesse, au lieu du prince dom Carlos, son fils. Le roi a eu beaucoup de peine à s'y résoudre ; enfin il y a consenti, et il est allé tantôt annoncer cette nouvelle à Madame. Je crois qu'elle sera inconsolable ; ce n'est pas une chose qui puisse plaire d'épouser un homme de l'âge et de l'humeur du roi d'Espagne[3], surtout à elle, qui a toute la joie que donne la première jeunesse jointe à la beauté, et qui s'attendait d'épouser un jeune prince pour qui elle a de l'inclination sans l'avoir vu. Je ne sais si le roi en elle trouvera toute l'obéissance qu'il désire ; il m'a chargée de la voir, parce qu'il sait qu'elle m'aime, et qu'il croit que j'aurai quelque pouvoir sur son esprit. Je ferai ensuite une autre visite bien différente ; j'irai me réjouir avec Madame, sœur du roi[4]. Tout est arrêté pour son mariage avec monsieur de Savoie, et il sera ici dans peu de temps. Jamais personne de l'âge de cette princesse[5] n'a eu une joie si entière de se marier. La cour va être plus belle et plus grosse[6] qu'on ne l'a jamais vue ; et, malgré votre affliction, il faut que vous veniez nous aider à faire voir aux étrangers que nous n'avons pas de médiocres beautés. »

Après ces paroles, madame la dauphine quitta madame de Clèves, et, le lendemain le mariage de madame fut su de tout le monde. Les jours suivants, le roi et les reines allèrent voir madame de Clèves. Monsieur de Nemours, qui avait attendu son retour avec une extrême impatience, et qui souhaitait ardemment de lui

2. Il s'agit cette fois d'Élisabeth de France, fille du roi Henri II, que le roi d'Espagne Philippe II décide finalement d'épouser.

3. Philippe II a dix-huit ans de plus que la jeune Élisabeth, qui a quatorze ans au moment de ce mariage.

4. Marguerite de France (1523-1574).

5. Marguerite de Valois a quant à elle trente-six ans au moment où elle épouse le duc de Savoie.

6. Importante, par sa fréquentation.

Dom Carlos

Fils de Philippe II, dom Carlos devait en principe épouser Élisabeth de France. Les deux jeunes gens étaient favorables à ce mariage. Mais Philippe II, devenu veuf, décida de supplanter son fils dans ce mariage, et il épousa Élisabeth en 1559. Le jeune garçon fut par la suite emprisonné par son propre père en 1568. Saint-Réal consacre à cet épisode une nouvelle historique, *Dom Carlos* (1572).

pouvoir parler sans témoins, attendit pour aller chez elle l'heure que tout le monde en sortirait, et qu'apparemment il ne reviendrait plus personne. Il réussit dans son dessein, et il arriva comme les dernières visites en sortaient.

Cette princesse était sur son lit ; il faisait chaud, et la vue de monsieur de Nemours acheva de lui donner une rougeur qui ne diminuait pas sa beauté. Il s'assit vis-à-vis d'elle, avec cette crainte et cette timidité que donnent les véritables passions. Il demeura quelque temps sans pouvoir parler. Madame de Clèves n'était pas moins interdite, de sorte qu'ils gardèrent assez longtemps le silence. Enfin, monsieur de Nemours prit la parole, et lui fit des compliments sur son affliction[1]. Madame de Clèves, étant bien aise de continuer la conversation sur ce sujet, parla assez longtemps de la perte qu'elle avait faite, et enfin elle dit que, quand le temps aurait diminué la violence de sa douleur, il lui en demeurerait toujours une si forte impression que son humeur en serait changée.

« Les grandes afflictions et les passions violentes, repartit monsieur de Nemours, font de grands changements dans l'esprit ; et, pour moi, je ne me reconnais pas depuis que je suis revenu de Flandres. Beaucoup de gens ont remarqué ce changement, et même madame la dauphine m'en parlait encore hier.

– Il est vrai, repartit madame de Clèves, qu'elle l'a remarqué, et je crois lui en avoir ouï dire quelque chose.

– Je ne suis pas fâché, madame, répliqua monsieur de Nemours, qu'elle s'en soit aperçue ; mais je voudrais qu'elle ne fût pas seule à s'en apercevoir. Il y a des personnes à qui on n'ose donner d'autres marques de la passion qu'on a pour elles, que par les choses qui ne les regardent point ; et, n'osant leur faire paraître qu'on les aime, on voudrait du moins qu'elles vissent que l'on ne veut être aimé de personne. L'on voudrait qu'elles sussent[2] qu'il n'y a point de beauté, dans quelque rang qu'elle pût être, que l'on ne regardât avec indifférence, et qu'il n'y a point de couronne que l'on voulût acheter au prix de ne les voir jamais. Les femmes jugent d'ordinaire de la passion qu'on a pour elles, continua-t-il, par le soin qu'on prend de

1. Il lui dit des paroles obligeantes au sujet de son deuil.

2. Sachent.

leur plaire et de les chercher ; mais ce n'est pas une chose difficile, pour peu qu'elles soient aimables ; ce qui est difficile, c'est de ne s'abandonner pas[3] au plaisir de les suivre, c'est de les éviter, par la peur de laisser paraître au public, et quasi à elles-mêmes, les sentiments que l'on a pour elles. Et ce qui marque encore mieux un véritable attachement, c'est de devenir entièrement opposé à ce que l'on était, et de n'avoir plus d'ambition, ni de plaisir, après avoir été toute sa vie occupé de l'un et de l'autre. »

Madame de Clèves entendait[4] aisément la part qu'elle avait à ces paroles. Il lui semblait qu'elle devait y répondre et ne les pas souffrir[5]. Il lui semblait aussi qu'elle ne devait pas les entendre, ni témoigner[6] qu'elle les prît pour elle : elle croyait devoir parler, et croyait ne devoir rien dire. Le discours de monsieur de Nemours lui plaisait et l'offensait quasi également ; elle y voyait la confirmation de tout ce que lui avait fait penser madame la dauphine ; elle y trouvait quelque chose de galant et de respectueux, mais aussi quelque chose de hardi et de trop intelligible. L'inclination qu'elle avait pour ce prince lui donnait un trouble dont elle n'était pas maîtresse. Les paroles les plus obscures d'un homme qui plaît donnent plus d'agitation que des déclarations ouvertes d'un homme qui ne plaît pas. Elle demeurait donc sans répondre, et monsieur de Nemours se fût aperçu de son silence, dont il n'aurait peut-être pas tiré de mauvais présage, si l'arrivée de monsieur de Clèves n'eût fini la conversation et sa visite.

Ce prince venait conter à sa femme des nouvelles de Sancerre ; mais elle n'avait pas une grande curiosité pour la suite de cette aventure. Elle était si occupée de ce qui se venait de passer, qu'à peine pouvait-elle cacher la distraction de son esprit. Quand elle fut en liberté de rêver, elle connut bien qu'elle s'était trompée, lorsqu'elle avait cru n'avoir plus que de l'indifférence pour monsieur de Nemours. Ce qu'il lui avait dit avait fait toute l'impression qu'il pouvait souhaiter, et l'avait entièrement persuadée de sa passion.

3. De ne pas se laisser aller.

4. Comprenait.

5. Ici, accepter.

6. Montrer.

Les actions de ce prince s'accordaient trop bien avec ses paroles, pour laisser quelque doute à cette princesse. Elle ne se flatta plus[1] de l'espérance de ne le pas aimer ; elle songea seulement à ne lui en donner jamais aucune marque. C'était une entreprise difficile, dont elle connaissait déjà les peines ; elle savait que le seul moyen d'y réussir était d'éviter la présence de ce prince ; et, comme son deuil lui donnait lieu d'être plus retirée que de coutume, elle se servit de ce prétexte pour n'aller plus dans les lieux où il la pouvait voir. Elle était dans une tristesse profonde ; la mort de sa mère en paraissait la cause, et l'on n'en cherchait point d'autre.

Monsieur de Nemours était désespéré de ne la voir presque plus ; et, sachant qu'il ne la trouverait dans aucune assemblée et dans aucun des divertissements où était toute la cour, il ne pouvait se résoudre d'y paraître ; il feignit une passion grande pour la chasse, et il en faisait des parties les mêmes jours qu'il y avait des assemblées chez les reines. Une légère maladie lui servit longtemps de prétexte pour demeurer ; chez lui, et pour éviter d'aller dans tous les lieux où il savait bien que madame de Clèves ne serait pas.

Monsieur de Clèves fut malade à peu près dans le même temps. Madame de Clèves ne sortit point de sa chambre pendant son mal ; mais, quand il se porta mieux, qu'il vit du monde, et entre autres monsieur de Nemours, qui, sur le prétexte d'être encore faible, y passait la plus grande partie du jour, elle trouva qu'elle n'y pouvait plus demeurer ; elle n'eut pas néanmoins la force d'en sortir les premières fois qu'il y vint ; il y avait trop longtemps qu'elle ne l'avait vu, pour se résoudre à ne le voir pas. Ce prince trouva le moyen de lui faire entendre, par des discours qui ne semblaient que généraux, mais qu'elle entendait néanmoins, parce qu'ils avaient du rapport à[2] ce qu'il lui avait dit chez elle, qu'il allait à la chasse pour rêver, et qu'il n'allait point aux assemblées parce qu'elle n'y était pas.

Elle exécuta enfin la résolution qu'elle avait prise de sortir de chez son mari lorsqu'il y serait ; ce fut toutefois en se faisant une extrême violence. Ce prince vit bien qu'elle le fuyait, et en fut sensiblement touché.

---

1. Elle n'essaya plus de se persuader.

2. Ils avaient un lien avec.

Monsieur de Clèves ne prit pas garde d'abord à la conduite de sa femme ; mais enfin il s'aperçut qu'elle ne voulait pas être dans sa chambre lorsqu'il y avait du monde. Il lui en parla, et elle lui répondit qu'elle ne croyait pas que la bienséance voulût qu'elle fût tous les soirs avec ce qu'il y avait de plus jeune à la cour ; qu'elle le suppliait de trouver bon qu'elle fît une vie plus retirée qu'elle n'avait accoutumé ; que la vertu et la présence de sa mère autorisaient beaucoup de choses qu'une femme de son âge ne pouvait soutenir.

Monsieur de Clèves, qui avait naturellement beaucoup de douceur et de complaisance pour sa femme, n'en eut pas en cette occasion, et il lui dit qu'il ne voulait pas absolument[3] qu'elle changeât de conduite. Elle fut prête de lui dire que le bruit[4] était dans le monde que monsieur de Nemours était amoureux d'elle ; mais elle n'eut pas la force de le nommer. Elle sentit aussi de la honte de se vouloir servir d'une fausse raison, et de déguiser la vérité à un homme qui avait si bonne opinion d'elle.

Quelques jours après, le roi était chez la reine à l'heure du cercle[5] ; l'on parla des horoscopes et des prédictions. Les opinions étaient partagées sur la croyance que l'on y devait donner. La reine y ajoutait beaucoup de foi[6] : elle soutint qu'après tant de choses qui avaient été prédites, et que l'on avait vu arriver, on ne pouvait douter qu'il n'y eût quelque certitude dans cette science. D'autres soutenaient que, parmi ce nombre infini de prédictions, le peu qui se trouvaient véritables faisait bien voir que ce n'était qu'un effet du hasard.

« J'ai eu autrefois beaucoup de curiosité pour l'avenir, dit le roi ; mais on m'a dit tant de choses fausses et si peu vraisemblables, que je suis demeuré convaincu que l'on ne peut rien savoir de véritable. Il y a quelques années qu'il vint ici un homme d'une grande réputation dans l'astrologie. Tout le monde l'alla voir ; j'y allai comme les autres, mais sans lui dire qui j'étais, et je menai monsieur de Guise

---

3. Qu'il ne voulait absolument pas.

4. La rumeur.

5. À l'heure où l'on se réunissait chez la reine.

6. Catherine de Médicis s'intéressait en effet beaucoup à l'astrologie.

et Descars ; je les fis passer les premiers. L'astrologue[1] néanmoins s'adressa d'abord à moi, comme s'il m'eût jugé le maître des autres : peut-être qu'il me connaissait ; cependant il me dit une chose qui ne me convenait pas s'il m'eût connu. Il me prédit que je serais tué en duel[2]. Il dit ensuite à monsieur de Guise qu'il serait tué par derrière, et à Descars qu'il aurait la tête cassée d'un coup de pied de cheval. Monsieur de Guise s'offensa quasi de cette prédiction, comme si on l'eût accusé de devoir fuir. Descars ne fut guère satisfait de trouver qu'il devait finir par un accident si malheureux. Enfin, nous sortîmes tous très mal contents de l'astrologue. Je ne sais ce qui arrivera à monsieur de Guise et à Descars, mais il n'y a guère d'apparence que je sois tué en duel. Nous venons de faire la paix, le roi d'Espagne et moi ; et, quand nous ne l'aurions pas faite, je doute que nous nous battions, et que je le fisse appeler, comme le roi mon père fit appeler Charles Quint[3]. »

Après le malheur que le roi conta qu'on lui avait prédit, ceux qui avaient soutenu l'astrologie en abandonnèrent le parti, et tombèrent d'accord qu'il n'y fallait donner aucune croyance.

« Pour moi, dit tout haut monsieur de Nemours, je suis l'homme du monde qui doit le moins y en avoir[4] » ; et, se tournant vers madame de Clèves, auprès de qui il était : « On m'a prédit, lui dit-il tout bas, que je serais heureux par les bontés de la personne du monde pour qui j'aurais la plus violente et la plus respectueuse passion. Vous pouvez juger, madame, si je dois croire aux prédictions. »

Madame la dauphine, qui crut, par ce que monsieur de Nemours avait dit tout haut, que ce qu'il disait tout bas était quelque fausse prédiction qu'on lui avait faite, demanda à ce prince ce qu'il disait à madame de Clèves. S'il eût eu moins de présence d'esprit, il eût été surpris de cette demande ; mais prenant la parole sans hésiter :

---

1. Il s'agit de Nostradamus (1503-1566), célèbre astrologue et auteur d'un recueil de *Prophéties* sur l'avenir du monde.

2. Henri II sera en effet mortellement blessé lors d'un tournoi, ainsi que Mme de Lafayette le rapportera à la fin de la troisième partie.

3. François Ier avait en effet envisagé de se battre en duel avec Charles Quint, son grand rival. Le duel n'eut finalement pas lieu.

4. Croire en l'astrologie.

« Je lui disais, madame, répondit-il, que l'on m'a prédit que je serais élevé à une si haute fortune que je n'oserais même y prétendre.

– Si l'on ne vous a fait que cette prédiction, repartit madame la dauphine en souriant, et pensant à l'affaire d'Angleterre, je ne vous conseille pas de décrier l'astrologie, et vous pourriez trouver des raisons pour la soutenir. »

Madame de Clèves comprit bien ce que voulait dire madame la dauphine ; mais elle entendait bien aussi que la fortune dont monsieur de Nemours voulait parler n'était pas d'être roi d'Angleterre.

Comme il y avait déjà assez longtemps de la mort de sa mère, il fallait qu'elle commençât à paraître dans le monde, et à faire sa cour comme elle avait accoutumé : elle voyait monsieur de Nemours chez madame la dauphine ; elle le voyait chez monsieur de Clèves, où il venait souvent avec d'autres personnes de qualité de son âge, afin de ne se pas faire remarquer ; mais elle ne le voyait plus qu'avec un trouble dont il s'apercevait aisément.

Quelque application qu'elle eût à éviter ses regards, et à lui parler moins qu'à un autre, il lui échappait de certaines choses[5] qui partaient d'un premier mouvement, qui faisaient juger à ce prince, qu'il ne lui était pas indifférent. Un homme moins pénétrant[6] que lui ne s'en fût peut-être pas aperçu ; mais il avait déjà été aimé tant de fois qu'il était difficile qu'il ne connût pas quand on l'aimait. Il voyait bien que le chevalier de Guise était son rival, et ce prince connaissait que monsieur de Nemours était le sien. Il était le seul homme de la cour qui eût démêlé cette vérité ; son intérêt l'avait rendu plus clairvoyant que les autres ; la connaissance qu'ils avaient de leurs sentiments leur donnait une aigreur qui paraissait en toutes choses, sans éclater néanmoins par aucun démêlé[7], mais ils étaient opposés en tout. Ils étaient toujours de différent parti dans les courses de bagues, dans les combats à la barrière, et dans tous les divertissements où le roi s'occupait ; et leur émulation était si grande, qu'elle ne se pouvait cacher.

---

5. Certaines choses.

6. Perspicace.

7. Aucune querelle.

L'affaire d'Angleterre revenait souvent dans l'esprit de madame de Clèves : il lui semblait que monsieur de Nemours ne résisterait point aux conseils du roi et aux instances de Lignerolles. Elle voyait avec peine que ce dernier n'était point encore de retour, et elle l'attendait avec impatience. Si elle eût suivi ses mouvements[1], elle se serait informée avec soin de l'état de cette affaire ; mais le même sentiment qui lui donnait de la curiosité, l'obligeait à la cacher ; et elle s'enquérait seulement de la beauté, de l'esprit, et de l'humeur de la reine Élisabeth. On apporta un de ses portraits chez le roi, qu'elle trouva plus beau qu'elle n'avait envie de le trouver ; et elle ne put s'empêcher de dire qu'il était flatté[2].

« Je ne le crois pas, reprit madame la dauphine, qui était présente ; cette princesse a la réputation d'être belle, et d'avoir un esprit fort au-dessus du commun, et je sais bien qu'on me l'a proposée toute ma vie pour exemple. Elle doit être aimable, si elle ressemble à Anne de Boulen[3] sa mère. Jamais femme n'a eu tant de charmes et tant d'agrément dans sa personne et dans son humeur. J'ai ouï dire que son visage avait quelque chose de vif et de singulier, et qu'elle n'avait aucune ressemblance avec les autres beautés anglaises.

– Il me semble aussi, reprit madame de Clèves, que l'on dit qu'elle était née en France.

– Ceux qui l'ont cru se sont trompés, répondit madame la dauphine, et je vais vous conter son histoire en peu de mots :

« Elle était d'une bonne maison d'Angleterre. Henri VIII avait été amoureux de sa sœur et de sa mère, et l'on a même soupçonné qu'elle était sa fille. Elle vint ici avec la sœur de Henri VII[4], qui épousa le roi Louis XII. Cette princesse, qui était jeune et galante, eut beaucoup de peine à quitter la cour de France après la mort de son mari ; mais Anne de Boulen, qui avait les mêmes inclinations que sa maîtresse, ne se put résoudre à en partir. Le feu roi[5] en était amoureux, et elle demeura fille d'honneur de la reine Claude.

1. Son désir.
2. Rendu plus attrayant par des artifices.
3. Deuxième femme d'Henri VIII, pour laquelle le roi d'Angleterre répudie sa première épouse. Accusée d'adultère et d'inceste, Anne de Boulen est exécutée deux ans plus tard.
4. Il s'agit en fait d'Henri VIII (erreur de Mme de Lafayette).
5. François Ier.

Cette reine mourut, et madame Marguerite[6], sœur du roi, duchesse d'Alençon, et depuis reine de Navarre, dont vous avez vu les contes[7], la prit auprès d'elle, et elle prit auprès de cette princesse les teintures de la religion nouvelle[8]. Elle retourna ensuite en Angleterre et y charma tout le monde ; elle avait les manières de France qui plaisent à toutes les nations ; elle chantait bien, elle dansait admirablement ; on la mit fille[9] de la reine Catherine d'Aragon, et le roi Henri VIII en devint éperdument amoureux.

« Le cardinal de Volsey, son favori et son premier ministre, avait prétendu au pontificat[10] ; et, mal satisfait de l'empereur[11], qui ne l'avait pas soutenu dans cette prétention, il résolut de s'en venger et d'unir le roi son maître à la France. Il mit dans l'esprit de Henri VIII que son mariage avec la tante de l'empereur[12] était nul[13], et lui proposa d'épouser la duchesse d'Alençon, dont le mari venait de mourir. Anne de Boulen, qui avait de l'ambition, regarda ce divorce comme un chemin qui la pouvait conduire au trône. Elle commença à donner au roi d'Angleterre des impressions de[14] la religion de Luther, et engagea le feu roi à favoriser à Rome le divorce de Henri, sur l'espérance du mariage de madame d'Alençon. Le cardinal de Volsey se fit députer[15] en France, sur d'autres prétextes, pour traiter cette affaire ; mais son maître ne put se résoudre à souffrir qu'on en fît seulement la proposition, et il lui envoya un ordre à Calais de ne point parler de ce mariage.

« Au retour de France, le cardinal de Volsey fut reçu avec des honneurs pareils à ceux que l'on rendait au roi même ; jamais favori n'a porté l'orgueil et la vanité à un si haut point. Il ménagea une entrevue entre les deux rois, qui se fit à Boulogne. François Ier donna la main à Henri VIII, qui ne la voulait point recevoir : ils se traitèrent tour à tour avec une magnificence extraordinaire, et se donnèrent des habits pareils à ceux qu'ils avaient fait faire pour eux-mêmes.

6. Marguerite de Navarre, sœur de François Ier.
7. Réunis dans le recueil *L'Heptaméron* (1559).
8. La religion réformée ou protestante.
9. Fille d'honneur.
10. À devenir pape.
11. Charles Quint.
12. Catherine d'Aragon, première épouse d'Henri VIII.
13. Sans valeur légale.
14. Elle commença à l'influencer au sujet de.
15. Envoyer en mission officielle.

Je me souviens d'avoir ouï dire que ceux que le feu roi envoya au roi d'Angleterre étaient de satin cramoisi[1], chamarré[2] en triangle, avec des perles et des diamants ; et la robe de velours blanc brodé d'or. Après avoir été quelques jours à Boulogne, ils allèrent encore à Calais. Anne de Boulen était logée chez Henri VIII, avec le train[3] d'une reine ; et François Ier lui fit les mêmes présents et lui rendit les mêmes honneurs que si elle l'eût été. Enfin, après une passion de neuf années, Henri l'épousa sans attendre la dissolution de son premier mariage, qu'il demandait à Rome depuis longtemps. Le pape prononça les fulminations[4] contre lui avec précipitation ; et Henri en fut tellement irrité, qu'il se déclara chef de la religion[5], et entraîna toute l'Angleterre dans le malheureux changement où vous la voyez.

« Anne de Boulen ne jouit pas longtemps de sa grandeur ; car, lorsqu'elle la croyait plus assurée par la mort de Catherine d'Aragon, un jour qu'elle assistait avec toute la cour à des courses de bagues que faisait le vicomte de Rochefort, son frère[6], le roi en fut frappé d'une telle jalousie, qu'il quitta brusquement le spectacle, s'en vint à Londres, et laissa ordre d'arrêter la reine, le vicomte de Rochefort et plusieurs autres, qu'il croyait amants ou confidents de cette princesse. Quoique cette jalousie parût née dans ce moment, il y avait déjà quelque temps qu'elle lui avait été inspirée par la vicomtesse de Rochefort, qui, ne pouvant souffrir la liaison étroite de son mari avec la reine, la fit regarder au roi comme une amitié criminelle[7] ; en sorte que ce prince, qui d'ailleurs était amoureux de Jeanne Seimer[8], ne songea qu'à se défaire d'Anne de Boulen. En moins de trois semaines, il fit faire le procès à cette reine et à

---

1. D'un rouge profond.

2. Rehaussé d'ornements.

3. La suite de domestiques.

4. Publia un décret.

5. Le refus du pape de reconnaître l'annulation du premier mariage d'Henri VIII fut à l'origine de la rupture d'Henri VIII avec Rome, et de l'instauration de l'anglicanisme.

6. Le vicomte de Rochefort était le frère d'Anne de Boulen. Il fut accusé d'être son amant et fut exécuté avec elle.

7. Une liaison incestueuse.

8. Ou Jane Seymour (1509-1537), qui deviendra la troisième épouse d'Henri VIII.

son frère, leur fit couper la tête, et épousa Jeanne Seimer. Il eut ensuite plusieurs femmes, qu'il répudia, ou qu'il fit mourir, et entre autres Catherine Havart, dont la comtesse de Rochefort était confidente, et qui eut la tête coupée avec elle. Elle fut ainsi punie des crimes qu'elle avait supposés à Anne de Boulen, et Henri VIII mourut étant devenu d'une grosseur prodigieuse. »

Toutes les dames qui étaient présentes au récit de madame la dauphine la remercièrent de les avoir si bien instruites de la cour d'Angleterre, et entre autres madame de Clèves, qui ne put s'empêcher de lui faire encore plusieurs questions sur la reine Élisabeth.

La reine dauphine faisait faire des portraits en petit[9] de toutes les belles personnes de la cour, pour les envoyer à la reine sa mère[10]. Le jour qu'on achevait celui de madame de Clèves, madame la dauphine vint passer l'après-dînée chez elle. Monsieur de Nemours ne manqua pas de s'y trouver ; il ne laissait échapper aucune occasion de voir madame de Clèves, sans laisser paraître néanmoins qu'il les cherchât. Elle était si belle, ce jour-là, qu'il en serait devenu amoureux, quand il ne l'aurait pas été[11]. Il n'osait pourtant avoir les yeux attachés sur elle pendant qu'on la peignait, et il craignait de laisser trop voir le plaisir qu'il avait à la regarder.

Madame la dauphine demanda à monsieur de Clèves un petit portrait qu'il avait de sa femme, pour le voir auprès de celui que l'on achevait. Tout le monde dit son sentiment de l'un et de l'autre, et madame de Clèves ordonna au peintre de raccommoder quelque chose à la coiffure de celui que l'on venait d'apporter. Le peintre, pour lui obéir, ôta le portrait de la boîte où il était ; et, après y avoir travaillé, il le remit sur la table.

Il y avait longtemps que monsieur de Nemours souhaitait d'avoir le portrait de madame de Clèves. Lorsqu'il vit celui qui était

9. Miniature.
10. Marie de Guise (1515-1560). Elle règne en Écosse en tant que régente.
11. S'il ne l'avait pas déjà été.

Les six mariages d'Henri VIII

Henri VIII devient roi d'Angleterre et d'Irlande à l'âge de dix-huit ans, en 1509. Il est alors réputé pour sa culture et son élégance. Il épouse la même année Catherine d'Aragon, qui ne parvient pas à lui donner d'héritier mâle. Il la répudie en 1533 et épouse ensuite successivement cinq autres femmes. Deux d'entre elles, Anne de Boulen et Catherine Howard, seront accusées d'adultère et décapitées…

à monsieur de Clèves, il ne put résister à l'envie de le dérober à un mari qu'il croyait tendrement aimé ; et il pensa que, parmi tant de personnes qui étaient dans ce même lieu, il ne serait pas soupçonné plutôt qu'un autre.

Madame la dauphine était assise sur le lit, et parlait bas à madame de Clèves, qui était debout devant elle. Madame de Clèves aperçut, par un des rideaux qui n'était qu'à demi fermé, monsieur de Nemours, le dos contre la table qui était au pied du lit ; et elle vit que, sans tourner la tête, il prenait adroitement quelque chose sur cette table. Elle n'eut pas de peine à deviner que c'était son portrait, et elle en fut si troublée que madame la dauphine remarqua qu'elle ne l'écoutait pas et lui demanda tout haut ce qu'elle regardait. Monsieur de Nemours se tourna à ces paroles ; il rencontra les yeux de madame de Clèves qui étaient encore attachés sur lui, et il pensa qu'il n'était pas impossible qu'elle eût vu ce qu'il venait de faire.

Madame de Clèves n'était pas peu embarrassée. La raison voulait qu'elle demandât son portrait ; mais, en le demandant publiquement, c'était apprendre à tout le monde les sentiments que ce prince avait pour elle ; et, en le lui demandant en particulier, c'était quasi l'engager à lui parler de sa passion ; enfin, elle jugea qu'il valait mieux le lui laisser, et elle fut bien aise de lui accorder une faveur qu'elle lui pouvait faire sans qu'il sût même qu'elle la lui faisait. Monsieur de Nemours, qui remarquait son embarras, et qui en devinait quasi la cause, s'approcha d'elle et lui dit tout bas :

« Si vous avez vu ce que j'ai osé faire, ayez la bonté, madame, de me laisser croire que vous l'ignorez, je n'ose vous en demander davantage », et il se retira après ces paroles, et n'attendit point sa réponse.

Madame la dauphine sortit pour s'aller promener, suivie de toutes les dames, et monsieur de Nemours alla se renfermer chez lui, ne pouvant soutenir en public la joie d'avoir un portrait de madame de Clèves. Il sentait tout ce que la passion peut faire sentir de plus agréable ; il aimait la plus aimable personne de la cour ; il s'en faisait aimer malgré elle, et il voyait dans toutes ses actions cette sorte de trouble et d'embarras que cause l'amour dans l'innocence de la première jeunesse.

Le soir, on chercha ce portrait avec beaucoup de soin ; comme on trouvait la boîte où il devait être, l'on ne soupçonna point qu'il eût été dérobé, et l'on crut qu'il était tombé par hasard. Monsieur de Clèves était affligé de cette perte ; et, après qu'on eut encore cherché inutilement, il dit à sa femme, mais d'une manière qui faisait voir qu'il ne le pensait pas, qu'elle avait sans doute quelque amant caché à qui elle avait donné ce portrait, ou qui l'avait dérobé, et qu'un autre qu'un amant ne se serait pas contenté de la peinture sans la boîte.

Ces paroles, quoique dites en riant, firent une vive impression dans l'esprit de madame de Clèves : elles lui donnèrent des remords ; elle fit réflexion à la violence de l'inclination[1] qui l'entraînait vers monsieur de Nemours ; elle trouva qu'elle n'était plus maîtresse de ses paroles et de son visage ; elle pensa que Lignerolles était revenu, qu'elle ne craignait plus l'affaire d'Angleterre[2], qu'elle n'avait plus de soupçons sur madame la dauphine, qu'enfin il n'y avait plus rien qui la pût défendre[3], et qu'il n'y avait de sûreté pour elle qu'en s'éloignant. Mais comme elle n'était pas maîtresse de s'éloigner[4], elle se trouvait dans une grande extrémité et prête à tomber dans ce qui lui paraissait le plus grand des malheurs, qui était de laisser voir à monsieur de Nemours l'inclination qu'elle avait pour lui. Elle se souvenait de tout ce que madame de Chartres lui avait dit en mourant, et des conseils qu'elle lui avait donnés de prendre toutes sortes de partis, quelque difficiles qu'ils pussent être, plutôt que de s'embarquer dans une galanterie. Ce que monsieur de Clèves lui avait dit sur la sincérité, en parlant de madame de Tournon, lui revint dans l'esprit ; il lui sembla qu'elle lui devait avouer l'inclination qu'elle avait pour monsieur de Nemours. Cette pensée l'occupa longtemps ; ensuite elle fut étonnée de l'avoir eue ; elle y trouva de la folie, et retomba dans l'embarras de ne savoir quel parti prendre.

La paix était signée[5]. Madame Élisabeth, après beaucoup de répugnance, s'était résolue à obéir au roi son père. Le duc d'Albe

1. Elle réfléchit à la violence de la passion.
2. Elle ne craignait plus que Nemours épouse la reine d'Angleterre.
3. Qui pût empêcher cet amour.
4. Libre de s'éloigner, sans l'accord de son mari.
5. Le traité de Cateau-Cambrésis est ratifié le 3 avril 1559. Voir note 7, p. 57.

avait été nommé pour venir l'épouser au nom du roi catholique[1], et il devait bientôt arriver. L'on attendait le duc de Savoie, qui venait épouser Madame, sœur du roi, et dont les noces se devaient faire en même temps[2]. Le roi ne songeait qu'à rendre ces noces célèbres par des divertissements où il pût faire paraître l'adresse et la magnificence de sa cour. On proposa tout ce qui se pouvait faire de plus grand pour des ballets et des comédies ; mais le roi trouva ces divertissements trop particuliers[3], et il en voulut d'un plus grand éclat. Il résolut de faire un tournoi, où les étrangers seraient reçus, et dont le peuple pourrait être spectateur. Tous les princes et les jeunes seigneurs entrèrent avec joie dans le dessein du roi, et surtout le duc de Ferrare, monsieur de Guise et monsieur de Nemours, qui surpassaient tous les autres dans ces sortes d'exercices. Le roi les choisit pour être avec lui les quatre tenants[4] du tournoi.

L'on fit publier par tout le royaume, qu'en la ville de Paris, le pas[5] était ouvert au quinzième juin, par sa Majesté Très-Chrétienne, et par les princes Alphonse d'Est, duc de Ferrare, François de Lorraine, duc de Guise, et Jacques de Savoie, duc de Nemours, pour être tenu contre tous venants[6], à commencer le premier combat à cheval en lice[7], en double pièce[8], quatre coups de lance, et un pour les dames ; le deuxième combat à coups d'épée, un à un, ou deux à deux, à la volonté des maîtres du camp[9] ; le troisième combat à pied, trois coups de pique et six coups d'épée ; que les tenants fourniraient de lances, d'épées et de piques, au choix des assaillants ; et que, si en courant on donnait au cheval[10], on serait mis hors des rangs ; qu'il y

Les tournois à la Renaissance

À la Renaissance, les tournois ne sont plus tant destinés à forger les qualités guerrières des jeunes chevaliers qu'à agrémenter la vie de la cour. Ils se transforment ainsi en fêtes solennelles, et sont annoncés plusieurs mois à l'avance. Les lieux des tournois sont soigneusement préparés, pour que toute la noblesse puisse assister à ces festivités dans les meilleures conditions.

1. Le mariage se fait par procuration ; le duc d'Albe représente ici Philippe II.

2. En réalité, elles ont été célébrées à quelques semaines de distance.

3. Modestes.

4. Chevaliers qui tentent de *tenir* contre les assaillants dans un tournoi.

5. Le tournoi.

6. Contre tous ceux qui viendraient.

7. Champ clos où se déroule le tournoi.

8. Avec une armure composée de deux parties séparées.

9. Ceux qui conduisent le tournoi.

10. Éperonnait.

aurait quatre maîtres du camp pour donner les ordres, et que ceux des assaillants qui auraient le plus rompu[11] et le mieux fait auraient un prix dont la valeur serait à la discrétion des juges ; que tous les assaillants, tant français qu'étrangers, seraient tenus de venir toucher à l'un des écus[12] qui seraient pendus au perron, au bout de la lice, ou à plusieurs, selon leur choix ; que là ils trouveraient un officier d'armes qui les recevrait pour les enrôler selon leur rang et selon les écus qu'ils auraient touchés ; que les assaillants seraient tenus de faire apporter par un gentilhomme leur écu avec leurs armes, pour le pendre au perron trois jours avant le commencement du tournoi ; qu'autrement ils n'y seraient point reçus sans le congé[13] des tenants.

On fit faire une grande lice proche de la Bastille, qui venait du château des Tournelles, qui traversait la rue Saint-Antoine, et qui allait rendre aux écuries royales. Il y avait des deux côtés des échafauds[14] et des amphithéâtres, avec des loges couvertes, qui formaient des espèces de galeries, qui faisaient un très bel effet à la vue, et qui pouvaient contenir un nombre infini de personnes. Tous les princes et seigneurs ne furent plus occupés que du soin d'ordonner ce qui leur était nécessaire pour paraître avec éclat, et pour mêler dans leurs chiffres[15] ou dans leurs devises[16] quelque chose de galant qui eût rapport aux personnes qu'ils aimaient.

Peu de jours avant l'arrivée du duc d'Albe, le roi fit une partie de paume avec monsieur de Nemours, le chevalier de Guise, et le vidame de Chartres. Les reines les allèrent voir jouer, suivies de toutes les dames, et entre autres de madame de Clèves. Après que la partie fut finie, comme l'on sortait du jeu de paume, Chastelart s'approcha de la reine dauphine, et lui dit que le hasard lui venait

11. Combattu.

12. Boucliers.

13. La permission.

14. Des tribunes en bois destinées aux spectateurs.

15. Lettres initiales d'un nom.

16. Formules brèves complétant les blasons.

Le château de la Tournelle

Le château de la Tournelle, édifice aujourd'hui disparu, était situé en bord de Seine, sur le quai qui porte actuellement son nom. Il servait au Moyen Âge à protéger l'accès à Paris par la Seine, grâce à des tours fortifiées. Au XVIIe siècle, il est transformé en dépôt pour les galériens, avant d'être détruit en 1792.

de mettre entre les mains une lettre de galanterie qui était tombée de la poche de monsieur de Nemours. Cette reine, qui avait toujours de la curiosité pour ce qui regardait ce prince, dit à Chastelart de la lui donner ; elle la prit, et suivit la reine sa belle-mère, qui s'en allait avec le roi voir travailler à la lice. Après que l'on y eut été quelque temps, le roi fit amener des chevaux qu'il avait fait venir depuis peu. Quoiqu'ils ne fussent pas encore dressés, il les voulut monter, et en fit donner à tous ceux qui l'avaient suivi. Le roi et monsieur de Nemours se trouvèrent sur les plus fougueux ; ces chevaux se voulurent jeter l'un à[1] l'autre. Monsieur de Nemours, par la crainte de blesser le roi, recula brusquement, et porta son cheval contre un pilier du manège[2], avec tant de violence, que la secousse le fit chanceler. On courut à lui, et on le crut considérablement blessé. Madame de Clèves le crut encore plus blessé que les autres. L'intérêt qu'elle y prenait lui donna une appréhension et un trouble qu'elle ne songea pas à cacher ; elle s'approcha de lui avec les reines, et avec un visage si changé, qu'un homme moins intéressé que le chevalier de Guise s'en fût aperçu ; aussi le remarqua-t-il aisément, et il eut bien plus d'attention à l'état où était madame de Clèves, qu'à celui où était monsieur de Nemours. Le coup que ce prince s'était donné lui causa un si grand éblouissement[3] qu'il demeura quelque temps la tête penchée sur ceux qui le soutenaient. Quand il la releva, il vit d'abord madame de Clèves ; il connut, sur son visage, la pitié qu'elle avait de lui, et il la regarda d'une sorte qui pût lui faire juger combien il en était touché. Il fit ensuite des remerciements aux reines de la bonté qu'elles lui témoignaient, et des excuses de l'état où il avait été devant elles. Le roi lui ordonna de s'aller reposer.

Madame de Clèves, après s'être remise de la frayeur qu'elle avait eue, fit bientôt réflexion aux marques[4] qu'elle en avait données. Le chevalier de Guise ne la laissa pas longtemps dans l'espérance que personne ne s'en serait aperçu. Il lui donna la main pour la conduire hors de la lice.

---

1. Sur.
2. Lieu où l'on procède au dressage des chevaux.
3. Trouble visuel.
4. Songea bientôt aux preuves.

« Je suis plus à plaindre que monsieur de Nemours, madame, lui dit-il ; pardonnez-moi, si je sors de ce profond respect que j'ai toujours eu pour vous, et si je vous fais paraître la vive douleur que je sens de ce que je viens de voir ; c'est la première fois que j'ai été assez hardi pour vous parler, et ce sera aussi la dernière. La mort, ou du moins un éloignement éternel, m'ôteront d'un lieu où je ne puis plus vivre, puisque je viens de perdre la triste consolation de croire que tous ceux qui osent vous regarder sont aussi malheureux que moi. »

Madame de Clèves ne répondit que quelques paroles mal arrangées, comme si elle n'eût pas entendu ce que signifiaient celles du chevalier de Guise. Dans un autre temps, elle aurait été offensée qu'il lui eût parlé des sentiments qu'il avait pour elle ; mais, dans ce moment, elle ne sentit que l'affliction de voir qu'il s'était aperçu de ceux qu'elle avait pour monsieur de Nemours. Le chevalier de Guise en fut si convaincu et si pénétré de douleur, que, dès ce jour, il prit la résolution de ne penser jamais à être aimé de madame de Clèves. Mais, pour quitter cette entreprise[5] qui lui avait paru si difficile et si glorieuse, il en fallait quelque autre dont la grandeur pût l'occuper. Il se mit dans l'esprit de prendre Rhodes[6], dont il avait déjà eu quelque pensée ; et, quand la mort l'ôta du monde dans la fleur de sa jeunesse[7], et dans le temps qu'il avait acquis la réputation d'un des plus grands princes de son siècle, le seul regret qu'il témoigna de quitter la vie fut de n'avoir pu exécuter une si belle résolution, dont il croyait le succès infaillible par tous les soins qu'il en avait pris.

Madame de Clèves, en sortant de la lice, alla chez la reine, l'esprit bien occupé de ce qui s'était passé. Monsieur de Nemours y vint peu de temps après, habillé magnifiquement, et comme un homme qui ne se sentait pas de[8] l'accident qui lui était arrivé : il paraissait même plus gai que de coutume ; et la joie de ce qu'il croyait avoir vu lui donnait un air qui augmentait encore son agrément. Tout le monde

5. Ce projet.

6. Île de l'archipel grec du Dodécanèse, assiégée par l'armée ottomane en 1522.

7. Le chevalier de Guise mourut effectivement à vingt-cinq ans, après avoir combattu les Turcs à Rhodes.

8. Qui s'était remis de.

fut surpris lorsqu'il entra, et il n'y eut personne qui ne lui demandât de ses nouvelles, excepté madame de Clèves, qui demeura auprès de la cheminée sans faire semblant de le voir[1]. Le roi sortit d'un cabinet où il était, et, le voyant parmi les autres, il l'appela pour lui parler de son aventure. Monsieur de Nemours passa auprès de madame de Clèves, et lui dit tout bas :

« J'ai reçu aujourd'hui des marques de votre pitié, madame ; mais ce n'est pas de celles dont je suis le plus digne. »

Madame de Clèves s'était bien doutée que ce prince s'était aperçu de la sensibilité qu'elle avait eue pour lui ; et ses paroles lui firent voir qu'elle ne s'était pas trompée. Ce lui était une grande douleur de voir qu'elle n'était plus maîtresse de cacher ses sentiments, et de les avoir laissés paraître au chevalier de Guise. Elle en avait aussi beaucoup que monsieur de Nemours les connût[2] ; mais cette dernière douleur n'était pas si entière, et elle était mêlée de quelque sorte de douceur.

La reine dauphine, qui avait une extrême impatience de savoir ce qu'il y avait dans la lettre que Chastelart lui avait donnée, s'approcha de madame de Clèves :

« Allez lire cette lettre, lui dit-elle ; elle s'adresse à monsieur de Nemours, et, selon les apparences, elle est de cette maîtresse pour qui il a quitté toutes les autres. Si vous ne la pouvez lire présentement, gardez-là ; venez ce soir à mon coucher pour me la rendre, et pour me dire si vous en connaissez l'écriture. »

Madame la dauphine quitta madame de Clèves après ces paroles, et la laissa si étonnée, et dans un si grand saisissement[3], qu'elle fut quelque temps sans pouvoir sortir de sa place. L'impatience et le trouble où elle était ne lui permirent pas de demeurer chez la reine ; elle s'en alla chez elle, quoiqu'il ne fût pas l'heure où elle avait accoutumé de se retirer. Elle tenait cette lettre avec une main tremblante ; ses pensées étaient si confuses qu'elle n'en avait aucune distincte ; et elle se trouvait dans une sorte de douleur insupportable,

1. En faisant semblant de ne pas le voir.

2. Elle éprouvait beaucoup de douleur de savoir que M. de Nemours connaissait ses sentiments.

3. Émotion forte.

qu'elle ne connaissait point, et qu'elle n'avait jamais sentie. Sitôt qu'elle fut dans son cabinet, elle ouvrit cette lettre, et la trouva telle :

Lettre

Je vous ai trop aimé pour vous laisser croire que le changement qui vous paraît en moi soit un effet de ma légèreté ; je veux vous apprendre que votre infidélité en est la cause. Vous êtes bien surpris que je vous parle de votre infidélité ; vous me l'aviez cachée avec tant d'adresse, et j'ai pris tant de soin de vous cacher que je la savais, que vous avez raison d'être étonné qu'elle me soit connue. Je suis surprise moi-même que j'aie pu ne vous en rien faire paraître. Jamais douleur n'a été pareille à la mienne. Je croyais que vous aviez pour moi une passion violente ; je ne vous cachais plus celle que j'avais pour vous ; et, dans le temps que je vous la laissais voir toute entière, j'appris que vous me trompiez, que vous en aimiez une autre, et que, selon toutes les apparences, vous me sacrifiiez à cette nouvelle maîtresse. Je le sus le jour de la course de bague ; c'est ce qui fit que je n'y allai point. Je feignis d'être malade pour cacher le désordre de mon esprit ; mais je le devins en effet, et mon corps ne put supporter une si violente agitation. Quand je commençai à me porter mieux, je feignis encore d'être fort mal, afin d'avoir un prétexte de ne vous point voir et de ne vous point écrire. Je voulus avoir du temps pour résoudre de quelle sorte j'en devais user[4] *avec vous ; je pris et je quittai vingt fois les mêmes résolutions ; mais enfin je vous trouvai indigne de voir ma douleur, et je résolus de ne vous la point faire paraître. Je voulus blesser votre orgueil, en vous faisant voir que ma passion s'affaiblissait d'elle-même. Je crus diminuer par là le prix du sacrifice que vous en faisiez ; je ne voulus pas que vous eussiez le plaisir de montrer combien je vous aimais pour en paraître plus aimable. Je résolus de vous écrire des lettres tièdes et languissantes, pour jeter dans l'esprit de celle à qui vous les donniez*[5] *que l'on cessait de vous aimer. Je ne voulus pas qu'elle eût le plaisir d'apprendre que je savais qu'elle triomphait de moi, ni augmenter son triomphe par mon désespoir et par mes reproches. Je pensai que je ne vous punirais pas assez en rompant avec vous, et que je ne vous donnerais qu'une légère douleur si je cessais de vous aimer lorsque vous*

4. Comment je devais me comporter.

5. De l'autre femme à qui vous les donniez.

ne m'aimiez plus. Je trouvai qu'il fallait que vous m'aimassiez pour sentir le mal de n'être point aimé, que j'éprouvais si cruellement. Je crus que, si quelque chose pouvait rallumer les sentiments que vous aviez eus pour moi, c'était de vous faire voir que les miens étaient changés[1] *; mais de vous le faire voir en feignant de vous le cacher, et comme si je n'eusse pas eu la force de vous l'avouer. Je m'arrêtai à cette résolution ; mais qu'elle me fut difficile à prendre, et qu'en vous revoyant elle me parut impossible à exécuter ! Je fus prête cent fois à éclater par mes reproches et par mes pleurs. L'état où j'étais encore, par ma santé, me servit à vous déguiser mon trouble et mon affliction. Je fus soutenue ensuite par le plaisir de dissimuler avec vous*[2]*, comme vous dissimuliez avec moi ; néanmoins je me faisais une si grande violence pour vous dire et pour vous écrire que je vous aimais, que vous vîtes plus tôt que je n'avais eu dessein de vous laisser voir que mes sentiments étaient changés. Vous en fûtes blessé ; vous vous en plaignîtes. Je tâchais de vous rassurer ; mais c'était d'une manière si forcée, que vous en étiez encore mieux persuadé que je ne vous aimais plus. Enfin, je fis tout ce que j'avais eu intention de faire. La bizarrerie de votre cœur vous fit revenir vers moi, à mesure que vous voyiez que je m'éloignais de vous. J'ai joui de tout le plaisir que peut donner la vengeance ; il m'a paru que vous m'aimiez mieux que vous n'aviez jamais fait, et je vous ai fait voir que je ne vous aimais plus. J'ai eu lieu de croire que vous aviez entièrement abandonné celle pour qui vous m'aviez quittée. J'ai eu aussi des raisons pour être persuadée que vous ne lui aviez jamais parlé de moi. Mais votre retour et votre discrétion n'ont pu réparer votre légèreté. Votre cœur a été partagé entre moi et une autre ; vous m'avez trompée, cela suffit pour m'ôter le plaisir d'être aimée de vous, comme je croyais mériter de l'être, et pour me laisser dans cette résolution que j'ai prise de ne vous voir jamais*[3]*, et dont vous êtes si surpris.*

1. Que je ne vous aimais plus.
2. De vous cacher mes sentiments véritables.
3. De ne plus jamais vous revoir.

Un stratagème complexe

Mme de Thémines, blessée par la trahison du vidame de Chartres, explique qu'elle a fait semblant de s'être détachée de son amant, afin que le vidame, piqué dans son orgueil, revienne vers elle. Le stratagème a fonctionné, et Mme de Thémines choisit ce moment pour rompre, accomplissant ainsi sa vengeance.

Madame de Clèves lut cette lettre, et la relut plusieurs fois, sans savoir néanmoins ce qu'elle avait lu : elle voyait seulement que monsieur de Nemours ne l'aimait pas comme elle l'avait pensé, et qu'il en aimait d'autres qu'il trompait comme elle. Quelle vue[4] et quelle connaissance pour une personne de son humeur, qui avait une passion violente, qui venait d'en donner des marques à un homme qu'elle en jugeait indigne, et à un autre qu'elle maltraitait pour l'amour de lui ! Jamais affliction n'a été si piquante et si vive : il lui semblait que ce qui faisait l'aigreur de cette affliction était ce qui s'était passé dans cette journée, et que, si monsieur de Nemours n'eût point eu lieu de croire qu'elle l'aimait, elle ne se fût pas souciée qu'il en eût aimé une autre. Mais elle se trompait elle-même ; et ce mal qu'elle trouvait si insupportable était la jalousie avec toutes les horreurs dont elle peut être accompagnée. Elle voyait, par cette lettre, que monsieur de Nemours avait une galanterie depuis longtemps. Elle trouvait que celle qui avait écrit la lettre avait de l'esprit et du mérite ; elle lui paraissait digne d'être aimée ; elle lui trouvait plus de courage qu'elle ne s'en trouvait à elle-même, et elle enviait la force qu'elle avait eue de cacher ses sentiments à monsieur de Nemours. Elle voyait, par la fin de la lettre, que cette personne se croyait aimée ; elle pensait que la discrétion que ce prince lui avait fait paraître, et dont elle avait été si touchée, n'était peut-être que l'effet de la passion qu'il avait pour cette autre personne, à qui il craignait de déplaire ; enfin elle pensait tout ce qui pouvait augmenter son affliction et son désespoir. Quels retours[5] ne fit-elle point sur elle-même ! quelles réflexions sur les conseils que sa mère lui avait donnés ! Combien se repentit-elle de ne s'être pas opiniâtrée[6] à se séparer du commerce du monde[7], malgré monsieur de Clèves, ou de n'avoir pas suivi la pensée qu'elle avait eue de lui avouer l'inclination qu'elle avait pour monsieur de Nemours ! Elle trouvait qu'elle aurait mieux fait de la découvrir à un mari dont elle connaissait la bonté, et qui aurait eu intérêt à la cacher, que de la laisser voir à un homme qui en était indigne, qui la trompait, qui la sacrifiait peut-être,

---

4. Découverte.

5. Réflexion.

6. Forcée.

7. Quitter la société mondaine.

et qui ne pensait à être aimé d'elle que par un sentiment d'orgueil et de vanité. Enfin elle trouva que tous les maux qui lui pouvaient arriver, et toutes les extrémités où elle se pouvait porter, étaient moindres que d'avoir laissé voir à monsieur de Nemours qu'elle l'aimait, et de connaître qu'il en aimait une autre. Tout ce qui la consolait, était de penser au moins, qu'après cette connaissance, elle n'avait plus rien à craindre d'elle-même, et qu'elle serait entièrement guérie de l'inclination qu'elle avait pour ce prince.

Elle ne pensa guère à l'ordre que madame la dauphine lui avait donné de se trouver à son coucher, elle se mit au lit et feignit de se trouver mal ; en sorte que, quand monsieur de Clèves revint de chez le roi, on lui dit qu'elle était endormie ; mais elle était bien éloignée de la tranquillité qui conduit au sommeil. Elle passa la nuit sans faire autre chose que s'affliger et relire la lettre qu'elle avait entre les mains.

Madame de Clèves n'était pas la seule personne dont cette lettre troublait le repos. Le vidame de Chartres, qui l'avait perdue, et non pas monsieur de Nemours, en était dans une extrême inquiétude. Il avait passé tout le soir chez monsieur de Guise, qui avait donné un grand souper au duc de Ferrare, son beau-frère, et à toute la jeunesse de la cour. Le hasard fit qu'en soupant on parla de jolies lettres. Le vidame de Chartres dit qu'il en avait une sur lui, plus jolie que toutes celles qui avaient jamais été écrites. On le pressa de la montrer : il s'en défendit. Monsieur de Nemours lui soutint qu'il n'en avait point, et qu'il ne parlait que par vanité. Le vidame lui répondit qu'il poussait sa discrétion à bout[1] ; que néanmoins il ne montrerait pas la lettre ; mais qu'il en lirait quelques endroits, qui feraient juger que peu d'hommes en recevaient de pareilles. En même temps, il voulut prendre cette lettre, et ne la trouva point ; il la chercha inutilement ; on lui en fit la guerre ; mais il parut si inquiet, que l'on cessa de lui en parler. Il se retira plus tôt que les autres, et s'en alla chez lui avec impatience, pour voir s'il n'y avait point laissé la lettre qui lui manquait. Comme il la cherchait encore, un premier valet de chambre de la reine le vint trouver, pour lui dire que la vicomtesse d'Usez avait cru nécessaire de l'avertir en diligence que l'on avait dit chez la reine qu'il était tombé une lettre

1. Qu'il mettait sa discrétion à rude épreuve.

de galanterie[2] de sa poche, pendant qu'il était au jeu de paume ; que l'on avait raconté une grande partie de ce qui était dans la lettre ; que la reine avait témoigné beaucoup de curiosité de la voir ; qu'elle l'avait envoyé demander à un de ses gentilshommes servants ; mais qu'il avait répondu qu'il l'avait laissée entre les mains de Chastelart.

Le premier valet de chambre dit encore beaucoup d'autres choses au vidame de Chartres, qui achevèrent de lui donner un grand trouble. Il sortit à l'heure même pour aller chez un gentilhomme qui était ami intime de Chastelart ; il le fit lever, quoique l'heure fût extraordinaire pour aller demander cette lettre, sans dire qui était celui qui la demandait et qui l'avait perdue. Chastelart, qui avait l'esprit prévenu[3] qu'elle était à monsieur de Nemours, et que ce prince était amoureux de madame la dauphine, ne douta point que ce ne fût lui qui la faisait redemander. Il répondit, avec une maligne joie, qu'il avait remis la lettre entre les mains de la reine dauphine. Le gentilhomme vint faire cette réponse au vidame de Chartres : elle augmenta l'inquiétude qu'il avait déjà, et y en joignit encore de nouvelles. Après avoir été longtemps irrésolu sur ce qu'il devait faire, il trouva qu'il n'y avait que monsieur de Nemours qui pût lui aider à sortir de l'embarras où il était.

Il s'en alla chez lui, et entra dans sa chambre que[4] le jour ne commençait qu'à paraître. Ce prince dormait d'un sommeil tranquille ; ce qu'il avait vu le jour précédent de madame de Clèves ne lui avait donné que des idées agréables. Il fut bien surpris de se voir éveillé par le vidame de Chartres, et il lui demanda si c'était pour se venger de ce qu'il lui avait dit pendant le souper qu'il venait troubler son repos. Le vidame lui fit bien juger par son visage qu'il n'y avait rien que de sérieux au sujet qui l'amenait.

« Je viens vous confier la plus importante affaire de ma vie, lui dit-il. Je sais bien que vous ne m'en devez pas être obligé, puisque c'est dans un temps où j'ai besoin de votre secours ; mais je sais bien aussi que j'aurais perdu de votre estime, si je vous avais appris tout ce que je vais vous dire, sans que la nécessité m'y eût contraint.

2. Une lettre d'amour.

3. Qui pensait que.

4. Alors que.

J'ai laissé tomber cette lettre dont je parlais hier au soir ; il m'est d'une conséquence extrême que personne ne sache qu'elle s'adresse à moi. Elle a été vue de beaucoup de gens qui étaient dans le jeu de paume, où elle tomba hier ; vous y étiez aussi, et je vous demande en grâce de vouloir bien dire que c'est vous qui l'avez perdue.

– Il faut que vous croyiez que je n'ai point de maîtresse, reprit monsieur de Nemours en souriant, pour me faire une pareille proposition, et pour vous imaginer qu'il n'y ait personne avec qui je me puisse brouiller en laissant croire que je reçois de pareilles lettres.

– Je vous prie, dit le vidame, écoutez-moi sérieusement. Si vous avez une maîtresse, comme je n'en doute point, quoique je ne sache pas qui elle est, il vous sera aisé de vous justifier, et je vous en donnerai les moyens infaillibles ; quand[1] vous ne vous justifieriez pas auprès d'elle, il ne vous en peut coûter que d'être brouillé pour quelques moments ; mais moi, par cette aventure, je déshonore une personne qui m'a passionnément aimé, et qui est une des plus estimables femmes du monde ; et, d'un autre côté, je m'attire une haine implacable, qui me coûtera ma fortune, et peut-être quelque chose de plus.

– Je ne puis entendre tout ce que vous me dites, répondit monsieur de Nemours ; mais vous me faites entrevoir que les bruits qui ont couru de l'intérêt qu'une grande princesse prenait à vous[2] ne sont pas entièrement faux.

– Ils ne le sont pas aussi[3], repartit le vidame de Chartres ; et plût à Dieu qu'ils le fussent ! je ne me trouverais pas dans l'embarras où je me trouve ; mais il faut vous raconter tout ce qui s'est passé, pour vous faire voir tout ce que j'ai à craindre.

« Depuis que je suis à la cour, la reine m'a toujours traité avec beaucoup de distinction et d'agrément, et j'avais eu lieu de croire qu'elle avait de la bonté pour moi ; néanmoins, il n'y avait rien de particulier, et je n'avais jamais songé à avoir d'autres sentiments pour elle que ceux du respect. J'étais même fort amoureux de madame de Thémines ; il est aisé de juger, en la voyant, qu'on

1. Quand bien même.

2. Avait pour vous.

3. Non plus.

peut avoir beaucoup d'amour pour elle quand on en est aimé ; et je l'étais. Il y a près de deux ans que, comme la cour était à Fontainebleau, je me trouvai deux ou trois fois en conversation avec la reine, à des heures où il y avait très peu de monde. Il me parut que mon esprit lui plaisait, et qu'elle entrait dans[4] tout ce que je disais. Un jour entre autres, on se mit à parler de la confiance : je dis qu'il n'y avait personne en qui j'en eusse une entière ; que je trouvais que l'on se repentait toujours d'en avoir, et que je savais beaucoup de choses dont je n'avais jamais parlé. La reine me dit qu'elle m'en estimait davantage ; qu'elle n'avait trouvé personne en France qui eût du secret[5], et que c'était ce qui l'avait le plus embarrassée, parce que cela lui avait ôté le plaisir de donner sa confiance ; que c'était une chose nécessaire dans la vie, que d'avoir quelqu'un à qui on pût parler, et surtout pour les personnes de son rang. Les jours suivants, elle reprit encore plusieurs fois la même conversation ; elle m'apprit même des choses assez particulières qui se passaient. Enfin, il me sembla qu'elle souhaitait de s'assurer de mon secret[6], et qu'elle avait envie de me confier les siens. Cette pensée m'attacha à elle ; je fus touché de cette distinction, et je lui fis ma cour avec beaucoup plus d'assiduité que je n'avais accoutumé. Un soir que le roi et toutes les dames s'étaient allés promener à cheval dans la forêt, où elle n'avait pas voulu aller, parce qu'elle s'était trouvée un peu mal, je demeurai auprès d'elle ; elle descendit au bord de l'étang, et quitta la main de ses écuyers[7], pour marcher avec plus de liberté. Après qu'elle eut fait quelques tours, elle s'approcha de moi, et m'ordonna de la suivre. « Je veux vous parler, me dit-elle ; et vous verrez, par ce que je veux vous

4. Partageait mon opinion sur.

5. De la discrétion.

6. S'assurer de ma discrétion.

7. Les écuyers de main accompagnent la reine pour l'aider à se déplacer, et notamment à monter en carrosse.

Le château de Fontainebleau

En 1528, François Ier décide de remplacer le château féodal de Fontainebleau par un bâtiment de style Renaissance. Il fait appel à des architectes et à des artistes italiens pour faire de ce lieu un fleuron de l'art de la Renaissance. Henri II poursuit les travaux entrepris par son père et ajoute au château une chapelle et une salle de bal. C'est dans ce lieu que naissent la plupart des enfants qu'il a avec la reine Catherine de Médicis.

dire, que je suis de vos amies. » Elle s'arrêta à ces paroles, et me regardant fixement : « Vous êtes amoureux, continua-t-elle ; et parce que vous ne vous fiez peut-être à personne, vous croyez que votre amour n'est pas su ; mais il est connu, et même des personnes intéressées. On vous observe, on sait les lieux où vous voyez votre maîtresse, on a dessein de vous y surprendre. Je ne sais qui elle est ; je ne vous le demande point, et je veux seulement vous garantir des malheurs où vous pouvez tomber. » Voyez, je vous prie, quel piège me tendait la reine, et combien il était difficile de n'y pas tomber. Elle voulait savoir si j'étais amoureux ; et, en ne me demandant point de qui je l'étais, et en ne me laissant voir que la seule intention de me faire plaisir, elle m'ôtait la pensée qu'elle me parlât par curiosité ou par dessein[1].

« Cependant, contre toutes sortes d'apparences, je démêlai la vérité. J'étais amoureux de madame de Thémines ; mais, quoiqu'elle m'aimât, je n'étais pas assez heureux pour avoir des lieux particuliers à[2] la voir, et pour craindre d'y être surpris ; et ainsi je vis bien que ce ne pouvait être elle dont la reine voulait parler. Je savais bien aussi que j'avais un commerce de galanterie avec une autre femme moins belle et moins sévère que madame de Thémines, et qu'il n'était pas impossible que l'on eût découvert le lieu où je la voyais ; mais, comme je m'en souciais peu, il m'était aisé de me mettre à couvert de toutes sortes de périls en cessant de la voir. Ainsi, je pris le parti de ne rien avouer à la reine, et de l'assurer, au contraire, qu'il y avait très longtemps que j'avais abandonné le désir de me faire aimer des femmes dont je pouvais espérer de l'être, parce que je les trouvais quasi toutes indignes d'attacher un honnête homme, et qu'il n'y avait que quelque chose fort au-dessus d'elles qui pût m'engager. « Vous ne me répondez pas sincèrement, répliqua la reine ; je sais le contraire de ce que vous me dites. La manière dont je vous parle vous doit obliger à ne me rien cacher. Je veux que vous soyez de mes amis, continua-t-elle ; mais je ne veux pas, en vous donnant cette place, ignorer quels sont vos attachements. Voyez si vous la voulez acheter

1. Par stratagème.
2. Des lieux privés où.

au prix de me les apprendre[3] : je vous donne deux jours pour y penser ; mais, après ce temps-là, songez bien à ce que vous me direz, et souvenez-vous que, si dans la suite je trouve que vous m'ayez trompée, je ne vous le pardonnerai de ma vie. »

« La reine me quitta après m'avoir dit ces paroles, sans attendre ma réponse. Vous pouvez croire que je demeurai l'esprit bien rempli de ce qu'elle me venait de dire. Les deux jours qu'elle m'avait donnés pour y penser ne me parurent pas trop longs pour me déterminer. Je voyais qu'elle voulait savoir si j'étais amoureux, et qu'elle ne souhaitait pas que je le fusse. Je voyais les suites et les conséquences du parti que j'allais prendre. Ma vanité n'était pas peu flattée d'une liaison particulière avec la reine, et une reine dont la personne est encore extrêmement aimable. D'un autre côté, j'aimais madame de Thémines ; et, quoique je lui fisse une espèce d'infidélité pour cette autre femme dont je vous ai parlé, je ne me pouvais résoudre à rompre avec elle. Je voyais aussi le péril où je m'exposais en trompant la reine, et combien il était difficile de la tromper ; néanmoins, je ne pus me résoudre à refuser ce que la fortune m'offrait, et je pris le hasard de tout ce que ma mauvaise conduite pouvait m'attirer. Je rompis avec cette femme dont on pouvait découvrir le commerce, et j'espérai de cacher celui que j'avais avec madame de Thémines.

« Au bout des deux jours que la reine m'avait donnés, comme j'entrais dans la chambre où toutes les dames étaient au cercle, elle me dit tout haut, avec un air grave qui me surprit : « Avez-vous pensé à cette affaire dont je vous ai chargé, et en savez-vous la vérité ?

– Oui, madame, lui répondis-je, et elle est comme je l'ai dite à votre majesté.

– Venez ce soir, à l'heure que je dois écrire, répliqua-t-elle, et j'achèverai de vous donner mes ordres. » Je fis une profonde révérence, sans rien répondre, et ne manquai pas de me trouver à l'heure qu'elle m'avait marquée. Je la trouvai dans la galerie où était

---

3. À vous de voir si vous voulez devenir de mes amis, à condition de me dire qui est votre maîtresse.

son secrétaire et quelqu'une de ses femmes. Sitôt qu'elle me vit, elle vint à moi, et me mena à l'autre bout de la galerie.

« Eh bien ! me dit-elle, est-ce après y avoir bien pensé que vous n'avez rien à me dire ; et la manière dont j'en use avec vous ne mérite-t-elle pas que vous me parliez sincèrement ?

– C'est parce que je vous parle sincèrement, madame, lui répondis-je, que je n'ai rien à vous dire ; et je jure à votre majesté, avec tout le respect que je lui dois, que je n'ai d'attachement pour aucune femme de la cour.

– Je le veux croire, repartit la reine, parce que je le souhaite ; et je le souhaite parce que je désire que vous soyez entièrement attaché à moi, et qu'il serait impossible que je fusse contente de votre amitié si vous étiez amoureux. On ne peut se fier à ceux qui le sont ; on ne peut s'assurer de leur secret. Ils sont trop distraits et trop partagés ; et leur maîtresse leur fait une première occupation qui ne s'accorde point avec la manière dont je veux que vous soyez attaché à moi. Souvenez-vous donc que c'est sur la parole que vous me donnez, que vous n'avez aucun engagement, que je vous choisis pour vous donner toute ma confiance. Souvenez-vous que je veux la vôtre tout entière ; que je veux que vous n'ayez ni ami, ni amie, que[1] ceux qui me seront agréables, et que vous abandonniez tout autre soin que celui de me plaire. Je ne vous ferai pas perdre celui de votre fortune ; je la conduirai avec plus d'application que vous-même ; et, quoi que je fasse pour vous, je m'en tiendrai trop bien récompensée, si je vous trouve pour moi tel que je l'espère. Je vous choisis pour vous confier tous mes chagrins, et pour m'aider à les adoucir. Vous pouvez juger qu'ils ne sont pas médiocres. Je souffre en apparence[2], sans beaucoup de peine l'attachement du roi pour la duchesse de Valentinois ; mais il m'est insupportable. Elle gouverne le roi ; elle le trompe ; elle me méprise ; tous mes gens sont à elle. La reine ma belle-fille[3], fière de sa beauté et du crédit de ses oncles[4], ne me rend aucun devoir. Le connétable de Montmorency est maître du roi et du royaume ;

1. Autres que.

2. Je fais mine de supporter.

3. Marie Stuart, la reine dauphine.

4. Les de Guise.

il me hait, et m'a donné des marques de sa haine que je ne puis oublier. Le maréchal de Saint-André est un jeune favori audacieux qui n'en use pas mieux avec moi que les autres. Le détail de mes malheurs vous ferait pitié. Je n'ai osé jusqu'ici me fier à personne ; je me fie à vous ; faites que je ne m'en repente point, et soyez ma seule consolation. » Les yeux de la reine rougirent en achevant ces paroles ; je pensai me jeter à ses pieds, tant je fus véritablement touché de la bonté qu'elle me témoignait. Depuis ce jour-là, elle eut en moi une entière confiance, elle ne fit plus rien sans m'en parler ; et j'ai conservé une liaison qui dure encore. »

Portrait de Marguerite de Valois, François Clouet (1505-1572), peinture à l'huile sur bois, 1561.

TROISIÈME PARTIE

« Cependant, quelque rempli et quelque occupé que je fusse de cette nouvelle liaison avec la reine, je tenais à madame de Thémines par une inclination naturelle que je ne pouvais vaincre. Il me parut qu'elle cessait de m'aimer, et, au lieu que, si j'eusse été sage, je me fusse servi du changement qui paraissait en elle pour aider à me guérir, mon amour en redoubla, et je me conduisais si mal que la reine eut quelque connaissance de cet attachement. La jalousie est naturelle aux personnes de sa nation[1], et peut-être que cette princesse a pour moi des sentiments plus vifs qu'elle ne pense elle-même. Mais enfin le bruit que j'étais amoureux lui donna de si grandes inquiétudes et de si grands chagrins, que je me crus cent fois perdu auprès d'elle. Je la rassurai enfin à force de soins, de soumissions et de faux serments ; mais je n'aurais pu la tromper longtemps, si le changement de madame de Thémines ne m'avait détaché d'elle malgré moi. Elle me fit voir qu'elle ne m'aimait plus ; et j'en fus si persuadé, que je fus contraint de ne la pas tourmenter davantage et de la laisser en repos. Quelque temps après, elle m'écrivit cette lettre que j'ai perdue. J'appris par-là qu'elle avait su le commerce que j'avais eu avec cette autre femme dont je vous ai parlé, et que c'était la cause de son changement. Comme je n'avais plus rien alors qui me partageât[2], la reine était assez contente de moi ; mais comme les sentiments que j'ai pour elle ne sont pas d'une nature à me rendre incapable de tout autre attachement, et que l'on n'est pas amoureux par sa volonté, je le suis devenu de madame de Martigues, pour qui j'avais déjà eu beaucoup d'inclination pendant qu'elle était Villemontais, fille de la reine dauphine. J'ai lieu de croire que je n'en suis pas haï ; la discrétion que je lui fais paraître, et dont elle ne sait pas toutes les raisons, lui est agréable. La reine n'a aucun soupçon sur son sujet ; mais elle en a un autre qui n'est guère moins fâcheux. Comme madame de Martigues est toujours chez la reine dauphine, j'y vais aussi beaucoup plus

1. L'Italie. Les Italiennes sont perçues comme très jalouses.

2. Qui divisait mon cœur.

souvent que de coutume. La reine s'est imaginée que c'est de cette princesse que je suis amoureux. Le rang de la reine dauphine, qui est égal au sien, et la beauté et la jeunesse qu'elle a au-dessus d'elle, lui donnent une jalousie qui va jusques à la fureur, et une haine contre sa belle-fille qu'elle ne saurait plus cacher. Le cardinal de Lorraine, qui me paraît depuis longtemps aspirer aux bonnes grâces de la reine, et qui voit bien que j'occupe une place qu'il voudrait remplir, sous prétexte de raccommoder madame la dauphine avec elle, est entré dans les différends qu'elles ont eus ensemble. Je ne doute pas qu'il n'ait démêlé le véritable sujet de l'aigreur de la reine, et je crois qu'il me rend toutes sortes de mauvais offices[1], sans lui laisser voir qu'il a dessein de me les rendre. Voilà l'état où sont les choses à l'heure que je vous parle. Jugez quel effet peut produire la lettre que j'ai perdue, et que mon malheur m'a fait mettre dans ma poche, pour la rendre à madame de Thémines. Si la reine voit cette lettre, elle connaîtra que je l'ai trompée, et que, presque dans le temps que je la trompais pour madame de Thémines, je trompais madame de Thémines pour une autre ; jugez quelle idée cela lui peut donner de moi, et si elle peut jamais se fier à mes paroles. Si elle ne voit point cette lettre, que lui dirai-je ? Elle sait qu'on l'a remise entre les mains de madame la dauphine ; elle croira que Chastelart a reconnu l'écriture de cette reine, et que la lettre est d'elle ; elle s'imaginera que la personne dont on témoigne de la jalousie est peut-être elle-même ; enfin, il n'y a rien qu'elle n'ait lieu de penser[2], et il n'y a rien que je ne doive craindre de ses pensées. Ajoutez à cela que je suis vivement touché de madame de Martigues ; qu'assurément madame la dauphine lui montrera cette lettre, qu'elle croira écrite depuis peu ; ainsi je serai également brouillé, et avec la personne du monde que j'aime le plus, et avec la personne du monde que je dois le plus craindre. Voyez, après cela, si je n'ai pas raison de vous conjurer de dire que la lettre est à vous, et de vous demander en grâce de l'aller retirer des mains de madame la dauphine.

– Je vois bien, dit monsieur de Nemours, que l'on ne peut être dans un plus grand embarras que celui où vous êtes, et il faut avouer

1. De mauvais services, pour me porter préjudice.

2. Elle pourra tout imaginer.

que vous le méritez. On m'a accusé de n'être pas un amant fidèle, et d'avoir plusieurs galanteries à la fois ; mais vous me passez[3] de si loin, que je n'aurais seulement osé imaginer les choses que vous avez entreprises. Pouviez-vous prétendre de conserver madame de Thémines en vous engageant avec la reine, et espériez-vous de vous engager avec la reine et de la pouvoir tromper ? Elle est italienne et reine, et par conséquent pleine de soupçons, de jalousie et d'orgueil ; quand votre bonne fortune[4], plutôt que votre bonne conduite, vous a ôté des engagements où vous étiez, vous en avez pris de nouveaux, et vous vous êtes imaginé qu'au milieu de la cour vous pourriez aimer madame de Martigues, sans que la reine s'en aperçût. Vous ne pouviez prendre trop de soins de lui ôter la honte d'avoir fait les premiers pas. Elle a pour vous une passion violente ; votre discrétion vous empêche de me le dire, et la mienne de vous le demander ; mais enfin elle vous aime, elle a de la défiance, et la vérité est contre vous.

– Est-ce à vous à m'accabler de réprimandes, interrompit le vidame, et votre expérience ne vous doit-elle pas donner de l'indulgence pour mes fautes ? Je veux pourtant bien convenir que j'ai tort ; mais songez, je vous conjure, à me tirer de l'abîme où je suis. Il me paraît qu'il faudrait que vous vissiez la reine dauphine sitôt qu'elle sera éveillée, pour lui redemander cette lettre, comme l'ayant perdue.

– Je vous ai déjà dit, reprit monsieur de Nemours, que la proposition que vous me faites est un peu extraordinaire, et que mon intérêt particulier m'y peut faire trouver des difficultés ; mais, de plus, si l'on a vu tomber cette lettre de votre poche, il me paraît difficile de persuader qu'elle soit tombée de la mienne.

– Je croyais vous avoir appris, répondit le vidame, que l'on a dit à la reine dauphine que c'était de la vôtre qu'elle était tombée.

– Comment ! reprit brusquement monsieur de Nemours, qui vit dans ce moment les mauvais offices[5] que cette méprise lui pouvait faire auprès de madame de Clèves, l'on a dit à la reine dauphine que c'est moi qui ai laissé tomber cette lettre ?

---

3. Surpassez.

4. Situation avantageuse.

5. Le préjudice.

– Oui, reprit le vidame, on le lui a dit. Et ce qui a fait cette méprise, c'est qu'il y avait plusieurs gentilshommes des reines dans une des chambres du jeu de paume où étaient nos habits, et que vos gens et les miens les ont été quérir[1]. En même temps la lettre est tombée ; ces gentilshommes l'ont ramassée, et l'ont lue tout haut. Les uns ont cru qu'elle était à vous, et les autres à moi. Chastelart, qui l'a prise, et à qui je viens de la faire demander, a dit qu'il l'avait donnée à la reine dauphine, comme une lettre qui était à vous ; et ceux qui en ont parlé à la reine, ont dit, par malheur, qu'elle était à moi ; ainsi vous pouvez faire aisément ce que je souhaite, et m'ôter de l'embarras où je suis. »

Monsieur de Nemours avait toujours fort aimé le vidame de Chartres, et ce qu'il était à madame de Clèves[2] le lui rendait encore plus cher. Néanmoins, il ne pouvait se résoudre à prendre le hasard[3] qu'elle entendît parler de cette lettre comme d'une chose où il avait intérêt. Il se mit à rêver profondément et le vidame, se doutant à peu près du sujet de sa rêverie :

« Je vois bien, lui dit-il, que vous craignez de vous brouiller avec votre maîtresse, et même vous me donneriez lieu de croire que c'est avec la reine dauphine, si le peu de jalousie que je vous vois de monsieur d'Anville ne m'en ôtait la pensée ; mais, quoi qu'il en soit, il est juste que vous ne sacrifiiez pas votre repos au mien, et je veux bien vous donner les moyens de faire voir à celle que vous aimez que cette lettre s'adresse à moi et non pas à vous : voilà un billet de madame d'Amboise, qui est amie de madame de Thémines, et à qui elle s'est fiée[4] de tous les sentiments qu'elle a eus pour moi. Par ce billet elle me redemande cette lettre de son amie, que j'ai perdue. Mon nom est sur le billet ; et ce qui est dedans prouve, sans aucun doute, que la lettre que l'on me redemande est la même que l'on a trouvée. Je vous remets ce billet entre les mains, et je consens que vous le montriez à votre maîtresse pour vous justifier. Je vous conjure de ne perdre pas un moment, et d'aller dès ce matin chez madame la dauphine. »

1. Sont allés les chercher.
2. Le vidame est l'oncle de la princesse de Clèves.
3. Risque.
4. Confiée.

Monsieur de Nemours le promit au vidame de Chartres, et prit le billet de madame d'Amboise. Néanmoins, son dessein n'était pas de voir la reine dauphine ; et il trouvait qu'il avait quelque chose de plus pressé à faire. Il ne doutait pas qu'elle n'eût déjà parlé de la lettre à madame de Clèves, et il ne pouvait supporter qu'une personne qu'il aimait si éperdument eût lieu de croire qu'il eût quelque attachement pour une autre.

Il alla chez elle à l'heure qu'il crut qu'elle pouvait être éveillée, et lui fit dire qu'il ne demanderait pas à avoir l'honneur de la voir à une heure si extraordinaire, si une affaire de conséquence ne l'y obligeait. Madame de Clèves était encore au lit, l'esprit aigri et agité de tristes pensées qu'elle avait eues pendant la nuit. Elle fut extrêmement surprise, lorsqu'on lui dit que monsieur de Nemours la demandait. L'aigreur où elle était ne la fit pas balancer[5] à répondre qu'elle était malade et qu'elle ne pouvait lui parler.

Ce prince ne fut pas blessé de ce refus ; une marque de froideur, dans un temps où elle pouvait avoir de la jalousie, n'était pas un mauvais augure. Il alla à l'appartement de monsieur de Clèves, et lui dit qu'il venait de celui de madame sa femme, qu'il était bien fâché de ne la pouvoir entretenir, parce qu'il avait à lui parler d'une affaire importante pour le vidame de Chartres. Il fit entendre[6] en peu de mots à monsieur de Clèves la conséquence de cette affaire, et monsieur de Clèves le mena à l'heure même dans la chambre de sa femme. Si elle n'eût point été dans l'obscurité, elle eût eu peine à cacher son trouble et son étonnement de voir entrer monsieur de Nemours conduit par son mari. Monsieur de Clèves lui dit qu'il s'agissait d'une lettre où l'on avait besoin de son secours pour les intérêts du vidame ; qu'elle verrait avec monsieur de Nemours ce qu'il y avait à faire ; et que, pour lui, il s'en allait chez le roi, qui venait de l'envoyer quérir.

Monsieur de Nemours demeura seul auprès de madame de Clèves, comme il le pouvait souhaiter.

« Je viens vous demander, madame, lui dit-il, si madame la dauphine ne vous a point parlé d'une lettre que Chastelart lui remit hier entre les mains.

---

5. Hésiter.

6. Comprendre.

– Elle m'en a dit quelque chose, répondit madame de Clèves ; mais je ne vois pas ce que cette lettre a de commun avec les intérêts de mon oncle, et je vous puis assurer qu'il n'y est pas nommé.

– Il est vrai, madame, répliqua monsieur de Nemours, il n'y est pas nommé ; néanmoins, elle s'adresse à lui, et il lui est très important que vous la retiriez des mains de madame la dauphine.

– J'ai peine à comprendre, reprit madame de Clèves, pourquoi il lui importe que cette lettre soit vue, et pourquoi il faut la redemander sous son nom.

– Si vous voulez vous donner le loisir de m'écouter, madame, dit monsieur de Nemours, je vous ferai bientôt voir la vérité, et vous apprendrez des choses si importantes pour monsieur le vidame, que je ne les aurais pas même confiées à Monsieur le prince de Clèves, si je n'avais eu besoin de son secours pour avoir l'honneur de vous voir.

– Je pense que tout ce que vous prendriez la peine de me dire serait inutile, répondit madame de Clèves avec un air assez sec, et il vaut mieux que vous alliez trouver la reine dauphine, et que, sans chercher de détours, vous lui disiez l'intérêt que vous avez à cette lettre, puisqu'aussi bien on lui a dit qu'elle vient de vous. »

L'aigreur que monsieur de Nemours voyait dans l'esprit de madame de Clèves lui donnait le plus sensible plaisir qu'il eût jamais eu, et balançait[1] son impatience de se justifier.

« Je ne sais, madame, reprit-il, ce qu'on peut avoir dit à madame la dauphine ; mais je n'ai aucun intérêt à cette lettre, et elle s'adresse à monsieur le vidame.

– Je le crois, répliqua madame de Clèves ; mais on a dit le contraire à la reine dauphine, et il ne lui paraîtra pas vraisemblable que les lettres de monsieur le vidame tombent de vos poches. C'est pourquoi, à moins que vous n'ayez quelque raison que je ne sais point à cacher la vérité à la reine dauphine, je vous conseille de la lui avouer.

– Je n'ai rien à lui avouer, reprit-il ; la lettre ne s'adresse pas à moi, et, s'il y a quelqu'un que je souhaite d'en persuader, ce n'est pas madame la dauphine ; mais, madame, comme il s'agit en ceci de la

1. Contrebalançait.

fortune de monsieur le vidame, trouvez bon que je vous apprenne des choses qui sont même dignes de votre curiosité. »

Madame de Clèves témoigna par son silence qu'elle était prête à l'écouter, et monsieur de Nemours lui conta le plus succinctement qu'il lui fut possible tout ce qu'il venait d'apprendre du vidame. Quoique ce fussent des choses propres à donner de l'étonnement, et à être écoutées avec attention, madame de Clèves les entendit avec une froideur si grande, qu'il semblait qu'elle ne les crût pas véritables, ou qu'elles lui fussent indifférentes. Son esprit demeura dans cette situation jusqu'à ce que monsieur de Nemours lui parla du billet de madame d'Amboise, qui s'adressait au vidame de Chartres, et qui était la preuve de tout ce qu'il lui venait de dire. Comme madame de Clèves savait que cette femme était amie de madame de Thémines, elle trouva une apparence de vérité à ce que lui disait monsieur de Nemours, qui lui fit penser que la lettre ne s'adressait peut-être pas à lui. Cette pensée la tira tout d'un coup, et malgré elle, de la froideur qu'elle avait eue jusqu'alors. Ce prince, après lui avoir lu ce billet qui faisait sa justification, le lui présenta pour le lire, et lui dit qu'elle en pouvait connaître l'écriture ; elle ne put s'empêcher de le prendre, de regarder le dessus[2] pour voir s'il s'adressait au vidame de Chartres, et de le lire tout entier pour juger si la lettre que l'on redemandait était la même qu'elle avait entre les mains. Monsieur de Nemours lui dit encore tout ce qu'il crut propre à la persuader : et, comme on persuade aisément une vérité agréable, il convainquit madame de Clèves qu'il n'avait point de part à cette lettre.

Elle commença alors à raisonner avec lui sur l'embarras et le péril où était le vidame, à le blâmer de sa méchante conduite, à chercher les moyens de le secourir. Elle s'étonna du procédé de la reine ; elle avoua à monsieur de Nemours qu'elle avait la lettre ; enfin, sitôt qu'elle le crut innocent, elle entra avec un esprit ouvert et tranquille dans les mêmes choses[3] qu'elle semblait d'abord ne daigner pas entendre. Ils convinrent qu'il ne fallait point rendre la lettre à la reine dauphine, de peur qu'elle ne la montrât à madame de Martigues, qui connaissait l'écriture de madame de Thémines, et qui aurait aisément

2. Le nom du destinataire.

3. Elle accepta les mêmes choses.

deviné, par l'intérêt qu'elle prenait au vidame[1], qu'elle s'adressait à lui. Ils trouvèrent aussi qu'il ne fallait pas confier à la reine dauphine tout ce qui regardait la reine sa belle-mère. Madame de Clèves, sous le prétexte des affaires de son oncle, entrait avec plaisir à garder tous les secrets que monsieur de Nemours lui confiait.

Ce prince ne lui eût pas toujours parlé des intérêts du vidame, et la liberté où il se trouvait de l'entretenir lui eût donné une hardiesse qu'il n'avait encore osé prendre, si l'on ne fût venu dire à madame de Clèves que la reine dauphine lui ordonnait de l'aller trouver. Monsieur de Nemours fut contraint de se retirer. Il alla trouver le vidame, pour lui dire qu'après l'avoir quitté il avait pensé qu'il était plus à propos de s'adresser à madame de Clèves, qui était sa nièce, que d'aller droit à madame la dauphine. Il ne manqua pas de raisons pour faire approuver ce qu'il avait fait, et pour en faire espérer un bon succès.

Cependant madame de Clèves s'habilla en diligence[2] pour aller chez la reine. À peine parut-elle dans sa chambre, que cette princesse la fit approcher, et lui dit tout bas :

« Il y a deux heures que je vous attends, et jamais je n'ai été si embarrassée à déguiser la vérité que je l'ai été ce matin. La reine a entendu parler de la lettre que je vous donnai hier ; elle croit que c'est le vidame de Chartres qui l'a laissé tomber. Vous savez qu'elle y prend quelque intérêt. Elle a fait chercher cette lettre ; elle l'a fait demander à Chastelart ; il a dit qu'il me l'avait donnée ; on me l'est venu demander, sur le prétexte que c'était une jolie lettre, qui donnait de la curiosité à la reine. Je n'ai osé dire que vous l'aviez ; j'ai cru qu'elle s'imaginerait que je vous l'avais mise entre les mains à cause du vidame votre oncle, et qu'il y aurait une grande intelligence[3] entre lui et moi. Il m'a déjà paru qu'elle souffrait avec peine qu'il me vît souvent ; de sorte que j'ai dit que la lettre était dans les habits que j'avais hier, et que ceux qui en avaient la clef étaient sortis. Donnez-moi promptement cette lettre, ajouta-t-elle, afin que je la lui envoie, et que je la lise avant que de l'envoyer, pour voir si je n'en connaîtrai point l'écriture. »

1. En raison de ses sentiments pour le vidame.

2. Avec empressement.

3. Complicité.

Madame de Clèves se trouva encore plus embarrassée qu'elle n'avait pensé.

« Je ne sais, madame, comment vous ferez, répondit-elle ; car monsieur de Clèves, à qui je l'avais donnée à lire, l'a rendue à monsieur de Nemours, qui est venu, dès ce matin, le prier de vous la redemander. Monsieur de Clèves a eu l'imprudence de lui dire qu'il l'avait, et il a eu la faiblesse de céder aux prières que monsieur de Nemours lui a faites de la lui rendre.

– Vous me mettez dans le plus grand embarras où je puisse jamais être, repartit madame la dauphine, et vous avez tort d'avoir rendu cette lettre à monsieur de Nemours ; puisque c'était moi qui vous l'avais donnée, vous ne deviez point la rendre sans ma permission. Que voulez-vous que je dise à la reine, et que pourra-t-elle s'imaginer ? Elle croira, et avec apparence, que cette lettre me regarde, et qu'il y a quelque chose entre le vidame et moi. Jamais on ne lui persuadera que cette lettre soit à monsieur de Nemours.

– Je suis très affligée, répondit madame de Clèves, de l'embarras que je vous cause ; je le crois aussi grand qu'il est ; mais c'est la faute de monsieur de Clèves, et non pas la mienne.

– C'est la vôtre, répliqua madame la dauphine, de lui avoir donné la lettre ; et il n'y a que vous de femme au monde qui fasse confidence à son mari de toutes les choses qu'elle sait.

– Je crois que j'ai tort, madame, répliqua madame de Clèves ; mais songez à réparer ma faute, et non pas à l'examiner.

– Ne vous souvenez-vous point, à peu près de ce qui est dans cette lettre ? dit alors la reine dauphine.

– Oui, madame, répondit-elle, je m'en souviens, et l'ai relue plus d'une fois.

– Si cela est, reprit madame la dauphine, il faut que vous alliez tout à l'heure[4] la faire écrire d'une main inconnue. Je l'enverrai à la reine : elle ne la montrera pas à ceux qui l'ont vue ; quand elle le ferait, je soutiendrai toujours que c'est celle que Chastelart m'a donnée, et il n'oserait dire le contraire. »

4. Tout de suite.

Madame de Clèves entra dans cet expédient[1] ; et d'autant plus qu'elle pensa qu'elle enverrait quérir monsieur de Nemours pour ravoir la lettre même, afin de la faire copier mot à mot, et d'en faire à peu près imiter l'écriture ; et elle crut que la reine y serait infailliblement trompée. Sitôt qu'elle fut chez elle, elle conta à son mari l'embarras de madame la dauphine, et le pria d'envoyer chercher monsieur de Nemours. On le chercha ; il vint en diligence. Madame de Clèves lui dit tout ce qu'elle avait déjà appris à son mari, et lui demanda la lettre ; mais monsieur de Nemours répondit qu'il l'avait déjà rendue au vidame de Chartres, qui avait eu tant de joie de la ravoir, et de se trouver hors du péril qu'il aurait couru, qu'il l'avait renvoyée à l'heure même à l'amie de madame de Thémines. Madame de Clèves se retrouva dans un nouvel embarras ; et enfin, après avoir bien consulté, ils résolurent de faire la lettre de mémoire. Ils s'enfermèrent pour y travailler : on donna ordre à la porte de ne laisser entrer personne, et on renvoya tous les gens de monsieur de Nemours. Cet air de mystère et de confidence n'était pas d'un médiocre charme pour ce prince et même pour madame de Clèves. La présence de son mari et les intérêts du vidame de Chartres la rassuraient en quelque sorte sur ses scrupules, elle ne sentait que le plaisir de voir monsieur de Nemours ; elle en avait une joie pure et sans mélange qu'elle n'avait jamais sentie : cette joie lui donnait une liberté et un enjouement dans l'esprit, que monsieur de Nemours ne lui avait jamais vus, et qui redoublaient son amour. Comme il n'avait point eu encore de si agréables moments, sa vivacité en était augmentée ; et, quand madame de Clèves voulut commencer à se souvenir de la lettre et à l'écrire, ce prince, au lieu de lui aider sérieusement, ne faisait que l'interrompre et lui dire des choses plaisantes. Madame de Clèves entra dans le même esprit de gaieté ;

« Cet air de mystère [...] n'était pas d'un médiocre charme »

Mme de Lafayette recourt volontiers à la litote pour souligner la force des émotions qui traversent les personnages. Cette figure de rhétorique consiste à dire moins pour suggérer davantage, en utilisant une tournure d'atténuation, qui passe souvent par le recours à la forme négative. Cette figure, récurrente dans le roman, participe de la sobriété du style de l'auteur.

1. Accepta ce moyen.

de sorte qu'il y avait déjà longtemps qu'ils étaient enfermés, et on était déjà venu deux fois de la part de la reine dauphine pour dire à madame de Clèves de se dépêcher, qu'ils n'avaient pas encore fait la moitié de la lettre.

Monsieur de Nemours était bien aise de faire durer un temps qui lui était si agréable, et oubliait les intérêts de son ami. Madame de Clèves ne s'ennuyait pas, et oubliait aussi les intérêts de son oncle. Enfin, à peine à quatre heures la lettre était-elle achevée ; et elle était si mal, et l'écriture dont on la fit copier ressemblait si peu à celle que l'on avait eu dessein d'imiter, qu'il eût fallu que la reine n'eût guère pris de soin d'éclaircir la vérité pour ne la pas connaître. Aussi n'y fut-elle pas trompée. Quelque soin que l'on prît de lui persuader que cette lettre s'adressait à monsieur de Nemours, elle demeura convaincue, non seulement qu'elle était au vidame de Chartres, mais elle crut que la reine dauphine y avait part, et qu'il y avait quelque intelligence entre eux. Cette pensée augmenta tellement la haine qu'elle avait pour cette princesse, qu'elle ne lui pardonna jamais, et qu'elle la persécuta jusqu'à ce qu'elle l'eût fait sortir[2] de France.

Pour le vidame de Chartres, il fut ruiné[3] auprès d'elle ; et, soit que le cardinal de Lorraine se fût déjà rendu maître de son esprit, ou que l'aventure de cette lettre, qui lui fit voir qu'elle était trompée, lui aidât à démêler les autres tromperies que le vidame lui avait déjà faites, il est certain qu'il ne put jamais se raccommoder sincèrement avec elle. Leur liaison se rompit ; et elle le perdit ensuite à la conjuration d'Amboise[4] où il se trouva embarrassé[5].

Après qu'on eut envoyé la lettre à madame la dauphine, monsieur de Clèves et monsieur de Nemours s'en allèrent. Madame de Clèves demeura seule, et, sitôt qu'elle ne fut plus soutenue par cette joie que donne la présence de ce que l'on aime, elle revint[6] comme d'un songe ; elle regarda avec étonnement la prodigieuse

---

2. Exiler.

3. Discrédité.

4. Conjuration protestante qui fut sévèrement réprimée.
Le vidame de Chartres fut emprisonné à la Bastille et mourut en 1562.

5. Mêlé.

6. Se réveilla.

différence de l'état où elle était le soir, d'avec celui où elle se trouvait alors ; elle se remit devant les yeux l'aigreur et la froideur qu'elle avait fait paraître à monsieur de Nemours, tant qu'elle avait cru que la lettre de madame de Thémines s'adressait à lui ; quel calme et quelle douceur avaient succédé à cette aigreur, sitôt qu'il l'avait persuadée que cette lettre ne le regardait pas. Quand elle pensait qu'elle s'était reproché comme un crime, le jour précédent, de lui avoir donné des marques de sensibilité que la seule compassion pouvait avoir fait naître, et que, par son aigreur, elle lui avait fait paraître des sentiments de jalousie qui étaient des preuves certaines de passion, elle ne se reconnaissait plus elle-même. Quand elle pensait encore que monsieur de Nemours voyait bien qu'elle connaissait son amour ; qu'il voyait bien aussi que, malgré cette connaissance, elle ne l'en traitait pas plus mal en présence même de son mari ; qu'au contraire, elle ne l'avait jamais regardé si favorablement ; qu'elle était cause que monsieur de Clèves l'avait envoyé quérir, et qu'ils venaient de passer une après-dînée ensemble en particulier, elle trouvait qu'elle était d'intelligence avec monsieur de Nemours ; qu'elle trompait le mari du monde qui méritait le moins d'être trompé ; et elle était honteuse de paraître si peu digne d'estime aux yeux même de son amant. Mais ce qu'elle pouvait moins supporter que tout le reste, était le souvenir de l'état où elle avait passé la nuit, et les cuisantes douleurs que lui avait causées la pensée que monsieur de Nemours aimait ailleurs, et qu'elle était trompée.

Elle avait ignoré jusqu'alors les inquiétudes mortelles de la défiance et de la jalousie ; elle n'avait pensé qu'à se défendre d'aimer[1] monsieur de Nemours, et elle n'avait point encore commencé à craindre qu'il en aimât une autre. Quoique les soupçons que lui avait donnés cette lettre fussent effacés, ils ne laissèrent[2] pas de lui ouvrir les yeux sur le hasard[3] d'être trompée, et de lui donner des impressions de défiance et de jalousie qu'elle n'avait jamais eues. Elle fut étonnée de n'avoir point encore pensé combien il était peu vraisemblable qu'un homme comme monsieur de Nemours,

1. Qu'à lutter contre son amour.

2. Manquèrent.

3. Risque.

qui avait toujours fait paraître tant de légèreté parmi les femmes, fût capable d'un attachement sincère et durable. Elle trouva qu'il était presque impossible qu'elle pût être contente de sa passion ; « mais, quand je le pourrais être, disait-elle, qu'en veux-je faire ? Veux-je la souffrir[4] ? Veux-je y répondre ? Veux-je m'engager dans une galanterie ? Veux-je manquer à monsieur de Clèves ? Veux-je me manquer à moi-même ? et veux-je enfin m'exposer aux cruels repentirs et aux mortelles douleurs que donne l'amour ? Je suis vaincue et surmontée par une inclination qui m'entraîne malgré moi : toutes mes résolutions sont inutiles ; je pensai hier tout ce que je pense aujourd'hui, et je fais aujourd'hui tout le contraire de ce que je résolus hier ; il faut m'arracher de la présence de monsieur de Nemours ; il faut m'en aller à la campagne, quelque bizarre que puisse paraître mon voyage ; et, si monsieur de Clèves s'opiniâtre[5] à l'empêcher ou à en vouloir savoir les raisons, peut-être lui ferai-je le mal, et à moi-même aussi, de les lui apprendre. » Elle demeura dans cette résolution, et passa tout le soir chez elle, sans aller savoir de madame la dauphine ce qui était arrivé de la fausse lettre du vidame.

Quand monsieur de Clèves fut revenu, elle lui dit qu'elle voulait aller à la campagne, qu'elle se trouvait mal, et qu'elle avait besoin de prendre l'air. Monsieur de Clèves, à qui elle paraissait d'une beauté qui ne lui persuadait pas que ses maux fussent considérables, se moqua d'abord de la proposition de ce voyage, et lui répondit qu'elle oubliait que les noces des princesses et le tournoi s'allaient faire, et qu'elle n'avait pas trop de temps pour se préparer à y paraître avec la même magnificence que les autres femmes. Les raisons de son mari ne la firent pas changer de dessein ; elle le pria de trouver bon que, pendant qu'il irait à Compiègne avec le roi, elle allât à Coulommiers, qui était une belle maison à une journée de Paris, qu'ils faisaient bâtir avec soin. Monsieur de Clèves y consentit ; elle y alla dans le dessein de n'en pas revenir sitôt, et le roi partit pour Compiègne, où il ne devait être que peu de jours.

Monsieur de Nemours avait eu bien de la douleur de n'avoir point revu madame de Clèves depuis cette après-dînée qu'il avait

4. L'admettre, l'accepter.

5. S'obstine.

passée avec elle si agréablement, et qui avait augmenté ses espérances. Il avait une impatience de la revoir qui ne lui donnait point de repos, de sorte que, quand le roi revint à Paris, il résolut d'aller chez sa sœur, la duchesse de Mercœur, qui était à la campagne, assez près de Coulommiers. Il proposa au vidame d'y aller avec lui, qui accepta aisément cette proposition, et monsieur de Nemours la fit dans l'espérance de voir madame de Clèves, et d'aller chez elle avec le vidame.

Madame de Mercœur les reçut avec beaucoup de joie, et ne pensa qu'à les divertir et à leur donner tous les plaisirs de la campagne. Comme ils étaient à la chasse à courir le cerf, monsieur de Nemours s'égara dans la forêt. En s'enquérant du chemin qu'il devait tenir pour s'en retourner, il sut qu'il était proche de Coulommiers. À ce mot de Coulommiers, sans faire aucune réflexion, et sans savoir quel était son dessein, il alla à toute bride du côté qu'on le lui montrait. Il arriva dans la forêt, et se laissa conduire au hasard par des routes faites avec soin, qu'il jugea bien qui conduisaient vers le château. Il trouva, au bout de ces routes, un pavillon dont le dessous[1] était un grand salon accompagné de deux cabinets, dont l'un était ouvert sur un jardin de fleurs qui n'était séparé de la forêt que par des palissades, et le second donnait sur une grande allée du parc. Il entra dans le pavillon ; et il se serait arrêté à en regarder la beauté, sans qu'il vît[2] venir par cette allée du parc, monsieur et madame de Clèves, accompagnés d'un grand nombre de domestiques. Comme il ne s'était pas attendu à trouver monsieur de Clèves, qu'il avait laissé auprès du roi, son premier mouvement le porta à se cacher : il entra dans le cabinet qui donnait sur le jardin de fleurs, dans la pensée d'en ressortir par une porte qui était ouverte sur la forêt ; mais, voyant que madame de Clèves et son mari s'étaient assis sous le pavillon, que leurs domestiques demeuraient dans le parc, et qu'ils ne pouvaient venir à lui sans passer dans le lieu où étaient monsieur et madame de Clèves, il ne put se refuser le plaisir de voir cette princesse, ni résister à la curiosité d'écouter sa conversation avec un mari qui lui donnait plus de jalousie qu'aucun de ses rivaux.

1. Rez-de-chaussée.

2. S'il n'avait pas vu.

Il entendit que monsieur de Clèves disait à sa femme :

« Mais pourquoi ne voulez-vous point revenir à Paris ? Qui vous peut retenir à la campagne ? Vous avez depuis quelque temps un goût pour la solitude, qui m'étonne et qui m'afflige, parce qu'il nous sépare. Je vous trouve même plus triste que de coutume, et je crains que vous n'ayez quelque sujet d'affliction.

– Je n'ai rien de fâcheux dans l'esprit, répondit-elle, avec un air embarrassé ; mais le tumulte de la cour est si grand, et il y a toujours un si grand monde chez vous, qu'il est impossible que le corps et l'esprit ne se lassent, et que l'on ne cherche du repos.

– Le repos, répliqua-t-il, n'est guère propre pour une personne de votre âge. Vous êtes, chez vous et dans la cour, d'une sorte[3] à ne vous pas donner de lassitude, et je craindrais plutôt que vous ne fussiez bien aise d'être séparée de moi.

– Vous me feriez une grande injustice d'avoir cette pensée, reprit-elle avec un embarras qui augmentait toujours ; mais je vous supplie de me laisser ici. Si vous y pouviez demeurer, j'en aurais beaucoup de joie, pourvu que vous y demeurassiez seul, et que vous voulussiez bien n'y avoir point ce nombre infini de gens qui ne vous quittent quasi jamais.

– Ah ! madame ! s'écria monsieur de Clèves, votre air et vos paroles me font voir que vous avez des raisons pour souhaiter d'être seule, que je ne sais point, et je vous conjure de me les dire. »

Il la pressa longtemps de les lui apprendre sans pouvoir l'y obliger ; et, après qu'elle se fut défendue d'une manière qui augmentait toujours la curiosité de son mari, elle demeura dans un profond silence, les yeux baissés ; puis, tout d'un coup, prenant la parole et le regardant :

« Ne me contraignez point, lui dit-elle, à vous avouer une chose que je n'ai pas la force de vous avouer, quoique j'en aie eu plusieurs fois le dessein. Songez seulement que la prudence ne veut pas qu'une femme de mon âge, et maîtresse de sa conduite, demeure exposée au milieu de la cour.

– Que me faites-vous envisager, madame ! s'écria monsieur de Clèves. Je n'oserais vous le dire de peur de vous offenser. »

---

3. D'un caractère, d'un tempérament.

Madame de Clèves ne répondit point ; et son silence achevant de confirmer son mari dans ce qu'il avait pensé :

« Vous ne me dites rien, reprit-il, et c'est me dire que je ne me trompe pas.

– Eh bien, monsieur, lui répondit-elle en se jetant à ses genoux, je vais vous faire un aveu que l'on n'a jamais fait à son mari[1] ; mais l'innocence de ma conduite et de mes intentions m'en donne la force. Il est vrai que j'ai des raisons de m'éloigner de la cour, et que je veux éviter les périls où se trouvent quelquefois les personnes de mon âge. Je n'ai jamais donné nulle marque de faiblesse, et je ne craindrais pas d'en laisser paraître, si vous me laissiez la liberté de me retirer de la cour, ou si j'avais encore madame de Chartres pour aider à me conduire. Quelque dangereux que soit le parti que je prends, je le prends avec joie pour me conserver digne d'être à vous. Je vous demande mille pardons, si j'ai des sentiments qui vous déplaisent, du moins je ne vous déplairai jamais par mes actions. Songez que, pour faire ce que je fais, il faut avoir plus d'amitié et plus d'estime pour un mari que l'on en a jamais eu. Conduisez-moi, ayez pitié de moi, et aimez-moi encore si vous pouvez. »

Monsieur de Clèves était demeuré, pendant tout ce discours, la tête appuyée sur ses mains, hors de lui-même, et il n'avait pas songé à faire relever sa femme. Quand elle eut cessé de parler, qu'il jeta les yeux sur elle, qu'il la vit à ses genoux, le visage couvert de larmes, et d'une beauté si admirable, il pensa mourir de douleur, et l'embrassant en la relevant :

« Ayez pitié de moi vous-même, madame, lui dit-il, j'en suis digne ; et pardonnez si, dans les premiers moments d'une affliction aussi violente qu'est la mienne, je ne réponds pas comme je dois à un procédé comme le vôtre. Vous me paraissez plus digne d'estime et d'admiration que tout ce qu'il y a jamais eu de femmes au monde ; mais aussi je me trouve le plus malheureux homme qui ait jamais été. Vous m'avez donné de la passion dès le premier moment que je vous ai vue ; vos rigueurs et votre possession[2] n'ont pu l'éteindre ;

1. Au sujet de cette scène célèbre et des débats qu'elle a suscités, voir le dossier du lycéen, p. 202.

2. Le fait d'être devenu votre époux.

elle dure encore ; je n'ai jamais pu vous donner de l'amour, et je vois que vous craignez d'en avoir pour un autre. Et qui est-il, madame, cet homme heureux qui vous donne cette crainte ? depuis quand vous plaît-il ? qu'a-t-il fait pour vous plaire ? quel chemin a-t-il trouvé pour aller à votre cœur ? Je m'étais consolé en quelque sorte de ne l'avoir pas touché, par la pensée qu'il était incapable de l'être ; cependant un autre fait ce que je n'ai pu faire ; j'ai tout ensemble la jalousie d'un mari et celle d'un amant ; mais il est impossible d'avoir celle d'un mari après un procédé comme le vôtre. Il est trop noble pour ne me pas donner une sûreté[3] entière ; il me console même comme votre amant. La confiance et la sincérité que vous avez pour moi sont d'un prix infini. Vous m'estimez assez pour croire que je n'abuserai pas de cet aveu. Vous avez raison, madame, je n'en abuserai pas, et je ne vous en aimerai pas moins. Vous me rendez malheureux par la plus grande marque de fidélité que jamais une femme ait donnée à son mari. Mais, madame, achevez, et apprenez-moi qui est celui que vous voulez éviter.

– Je vous supplie de ne me le point demander, répondit-elle ; je suis résolue de ne vous le pas dire, et je crois que la prudence ne veut pas que je vous le nomme.

– Ne craignez point, madame, reprit monsieur de Clèves ; je connais trop le monde, pour ignorer que la considération d'un mari n'empêche pas que l'on ne soit amoureux de sa femme. On doit haïr ceux qui le sont, et non pas s'en plaindre ; et, encore une fois, madame, je vous conjure de m'apprendre ce que j'ai envie de savoir.

– Vous m'en presseriez inutilement, répliqua-t-elle ; j'ai de la force pour taire ce que je crois ne pas devoir dire. L'aveu que je vous ai fait n'a pas été par faiblesse ; et il faut plus de courage pour avouer cette vérité que pour entreprendre de la cacher. »

Monsieur de Nemours ne perdait pas une parole de cette conversation ; et ce que venait de dire madame de Clèves ne lui donnait guère moins de jalousie qu'à son mari. Il était si éperdument amoureux d'elle, qu'il croyait que tout le monde avait les mêmes sentiments. Il était véritable aussi qu'il avait plusieurs rivaux ; mais il s'en imaginait encore davantage, et son esprit s'égarait à chercher

3. Confiance.

celui dont madame de Clèves voulait parler. Il avait cru bien des fois qu'il ne lui était pas désagréable, et il avait fait ce jugement sur des choses qui lui parurent si légères dans ce moment, qu'il ne put s'imaginer qu'il eût donné une passion qui devait être bien violente pour avoir recours à un remède si extraordinaire. Il était si transporté qu'il ne savait quasi ce qu'il voyait, et il ne pouvait pardonner à monsieur de Clèves de ne pas assez presser sa femme de lui dire ce nom qu'elle lui cachait.

Monsieur de Clèves faisait néanmoins tous ses efforts pour le savoir ; et, après qu'il l'en eut pressée inutilement :

« Il me semble, répondit-elle, que vous devez être content de ma sincérité ; ne m'en demandez pas davantage, et ne me donnez point lieu de me repentir de ce que je viens de faire. Contentez-vous de l'assurance que je vous donne encore qu'aucune de mes actions n'a fait paraître mes sentiments, et que l'on ne m'a jamais rien dit dont j'aie pu m'offenser.

– Ah ! madame, reprit tout d'un coup monsieur de Clèves, je ne vous saurais croire. Je me souviens de l'embarras où vous fûtes le jour que votre portrait se perdit. Vous avez donné, madame, vous avez donné ce portrait qui m'était si cher, et qui m'appartenait si légitimement. Vous n'avez pu cacher vos sentiments ; vous aimez, on le sait ; votre vertu vous a, jusqu'ici, garantie du reste.

– Est-il possible, s'écria cette princesse, que vous puissiez penser qu'il y ait quelque déguisement dans un aveu comme le mien, qu'aucune raison ne m'obligeait à vous faire ? Fiez-vous à mes paroles ; c'est par un assez grand prix que j'achète la confiance que je vous demande. Croyez, je vous en conjure, que je n'ai point donné mon portrait. Il est vrai que je le vis prendre, mais je ne voulus pas faire paraître que je le voyais, de peur de m'exposer à me faire dire des choses que l'on ne m'a encore osé dire.

– Par où vous a-t-on donc fait voir qu'on vous aimait, reprit monsieur de Clèves, et quelles marques de passion vous a-t-on données ?

– Épargnez-moi la peine, répliqua-t-elle, de vous redire des détails qui me font honte à moi-même de les avoir remarqués, et qui ne m'ont que trop persuadée de ma faiblesse.

– Vous avez raison, madame, reprit-il, je suis injuste ; refusez-moi toutes les fois que je vous demanderai de pareilles choses ; mais ne vous offensez pourtant pas si je vous les demande. »

Dans ce moment, plusieurs de leurs gens[1], qui étaient demeurés dans les allées, vinrent avertir monsieur de Clèves, qu'un gentilhomme venait le chercher de la part du roi, pour lui ordonner de se trouver le soir à Paris. Monsieur de Clèves fut contraint de s'en aller, et il ne put rien dire à sa femme, sinon qu'il la suppliait de venir le lendemain, et qu'il la conjurait de croire que, quoiqu'il fût affligé, il avait pour elle une tendresse et une estime dont elle devait être satisfaite.

1. Domestiques.

Explication de texte 3

➔ p. 122, de « Eh bien, monsieur... » à « ... le plus malheureux homme qui ait jamais été. » (l. 497 à 524)

L'aveu de la princesse de Clèves : une scène invraisemblable ?

SITUER

1 Relisez les pages précédentes. Après quel épisode marquant de la troisième partie cette scène se situe-t-elle ? Dans quel lieu se déroule cet échange ?

2 Un personnage assiste en secret à cette scène. De qui s'agit-il ? Où ce personnage est-il positionné ?

EXPLIQUER

« Un aveu que l'on n'a jamais fait à son mari » ➔ l. 497 à 502

3 Quelle posture physique adopte Mme de Clèves pour accomplir cet aveu ? Pourquoi selon vous ?

4 Comment les paroles du personnage sont-elles restituées ? D'après vous, pourquoi ce choix de la part de Mme de Lafayette ? De quel autre genre littéraire ce passage peut-il ainsi être rapproché ?

5 L'aveu de Mme de Clèves est-il complet ? Quelles sont les expressions qui permettent au personnage de rester aussi allusive que possible ?

Une supplique étonnante ➔ l. 502 à 511

6 Que demande Mme de Clèves à son mari ? Comment justifie-t-elle ce souhait ?

7 Dans cette deuxième partie du discours de la princesse, quels sont les termes qui suggèrent que la jeune femme est bel et bien éprise d'un autre homme ?

8 Mme de Clèves souligne à la fin de son discours qu'elle éprouve « plus d'amitié et d'estime pour un mari que l'on n'en a jamais eu ». Commentez le choix des termes « estime » et « amitié ».

Le désespoir d'un époux mal-aimé ➔ l. 512 à 524

9 Que suggère la posture de M. de Clèves durant le discours de sa femme ? Pourquoi Mme de Lafayette décrit-elle avec précision cette attitude avant de restituer le discours du prince ?

10 Lorsqu'il prend à son tour la parole, quels sentiments exprime M. de Clèves ?

11 Par quels procédés d'écriture Mme de Lafayette souligne-t-elle l'intensité du désespoir du prince ?

CONCLURE

12 Dans quelle mesure peut-on dire que cette scène théâtrale est de nature à émouvoir le lecteur ?

ÉTUDE DE LA LANGUE

- Relevez les verbes à l'impératif dans ce passage. Quelle est leur valeur modale ?

LIRE ET DÉBATTRE

- Cette scène a suscité de nombreux commentaires dès la publication de l'œuvre. Découvrez les avis divergents de deux lecteurs de l'époque (voir le dossier du lycéen, p. 202). Partagez-vous le point de vue de Fontenelle ou plutôt celui de Bussy-Rabutin ? Justifiez votre réponse.

Lorsque ce prince fut parti, que madame de Clèves demeura seule, qu'elle regarda ce qu'elle venait de faire, elle en fut si épouvantée, qu'à peine put-elle s'imaginer que ce fût une vérité. Elle trouva qu'elle s'était ôté elle-même le cœur et l'estime de son mari, et qu'elle s'était creusé un abîme dont elle ne sortirait jamais. Elle se demandait pourquoi elle avait fait une chose si hasardeuse[1], et elle trouvait qu'elle s'y était engagée sans en avoir presque eu le dessein. La singularité d'un pareil aveu, dont elle ne trouvait point d'exemple, lui en faisait voir tout le péril.

Mais, quand elle venait à penser que ce remède, quelque violent qu'il fût, était le seul qui la pouvait défendre contre monsieur de Nemours, elle trouvait qu'elle ne devait point se repentir, et qu'elle n'avait point trop hasardé. Elle passa toute la nuit, pleine d'incertitude, de trouble et de crainte, mais enfin le calme revint dans son esprit ; elle trouva même de la douceur à avoir donné ce témoignage de fidélité à un mari qui le méritait si bien, qui avait tant d'estime et tant d'amitié pour elle, et qui venait de lui en donner encore des marques par la manière dont il avait reçu ce qu'elle lui avait avoué.

Cependant monsieur de Nemours était sorti du lieu où il avait entendu une conversation qui le touchait si sensiblement, et s'était enfoncé dans la forêt. Ce qu'avait dit madame de Clèves de son portrait lui avait redonné la vie, en lui faisant connaître que c'était lui qu'elle ne haïssait pas. Il s'abandonna d'abord à cette joie ; mais elle ne fut pas longue, quand il fit réflexion que la même chose qui lui venait d'apprendre qu'il avait touché le cœur de madame de Clèves, le devait persuader aussi qu'il n'en recevrait jamais nulle marque, et qu'il était impossible d'engager[2] une personne qui avait recours à un remède si extraordinaire[3]. Il sentit pourtant un plaisir sensible de l'avoir réduite à cette extrémité. Il trouva de la gloire à s'être fait aimer d'une femme si différente de toutes celles de son sexe. Enfin, il se trouva cent fois heureux et malheureux tout ensemble. La nuit

1. Risquée.

2. D'avoir une liaison avec.

3. À un procédé aussi peu commun.

le surprit dans la forêt, et il eut beaucoup de peine à retrouver le chemin de chez madame de Mercœur. Il y arriva à la pointe du jour. Il fut assez embarrassé de rendre compte de ce qui l'avait retenu ; il s'en démêla le mieux qu'il lui fut possible, et revint ce jour même à Paris avec le vidame.

Ce prince était si rempli de sa passion, et si surpris de ce qu'il avait entendu, qu'il tomba dans une imprudence assez ordinaire, qui est de parler en termes généraux de ses sentiments particuliers, et de conter ses propres aventures sous des noms empruntés. En revenant, il tourna la conversation sur l'amour, il exagéra le plaisir d'être amoureux d'une personne digne d'être aimée ; il parla des effets bizarres de cette passion et enfin, ne pouvant renfermer en lui-même l'étonnement que lui donnait l'action de madame de Clèves, il la conta au vidame, sans lui nommer la personne, et sans lui dire qu'il y eût aucune part ; mais il la conta avec tant de chaleur et avec tant d'admiration, que le vidame soupçonna aisément que cette histoire regardait ce prince. Il le pressa extrêmement de le lui avouer. Il lui dit qu'il connaissait[4] depuis longtemps qu'il avait quelque passion violente, et qu'il y avait de l'injustice de se défier d'un homme qui lui avait confié le secret de sa vie. Monsieur de Nemours était trop amoureux pour avouer son amour. Il l'avait toujours caché au vidame, quoique ce fût l'homme de la cour qu'il aimât le mieux. Il lui répondit qu'un de ses amis lui avait conté cette aventure, et lui avait fait promettre de n'en point parler, et qu'il le conjurait aussi de garder ce secret. Le vidame l'assura qu'il n'en parlerait point ; néanmoins monsieur de Nemours se repentit de lui en avoir tant appris.

Cependant, monsieur de Clèves était allé trouver le roi, le cœur pénétré d'une douleur mortelle. Jamais mari n'avait eu une passion si violente pour sa femme, et ne l'avait tant estimée. Ce qu'il venait d'apprendre ne lui ôtait pas l'estime ; mais elle lui en donnait d'une espèce différente de celle qu'il avait eue jusqu'alors. Ce qui l'occupait le plus, était l'envie de deviner celui qui avait su lui plaire. Monsieur de Nemours lui vint d'abord dans l'esprit, comme ce qu'il y avait de plus aimable à la cour, et le chevalier de Guise, et le maréchal de Saint-André, comme deux hommes qui avaient pensé à lui plaire, et

4. Avait compris.

qui lui rendaient encore beaucoup de soins[1] ; de sorte qu'il s'arrêta à croire qu'il fallait que ce fût l'un des trois. Il arriva au Louvre, et le roi le mena dans son cabinet, pour lui dire qu'il l'avait choisi pour conduire Madame en Espagne ; qu'il avait cru que personne ne s'acquitterait mieux que lui de cette commission, et que personne aussi ne ferait tant d'honneur à la France que madame de Clèves. Monsieur de Clèves reçut l'honneur de ce choix comme il le devait, et le regarda même comme une chose qui éloignerait sa femme de la cour, sans qu'il parût de changement dans sa conduite. Néanmoins, le temps de ce départ était encore trop éloigné pour être un remède à l'embarras où il se trouvait. Il écrivit à l'heure même à madame de Clèves, pour lui apprendre ce que le roi venait de lui dire, et lui manda encore qu'il voulait absolument qu'elle revînt à Paris. Elle y revint comme il l'ordonnait, et lorsqu'ils se virent, ils se trouvèrent tous deux dans une tristesse extraordinaire.

Monsieur de Clèves lui parla comme le plus honnête homme du monde, et le plus digne de ce qu'elle avait fait.

« Je n'ai nulle inquiétude de votre conduite, lui dit-il ; vous avez plus de force et plus de vertu que vous ne pensez ; ce n'est point aussi la crainte de l'avenir qui m'afflige, je ne suis affligé que de vous voir pour un autre des sentiments que je n'ai pu vous donner.

– Je ne sais que vous répondre, lui dit-elle ; je meurs de honte en vous en parlant ; épargnez-moi, je vous en conjure, de si cruelles conversations ; réglez ma conduite, faites que je ne voie personne ; c'est tout ce que je vous demande ; mais trouvez bon que je ne vous parle plus d'une chose qui me fait paraître si peu digne de vous, et que je trouve si indigne de moi.

– Vous avez raison, madame, répliqua-t-il ; j'abuse de votre douceur et de votre confiance ; mais aussi ayez quelque compassion de l'état où vous m'avez mis, et songez que, quoi que vous m'ayez dit, vous me cachez un nom qui me donne une curiosité avec laquelle je ne saurais vivre. Je ne vous demande pourtant pas de la satisfaire ; mais je ne puis m'empêcher de vous dire que je crois que celui que je dois envier est le maréchal de Saint-André, le duc de Nemours, ou le chevalier de Guise.

1. Qui lui faisaient encore leur cour avec assiduité.

– Je ne vous répondrai rien, lui dit-elle en rougissant, et je ne vous donnerai aucun lieu par mes réponses de diminuer ni de fortifier vos soupçons ; mais, si vous essayez de les éclaircir en m'observant, vous me donnerez un embarras qui paraîtra aux yeux de tout le monde. Au nom de Dieu, continua-t-elle, trouvez bon que, sur le prétexte de quelque maladie, je ne voie personne.

– Non, madame, répliqua-t-il, on démêlerait bientôt que ce serait une chose supposée[2] ; et, de plus, je ne me veux fier qu'à vous-même ; c'est le chemin que mon cœur me conseille de prendre, et la raison me conseille aussi. De l'humeur dont vous êtes, en vous laissant votre liberté, je vous donne des bornes plus étroites que je ne pourrais vous en prescrire. »

Monsieur de Clèves ne se trompait pas : la confiance qu'il témoignait à sa femme la fortifiait davantage contre monsieur de Nemours, et lui faisait prendre des résolutions plus austères qu'aucune contrainte n'aurait pu faire. Elle alla donc au Louvre et chez la reine dauphine à son ordinaire ; mais elle évitait la présence et les yeux de monsieur de Nemours, avec tant de soin, qu'elle lui ôta quasi toute la joie qu'il avait de se croire aimé d'elle. Il ne voyait rien dans ses actions qui ne lui persuadât le contraire. Il ne savait quasi[3] si ce qu'il avait entendu n'était point un songe, tant il y trouvait peu de vraisemblance. La seule chose qui l'assurait qu'il ne s'était pas trompé, était l'extrême tristesse de madame de Clèves, quelque effort qu'elle fît pour la cacher : peut-être que des regards et des paroles obligeantes n'eussent pas tant augmenté l'amour de monsieur de Nemours que faisait cette conduite austère.

Un soir que monsieur et madame de Clèves étaient chez la reine, quelqu'un dit que le bruït courait que le roi nommerait encore un grand seigneur de la cour, pour aller conduire Madame en Espagne. Monsieur de Clèves avait les yeux sur sa femme, dans le temps que l'on ajouta que ce serait peut-être le chevalier de Guise ou le maréchal de Saint-André. Il remarqua qu'elle n'avait point été émue de ces deux noms, ni de la proposition qu'ils fissent ce voyage avec elle. Cela lui fit croire que pas un des deux n'était celui dont elle

---

2. Un prétexte.

3. Il se demandait presque.

craignait la présence ; et, voulant s'éclaircir de ses soupçons, il entra dans le cabinet de la reine où était le roi. Après y avoir demeuré quelque temps, il revint auprès de sa femme et lui dit tout bas qu'il venait d'apprendre que ce serait monsieur de Nemours qui irait avec eux en Espagne.

Le nom de monsieur de Nemours, et la pensée d'être exposée à le voir tous les jours pendant un long voyage, en présence de son mari, donna un tel trouble à madame de Clèves, qu'elle ne le put cacher ; et, voulant y donner d'autres raisons :

« C'est un choix bien désagréable pour vous, répondit-elle, que celui de ce prince. Il partagera tous les honneurs, et il me semble que vous devriez essayer de faire choisir quelque autre.

– Ce n'est pas la gloire, madame, reprit monsieur de Clèves, qui vous fait appréhender que monsieur de Nemours ne vienne avec moi. Le chagrin que vous en avez vient d'une autre cause. Ce chagrin m'apprend ce que j'aurais appris d'une autre femme, par la joie qu'elle en aurait eue. Mais ne craignez point ; ce que je viens de vous dire n'est pas véritable, et je l'ai inventé pour m'assurer d'une chose que je ne croyais déjà que trop. »

Il sortit après ces paroles, ne voulant pas augmenter par sa présence l'extrême embarras où il voyait sa femme.

Monsieur de Nemours entra dans cet instant, et remarqua d'abord l'état où était madame de Clèves. Il s'approcha d'elle, et lui dit tout bas qu'il n'osait, par respect, lui demander ce qui la rendait plus rêveuse que de coutume. La voix de monsieur de Nemours la fit revenir, et, le regardant sans avoir entendu ce qu'il venait de lui dire, pleine de ses propres pensées et de la crainte que son mari ne le vît auprès d'elle :

« Au nom de Dieu, lui dit-elle, laissez-moi en repos.

– Hélas ! madame, répondit-il, je ne vous y laisse que trop : de quoi pouvez-vous vous plaindre ? Je n'ose vous parler ; je n'ose même vous regarder : je ne vous approche qu'en tremblant. Par où me suis-je attiré ce que vous venez de me dire ? et pourquoi me faites-vous paraître que j'ai quelque part[1] au chagrin où je vous vois ? »

1. Responsabilité.

Madame de Clèves fut bien fâchée d'avoir donné lieu à monsieur de Nemours de s'expliquer plus clairement qu'il n'avait fait en toute sa vie. Elle le quitta, sans lui répondre, et s'en revint chez elle, l'esprit plus agité qu'elle ne l'avait jamais eu. Son mari s'aperçut aisément de l'augmentation de son embarras. Il vit qu'elle craignait qu'il ne lui parlât de ce qui s'était passé. Il la suivit dans un cabinet où elle était entrée.

« Ne m'évitez point, madame, lui dit-il, je ne vous dirai rien qui puisse vous déplaire. Je vous demande pardon de la surprise que je vous ai faite tantôt : j'en suis assez puni par ce que j'ai appris. Monsieur de Nemours était de tous les hommes celui que je craignais le plus. Je vois le péril où vous êtes, ayez du pouvoir sur vous, pour l'amour de vous-même, et, s'il est possible, pour l'amour de moi. Je ne vous le demande point comme un mari, mais comme un homme dont vous faites tout le bonheur, et qui a pour vous une passion plus tendre et plus violente que celui que votre cœur lui préfère. »

Monsieur de Clèves s'attendrit en prononçant ces dernières paroles, et eut peine à les achever. Sa femme en fut pénétrée, et, fondant en larmes, elle l'embrassa avec une tendresse et une douleur qui le mirent dans un état peu différent du sien. Ils demeurèrent quelque temps sans se rien dire, et se séparèrent sans avoir la force de se parler.

Les préparatifs pour le mariage de Madame étaient achevés. Le duc d'Albe arriva pour l'épouser. Il fut reçu avec toute la magnificence et toutes les cérémonies qui se pouvaient faire dans une pareille occasion. Le roi envoya au-devant de lui le prince de Condé, les cardinaux de Lorraine et de Guise, les ducs de Lorraine, de Ferrare, d'Aumale, de Bouillon, de Guise et de Nemours. Ils avaient plusieurs gentilshommes, et grand nombre de pages vêtus de leurs livrées[2]. Le roi attendit lui-même le duc d'Albe à la première porte du Louvre, avec les deux cents gentilshommes servants, et le connétable à leur tête. Lorsque ce duc fut proche du roi, il voulut lui embrasser les genoux ; mais le roi l'en empêcha, et le fit marcher à son côté jusque chez la reine et chez Madame, à qui le duc d'Albe apporta un présent

2. Vêtements qu'un souverain ou un seigneur fait porter à ses gens, rappelant ses couleurs et ses armoiries.

magnifique de la part de son maître. Il alla ensuite chez madame Marguerite, sœur du roi, lui faire les compliments de monsieur de Savoie, et l'assurer qu'il arriverait dans peu de jours. L'on fit de grandes assemblées au Louvre, pour faire voir au duc d'Albe, et au prince d'Orange qui l'avait accompagné, les beautés de la cour.

Madame de Clèves n'osa se dispenser de s'y trouver, quelque envie qu'elle en eût, par la crainte de déplaire à son mari, qui lui commanda absolument d'y aller. Ce qui l'y déterminait encore davantage, était l'absence de monsieur de Nemours. Il était allé au-devant de monsieur de Savoie ; et, après que ce prince fut arrivé, il fut obligé de se tenir presque toujours auprès de lui pour lui aider à toutes les choses qui regardaient les cérémonies de ses noces ; cela fit que madame de Clèves ne rencontra pas ce prince aussi souvent qu'elle avait accoutumé ; et elle s'en trouvait dans quelque sorte de repos.

Le vidame de Chartres n'avait pas oublié la conversation qu'il avait eue avec monsieur de Nemours. Il lui était demeuré dans l'esprit que l'aventure que ce prince lui avait contée était la sienne propre, et il l'observait avec tant de soin, que peut-être aurait-il démêlé la vérité, sans que l'arrivée du duc d'Albe et celle de monsieur de Savoie firent un changement et une occupation dans la cour, qui l'empêcha de voir ce qui aurait pu l'éclairer. L'envie de s'éclaircir, ou plutôt la disposition naturelle que l'on a de conter tout ce que l'on sait à ce que l'on aime, fit qu'il redit à madame de Martigues l'action extraordinaire de cette personne qui avait avoué à son mari la passion qu'elle avait pour un autre. Il l'assura que monsieur de Nemours était celui qui avait inspiré cette violente passion, et il la conjura de lui aider à observer ce prince. Madame de Martigues fut bien aise d'apprendre ce que lui dit le vidame ; et la curiosité qu'elle avait toujours vue à madame la dauphine pour ce qui regardait monsieur de Nemours lui donnait encore plus d'envie de pénétrer cette aventure.

Peu de jours avant celui que l'on avait choisi pour la cérémonie du mariage, la reine dauphine donnait à souper au roi son beau-père et à la duchesse de Valentinois. Madame de Clèves, qui était occupée à s'habiller, alla au Louvre plus tard que de coutume. En y allant, elle trouva un gentilhomme qui la venait quérir de la part de madame la dauphine. Comme elle entra dans sa chambre, cette princesse lui cria de dessus son lit, où elle était, qu'elle l'attendait avec une grande impatience.

« Je crois, madame, lui répondit-elle, que je ne dois pas vous remercier de cette impatience, et qu'elle est sans doute causée par quelque autre chose que par l'envie de me voir.

– Vous avez raison, lui répliqua la reine dauphine ; mais, néanmoins, vous devez m'en être obligée ; car je veux vous apprendre une aventure que je suis assurée que vous serez bien aise de savoir. »

Madame de Clèves se mit à genoux devant son lit, et par bonheur pour elle, elle n'avait pas le jour au visage[1].

« Vous savez, lui dit cette reine, l'envie que nous avions de deviner ce qui causait le changement qui paraît au duc de Nemours. Je crois le savoir, et c'est une chose qui vous surprendra. Il est éperdument amoureux et fort aimé d'une des plus belles personnes de la cour. »

Ces paroles, que madame de Clèves ne pouvait s'attribuer, puisqu'elle ne croyait pas que personne sût qu'elle aimait ce prince, lui causèrent une douleur qu'il est aisé de s'imaginer.

« Je ne vois rien en cela, répondit-elle, qui doive surprendre d'un homme de l'âge de monsieur de Nemours, et fait comme il est.

– Ce n'est pas aussi[2], reprit madame la dauphine, ce qui vous doit étonner ; mais c'est de savoir que cette femme qui aime monsieur de Nemours ne lui en a jamais donné aucune marque, et que la peur qu'elle a eue de n'être pas toujours maîtresse de sa passion a fait qu'elle l'a avouée à son mari, afin qu'il l'ôtât de la cour. Et c'est monsieur de Nemours lui-même qui a conté ce que je vous dis. »

Si madame de Clèves avait eu d'abord de la douleur, par la pensée qu'elle n'avait aucune part à cette aventure, les dernières paroles de madame la dauphine lui donnèrent du désespoir, par la certitude de n'y en avoir que trop. Elle ne put répondre, et demeura la tête penchée sur le lit, pendant que la reine continuait de parler, si occupée de ce qu'elle disait, qu'elle ne prenait pas garde à cet embarras. Lorsque madame de Clèves fut un peu remise :

---

1. Son visage n'était pas éclairé par le jour.

2. En conséquence.

« Cette histoire ne me paraît guère vraisemblable, madame, répondit-elle, et je voudrais bien savoir qui vous l'a contée.

– C'est madame de Martigues, répliqua madame la dauphine, qui l'a apprise du vidame de Chartres. Vous savez qu'il en est amoureux ; il la lui a confiée comme un secret, et il la sait du duc de Nemours lui-même. Il est vrai que le duc de Nemours ne lui a pas dit le nom de la dame, et ne lui a pas même avoué que ce fût lui qui en fût aimé, mais le vidame de Chartres n'en doute point. »

Comme la reine dauphine achevait ces paroles, quelqu'un s'approcha du lit. Madame de Clèves était tournée d'une sorte qui l'empêchait de voir qui c'était ; mais elle n'en douta pas, lorsque madame la dauphine se récria avec un air de gaieté et de surprise :

« Le voilà lui-même, et je veux lui demander ce qui en est. »

Madame de Clèves connut bien que c'était le duc de Nemours, comme ce l'était en effet. Sans se tourner de son côté, elle s'avança avec précipitation vers madame la dauphine, et lui dit tout bas qu'il fallait bien se garder de lui parler de cette aventure ; qu'il l'avait confiée au vidame de Chartres, et que ce serait une chose capable de les brouiller. Madame la dauphine lui répondit, en riant, qu'elle était trop prudente, et se retourna vers monsieur de Nemours. Il était paré[1] pour l'assemblée du soir ; et prenant la parole avec cette grâce qui lui était si naturelle :

« Je crois, madame, dit-il, que je puis penser, sans témérité, que vous parliez de moi quand je suis entré, que vous aviez dessein de me demander quelque chose, et que madame de Clèves s'y oppose.

– Il est vrai, répondit madame la dauphine ; mais je n'aurai pas pour elle la complaisance que j'ai accoutumé d'avoir. Je veux savoir de vous si une histoire que l'on m'a contée est véritable, et si vous n'êtes pas celui qui êtes amoureux et aimé d'une femme de la cour qui vous cache sa passion avec soin, et qui l'a avouée à son mari. »

Le trouble et l'embarras de madame de Clèves étaient au-delà de tout ce que l'on peut s'imaginer ; et si la mort se fût présentée pour la tirer de cet état, elle l'aurait trouvée agréable. Mais monsieur de Nemours était encore plus embarrassé, s'il est possible. Le discours de madame la dauphine, dont il avait eu lieu de croire qu'il n'était

1. Vêtu.

pas haï, en présence de madame de Clèves, qui était la personne de la cour en qui elle avait le plus de confiance, et qui en avait aussi le plus en elle, lui donnait une si grande confusion de pensées bizarres, qu'il lui fut impossible d'être maître de son visage. L'embarras où il voyait madame de Clèves par sa faute, et la pensée du juste sujet qu'il lui donnait de le haïr, lui causa un saisissement qui ne lui permit pas de répondre. Madame la dauphine voyant à quel point il était interdit :

« Regardez-le, regardez-le, dit-elle à madame de Clèves, et jugez si cette aventure n'est pas la sienne. »

Cependant, monsieur de Nemours, revenant de son premier trouble, et voyant l'importance de sortir d'un pas si dangereux, se rendit maître tout d'un coup de son esprit et de son visage :

« J'avoue, madame, dit-il, que l'on ne peut être plus surpris et plus affligé que je le suis de l'infidélité que m'a faite le vidame de Chartres, en racontant l'aventure d'un de mes amis que je lui avais confiée. Je pourrais m'en venger, continua-t-il en souriant, avec un air tranquille qui ôta quasi à madame la dauphine les soupçons qu'elle venait d'avoir : il m'a confié des choses qui ne sont pas d'une médiocre importance. Mais, je ne sais, madame, poursuivit-il, pourquoi vous me faites l'honneur de me mêler à cette aventure. Le vidame ne peut pas dire qu'elle me regarde, puisque je lui ai dit le contraire. La qualité d'un homme amoureux me peut convenir ; mais, pour celle d'un homme aimé, je ne crois pas, madame, que vous puissiez me la donner. »

Ce prince fut bien aise de dire quelque chose à madame la dauphine qui eût du rapport à ce qu'il lui avait fait paraître en d'autres temps, afin de lui détourner l'esprit des pensées qu'elle avait pu avoir. Elle crut bien aussi entendre ce qu'il disait ; mais, sans y répondre, elle continua à lui faire la guerre[2] de son embarras.

« J'ai été troublé, madame, lui répondit-il, pour l'intérêt de mon ami, et par les justes reproches qu'il me pourrait faire d'avoir redit une chose qui lui est plus chère que la vie. Il ne me l'a néanmoins confiée qu'à demi, et il ne m'a pas nommé la personne qu'il aime. Je sais seulement qu'il est l'homme du monde le plus amoureux et le plus à plaindre.

2. Le reproche.

– Le trouvez-vous si à plaindre, répliqua madame la dauphine, puisqu'il est aimé ?

– Croyez-vous qu'il le soit, madame, reprit-il, et qu'une personne qui aurait une véritable passion pût la découvrir à son mari ? Cette personne ne connaît pas sans doute l'amour, et elle a pris pour lui une légère reconnaissance[1] de l'attachement que l'on a pour elle. Mon ami ne se peut flatter d'aucune espérance ; mais, tout malheureux qu'il est, il se trouve heureux d'avoir du moins donné la peur de l'aimer[2], et il ne changerait pas son état contre celui du plus heureux amant du monde.

– Votre ami a une passion bien aisée à satisfaire, dit madame la dauphine, et je commence à croire que ce n'est pas de vous dont vous parlez. Il ne s'en faut guère, continua-t-elle, que je ne sois de l'avis de madame de Clèves, qui soutient que cette aventure ne peut être véritable.

– Je ne crois pas en effet qu'elle le puisse être, reprit madame de Clèves, qui n'avait point encore parlé ; et, quand il serait possible qu'elle le fût, par où l'aurait-on pu savoir ? Il n'y a pas d'apparence qu'une femme capable d'une chose si extraordinaire eût la faiblesse de la raconter ; apparemment son mari ne l'aurait pas racontée non plus, ou ce serait un mari bien indigne du procédé que l'on aurait eu avec lui. »

Monsieur de Nemours, qui vit les soupçons de madame de Clèves sur son mari, fut bien aise de les lui confirmer ; il savait que c'était le plus redoutable rival qu'il eût à détruire.

« La jalousie, répondit-il, et la curiosité d'en savoir peut-être davantage que l'on ne lui en a dit, peuvent faire faire bien des imprudences à un mari. »

Madame de Clèves était à la dernière épreuve de sa force et de son courage, et, ne pouvant plus soutenir la conversation, elle allait dire qu'elle se trouvait mal, lorsque, par bonheur pour elle, la duchesse de Valentinois entra, qui dit à madame la dauphine que le roi allait arriver. Cette reine passa dans son cabinet pour s'habiller.

---

1. Un léger signe.

2. Suscité chez cette femme la peur de l'amour.

Monsieur de Nemours s'approcha de madame de Clèves, comme elle la voulait suivre.

« Je donnerais ma vie, madame, lui dit-il, pour vous parler un moment ; mais, de tout ce que j'aurais d'important à vous dire, rien ne me le paraît davantage que de vous supplier de croire que, si j'ai dit quelque chose où madame la dauphine puisse prendre part, je l'ai fait par des raisons qui ne la regardent pas. »

Madame de Clèves ne fit pas semblant d'entendre[3] monsieur de Nemours ; elle le quitta sans le regarder, et se mit à suivre le roi, qui venait d'entrer. Comme il y avait beaucoup de monde, elle s'embarrassa dans sa robe, et fit un faux pas[4] : elle se servit de ce prétexte pour sortir d'un lieu où elle n'avait pas la force de demeurer, et, feignant de ne se pouvoir soutenir, elle s'en alla chez elle.

Monsieur de Clèves vint au Louvre, et fut étonné de n'y pas trouver sa femme : on lui dit l'accident qui lui était arrivé. Il s'en retourna à l'heure même, pour apprendre de ses nouvelles ; il la trouva au lit, et il sut que son mal n'était pas considérable. Quand il eut été quelque temps auprès d'elle, il s'aperçut qu'elle était dans une tristesse si excessive qu'il en fut surpris.

« Qu'avez-vous, madame ? lui dit-il. Il me paraît que vous avez quelque autre douleur que celle dont vous vous plaignez.

– J'ai la plus sensible affliction que je pouvais jamais avoir, répondit-elle. Quel usage avez-vous fait de la confiance extraordinaire ou, pour mieux dire folle, que j'ai eue en vous ? Ne méritais-je pas le secret ? et, quand je ne l'aurais pas mérité, votre propre intérêt ne vous y engageait-il pas ? Fallait-il que la curiosité de savoir un nom que je ne dois pas vous dire vous obligeât à vous confier à quelqu'un pour tâcher de le découvrir ? Ce ne peut être que cette seule curiosité qui vous ait fait faire une si cruelle imprudence. Les suites en sont aussi fâcheuses qu'elles pouvaient l'être : cette aventure est sue, et on me la vient de conter, ne sachant pas que j'y eusse le principal intérêt.

– Que me dites-vous, madame ? lui répondit-il. Vous m'accusez d'avoir conté ce qui s'est passé entre vous et moi, et vous m'apprenez

3. Fit semblant de ne pas comprendre.

4. Trébucha.

que la chose est sue ? Je ne me justifie pas de l'avoir redite ; vous ne le sauriez croire[1], et il faut, sans doute, que vous ayez pris pour vous ce que l'on vous a dit de quelque autre.

– Ah ! monsieur, reprit-elle, il n'y a pas dans le monde une autre aventure pareille à la mienne ; il n'y a point une autre femme capable de la même chose. Le hasard ne peut l'avoir fait inventer ; on ne l'a jamais imaginée, et cette pensée n'est jamais tombée dans un autre esprit que le mien. Madame la dauphine vient de me conter toute cette aventure ; elle l'a sue par le vidame de Chartres, qui la sait de monsieur de Nemours.

– Monsieur de Nemours ! s'écria monsieur de Clèves, avec une action qui marquait du transport[2] et du désespoir. Quoi ! monsieur de Nemours sait que vous l'aimez, et que je le sais !

– Vous voulez toujours choisir monsieur de Nemours plutôt qu'un autre, répliqua-t-elle : je vous ai dit que je ne vous répondrai jamais sur vos soupçons. J'ignore si monsieur de Nemours sait la part que j'ai dans cette aventure, et celle que vous lui avez donnée ; mais il l'a contée au vidame de Chartres, et lui a dit qu'il la savait d'un de ses amis, qui ne lui avait pas nommé la personne. Il faut que cet ami de monsieur de Nemours soit des vôtres, et que vous vous soyez fié[3] à lui pour tâcher de vous éclaircir.

– A-t-on un ami au monde à qui on voulût faire une telle confidence, reprit monsieur de Clèves, et voudrait-on éclaircir ses soupçons au prix d'apprendre à quelqu'un ce que l'on souhaiterait de se cacher à soi-même ? Songez plutôt, madame, à qui vous avez parlé. Il est plus vraisemblable que ce soit par vous que par moi que ce secret soit échappé. Vous n'avez pu soutenir toute seule l'embarras où vous vous êtes trouvée, et vous avez cherché le soulagement de vous plaindre avec quelque confidente qui vous a trahie.

– N'achevez point de m'accabler, s'écria-t-elle, et n'ayez point la dureté de m'accuser d'une faute que vous avez faite. Pouvez-vous m'en soupçonner, et, puisque j'ai été capable de vous parler, suis-je capable de parler à quelque autre ? »

1. Vous ne pouvez le croire.
2. De l'émotion.
3. Confié.

L'aveu que madame de Clèves avait fait à son mari était une si grande marque de sa sincérité, et elle niait si fortement de s'être confiée à personne, que monsieur de Clèves ne savait que penser. D'un autre côté, il était assuré de n'avoir rien redit ; c'était une chose que l'on ne pouvait avoir devinée, elle était sue ; ainsi il fallait que ce fût par l'un des deux : mais ce qui lui causait une douleur violente, était de savoir que ce secret était entre les mains de quelqu'un, et qu'apparemment il serait bientôt divulgué.

Madame de Clèves pensait à peu près les mêmes choses ; elle trouvait également impossible que son mari eût parlé, et qu'il n'eût pas parlé. Ce qu'avait dit monsieur de Nemours, que la curiosité pouvait faire faire des imprudences à un mari, lui paraissait se rapporter si juste à l'état de monsieur de Clèves, qu'elle ne pouvait croire que ce fût une chose que le hasard eût fait dire ; et cette vraisemblance la déterminait à croire que monsieur de Clèves avait abusé de la confiance qu'elle avait en lui. Ils étaient si occupés l'un et l'autre de leurs pensées, qu'ils furent longtemps sans parler, et ils ne sortirent de ce silence que pour redire les mêmes choses qu'ils avaient déjà dites plusieurs fois, et demeurèrent le cœur et l'esprit plus éloignés et plus altérés[4] qu'ils ne les avaient encore eus.

Il est aisé de s'imaginer en quel état ils passèrent la nuit. Monsieur de Clèves avait épuisé toute sa constance[5] à soutenir le malheur de voir une femme qu'il adorait touchée de passion pour un autre. Il ne lui restait plus de courage ; il croyait même n'en devoir pas trouver dans une chose où sa gloire et son honneur étaient si vivement blessés. Il ne savait plus que penser de sa femme. Il ne voyait plus quelle conduite il lui devait faire prendre, ni comment il se devait conduire lui-même ; et il ne trouvait de tous côtés que des précipices et des abymes. Enfin, après une agitation et une incertitude très longues, voyant qu'il devait bientôt s'en aller en Espagne, il prit le parti de ne rien faire qui pût augmenter les soupçons ou la connaissance de son malheureux état. Il alla trouver madame de Clèves, et lui dit qu'il ne s'agissait pas de démêler entre eux qui avait manqué au secret ; mais qu'il s'agissait de faire voir que l'histoire que l'on avait contée était

4. Bouleversés.

5. Fermeté, force morale.

une fable[1] où elle n'avait aucune part ; qu'il dépendait d'elle de le persuader à monsieur de Nemours et aux autres ; qu'elle n'avait qu'à agir avec lui avec la sévérité et la froideur qu'elle devait avoir pour un homme qui lui témoignait de l'amour ; que, par ce procédé, elle lui ôterait aisément l'opinion qu'elle eût de l'inclination pour lui ; qu'ainsi, il ne fallait point s'affliger de tout ce qu'il aurait pu penser, parce que, si dans la suite elle ne faisait paraître aucune faiblesse, toutes ses pensées se détruiraient aisément ; et que, surtout, il fallait qu'elle allât au Louvre et aux assemblées, comme à l'ordinaire.

Après ces paroles, monsieur de Clèves quitta sa femme, sans attendre sa réponse. Elle trouva beaucoup de raison dans tout ce qu'il lui dit ; et la colère où elle était contre monsieur de Nemours lui fit croire qu'elle trouverait aussi beaucoup de facilité à l'exécuter ; mais il lui parut difficile de se trouver à toutes les cérémonies du mariage, et d'y paraître avec un visage tranquille et un esprit libre. Néanmoins, comme elle devait porter la robe de madame la dauphine[2], et que c'était une chose où elle avait été préférée à plusieurs autres princesses, il n'y avait pas moyen d'y renoncer, sans faire beaucoup de bruit, et sans en faire chercher des raisons. Elle se résolut donc de faire un effort sur elle-même ; mais elle prit le reste du jour pour s'y préparer, et pour s'abandonner à tous les sentiments dont elle était agitée. Elle s'enferma seule dans son cabinet. De tous ses maux celui qui se présentait à elle avec le plus de violence, était d'avoir sujet de se plaindre de monsieur de Nemours, et de ne trouver aucun moyen de le justifier. Elle ne pouvait douter qu'il n'eût conté cette aventure au vidame de Chartres ; il l'avait avoué, et elle ne pouvait douter aussi, par la manière dont il avait parlé, qu'il ne sût que l'aventure la regardait. Comment excuser une si grande imprudence, et qu'était devenue l'extrême discrétion de ce prince, dont elle avait été si touchée ?

« Il a été discret, disait-elle, tant qu'il a cru être malheureux ; mais une pensée d'un bonheur, même incertain, a fini[3] sa discrétion.

1. Une histoire.

2. Mme de Clèves a été choisie pour être demoiselle d'honneur.

3. Mis à mal.

Il n'a pu s'imaginer qu'il était aimé, sans vouloir qu'on le sût. Il a dit tout ce qu'il pouvait dire ; je n'ai pas avoué que c'était lui que j'aimais, il l'a soupçonné, et il a laissé voir ses soupçons. S'il eût eu des certitudes, il en aurait usé de la même sorte. J'ai eu tort de croire qu'il y eût un homme capable de cacher ce qui flatte sa gloire. C'est pourtant pour cet homme que j'ai cru si différent du reste des hommes, que je me trouve comme les autres femmes[4], étant si éloignée de leur ressembler. J'ai perdu le cœur et l'estime d'un mari qui devait faire ma félicité. Je serai bientôt regardée de tout le monde comme une personne qui a une folle et violente passion. Celui pour qui je l'ai ne l'ignore plus ; et c'est pour éviter ces malheurs que j'ai hasardé tout mon repos et même ma vie. »

Ces tristes réflexions étaient suivies d'un torrent de larmes ; mais, quelque douleur dont elle se trouvât accablée, elle sentait bien qu'elle aurait eu la force de les supporter, si elle avait été satisfaite de monsieur de Nemours.

Ce prince n'était pas dans un état plus tranquille. L'imprudence qu'il avait faite d'avoir parlé au vidame de Chartres, et les cruelles suites de cette imprudence, lui donnaient un déplaisir mortel. Il ne pouvait se représenter, sans être accablé, l'embarras, le trouble et l'affliction où il avait vu madame de Clèves. Il était inconsolable de lui avoir dit des choses sur cette aventure qui, bien que galantes par elles-mêmes, lui paraissaient, dans ce moment grossières et peu polies, puisqu'elles avaient fait entendre à madame de Clèves qu'il n'ignorait pas qu'elle était cette femme qui avait une passion violente, et qu'il était celui pour qui elle l'avait. Tout ce qu'il eût pu souhaiter, eût été une conversation avec elle ; mais il trouvait qu'il la devait craindre plutôt que de la désirer.

« Qu'aurais-je à lui dire ? s'écriait-il. Irais-je encore lui montrer ce que je ne lui ai déjà que trop fait connaître ? Lui ferai-je voir que je sais qu'elle m'aime, moi qui n'ai jamais seulement osé lui dire que je l'aimais ? Commencerai-je à lui parler ouvertement de ma passion, afin de lui paraître un homme devenu hardi par des espérances ? Puis-je penser seulement à l'approcher, et oserais-je lui donner l'embarras de soutenir ma vue ? Par où pourrais-je me justifier ?

4. Déshonorée.

Je n'ai point d'excuse, je suis indigne d'être regardé de madame de Clèves, et je n'espère pas aussi qu'elle me regarde jamais. Je lui ai donné, par ma faute, de meilleurs moyens pour se défendre contre moi que tous ceux qu'elle cherchait, et qu'elle eût peut-être cherchés inutilement. Je perds, par mon imprudence, le bonheur et la gloire d'être aimé de la plus aimable et de la plus estimable personne du monde ; mais, si j'avais perdu ce bonheur sans qu'elle en eût souffert, et sans lui avoir donné une douleur mortelle, ce me serait une consolation ; et je sens plus dans ce moment le mal que je lui ai fait, que celui que je me suis fait auprès d'elle. »

Monsieur de Nemours fut longtemps à s'affliger et à penser les mêmes choses. L'envie de parler à madame de Clèves lui venait toujours dans l'esprit. Il songea à en trouver les moyens ; il pensa à lui écrire ; mais enfin, il trouva qu'après la faute qu'il avait faite, et de l'humeur dont elle était, le mieux qu'il pût faire était de lui témoigner un profond respect, par son affliction et par son silence, de lui faire voir même qu'il n'osait se présenter devant elle, et d'attendre ce que le temps, le hasard et l'inclination qu'elle avait pour lui pourraient faire en sa faveur. Il résolut aussi de ne point faire de reproches au vidame de Chartres de l'infidélité qu'il lui avait faite, de peur de fortifier ses soupçons.

Les fiançailles de Madame, qui se faisaient le lendemain, et le mariage, qui se faisait le jour suivant, occupaient tellement toute la cour, que madame de Clèves et monsieur de Nemours cachèrent aisément au public leur tristesse et leur trouble. Madame la dauphine ne parla même qu'en passant à madame de Clèves de la conversation qu'elles avaient eue avec monsieur de Nemours ; et monsieur de Clèves affecta de ne plus parler à sa femme de tout ce qui s'était passé ; de sorte qu'elle ne se trouva pas dans un aussi grand embarras qu'elle l'avait imaginé.

Les fiançailles se firent au Louvre, et, après le festin et le bal, toute la maison royale alla coucher à l'évêché[1], comme c'était la coutume. Le matin, le duc d'Albe, qui n'était jamais vêtu que fort simplement, mit un habit de drap d'or, mêlé de couleur de feu, de jaune et de

1. Au palais épiscopal, où réside l'évêque.

noir, tout couvert de pierreries, et il avait une couronne fermée[2] sur la tête. Le prince d'Orange, habillé aussi magnifiquement, avec ses livrées[3], et tous les Espagnols suivis des leurs, vinrent prendre le duc d'Albe à l'hôtel de Villeroy, où il était logé, et partirent, marchant quatre à quatre, pour venir à l'évêché. Sitôt qu'il fut arrivé, on alla par ordre[4] à l'église. Le roi menait Madame, qui avait aussi une couronne fermée, et sa robe portée par mesdemoiselles de Montpensier et de Longueville ; la reine marchait ensuite, mais sans couronne ; après elle, venait la reine dauphine, Madame sœur du roi, madame de Lorraine, et la reine de Navarre, leurs robes portées par des princesses. Les reines et les princesses avaient toutes leurs filles magnifiquement habillées des mêmes couleurs qu'elles étaient vêtues ; en sorte que l'on connaissait à qui étaient les filles par la couleur de leurs habits. On monta sur l'échafaud qui était préparé dans l'église, et l'on fit la cérémonie des mariages. On retourna ensuite dîner à l'évêché ; et, sur les cinq heures, on en partit pour aller au palais, où se faisait le festin, et où le parlement, les cours souveraines, et la maison de ville étaient priées d'assister. Le roi, les reines, les princes et princesses mangèrent sur la table de marbre dans la grande salle du palais, le duc d'Albe assis auprès de la nouvelle reine d'Espagne. Au-dessous des degrés de la table de marbre, et à la main droite du roi, était une table pour les ambassadeurs, les archevêques et les chevaliers de l'ordre[5], et de l'autre côté une table pour messieurs du parlement.

Le duc de Guise, vêtu d'une robe de drap d'or frisé, servait le roi de grand-maître[6], monsieur le prince de Condé, de panetier[7] ; et le duc de Nemours, d'échanson[8]. Après que les tables furent levées, le bal commença ; il fut interrompu par des ballets et par des machines[9] extraordinaires. On le reprit ensuite ; et enfin, après minuit, le roi et toute la cour s'en retourna au Louvre. Quelque triste que fût madame de Clèves, elle ne laissa pas de paraître aux yeux de

---

2. La couronne fermée est un symbole impérial.

3. Avec ses pages en costume.

4. Dans un ordre précis.

5. L'ordre de Saint-Michel, fondé par Louis XI.

6. Il servait au roi les plats.

7. Serviteur du pain.

8. Serviteur des boissons.

9. Pièces de théâtre dans lesquelles des machines font bouger le décor pour créer des effets merveilleux.

tout le monde, et surtout aux yeux de monsieur de Nemours, d'une beauté incomparable. Il n'osa lui parler, quoique l'embarras de cette cérémonie lui en donnât plusieurs moyens[1] ; mais il lui fit voir tant de tristesse, et une crainte si respectueuse de l'approcher, qu'elle ne le trouva plus si coupable, quoiqu'il ne lui eût rien dit pour se justifier. Il eut la même conduite les jours suivants, et cette conduite fit aussi le même effet sur le cœur de madame de Clèves.

Enfin, le jour du tournoi arriva[2]. Les reines se rendirent dans les galeries et sur les échafauds qui leur avaient été destinés. Les quatre tenants parurent au bout de la lice, avec une quantité de chevaux et de livrées qui faisaient le plus magnifique spectacle qui eût jamais paru en France.

Le roi n'avait point d'autres couleurs que le blanc et le noir, qu'il portait toujours à cause de madame de Valentinois, qui était veuve. Monsieur de Ferrare, et toute sa suite, avaient du jaune et du rouge. Monsieur de Guise parut avec de l'incarnat[3] et du blanc. On ne savait d'abord par quelle raison il avait ces couleurs, mais on se souvint que c'étaient celles d'une belle personne qu'il avait aimée pendant qu'elle était fille, et qu'il aimait encore, quoiqu'il n'osât plus le lui faire paraître. Monsieur de Nemours avait du jaune et du noir ; on en chercha inutilement la raison. Madame de Clèves n'eut pas de peine à la deviner : elle se souvint d'avoir dit devant lui qu'elle aimait le jaune, et qu'elle était fâchée d'être blonde, parce qu'elle n'en pouvait mettre. Ce prince crut pouvoir paraître avec cette couleur, sans indiscrétion, puisque, madame de Clèves n'en mettant point, on ne pouvait soupçonner que ce fût la sienne.

Jamais on n'a fait voir tant d'adresse que les quatre tenants en firent paraître. Quoique le roi fût le meilleur homme de cheval de son royaume, on ne savait à qui donner l'avantage. Monsieur de Nemours avait un agrément dans toutes ses actions, qui pouvait faire pencher en sa faveur des personnes moins intéressées que madame de Clèves. Sitôt qu'elle le vit paraître au bout de la lice, elle sentit une émotion extraordinaire ; et, à toutes les courses de ce prince,

1. Occasions.

2. Le tournoi eut lieu le 30 juin 1559.

3. Rouge clair et vif.

elle avait de la peine à cacher sa joie, lorsqu'il avait heureusement fourni sa carrière[4].

Sur le soir, comme tout était presque fini, et que l'on était près de se retirer, le malheur de l'État fit que le roi voulut encore rompre une lance[5]. Il manda[6] au comte de Montgomery, qui était extrêmement adroit, qu'il se mît sur la lice. Le comte supplia le roi de l'en dispenser, et allégua toutes les excuses dont il put s'aviser ; mais le roi, quasi en colère, lui fit dire qu'il le voulait absolument. La reine manda au roi qu'elle le conjurait de ne plus courir, qu'il avait si bien fait qu'il devait être content, et qu'elle le suppliait de revenir auprès d'elle. Il répondit que c'était pour l'amour d'elle qu'il allait courir encore, et entra dans la barrière. Elle lui renvoya monsieur de Savoie, pour le prier une seconde fois de revenir ; mais tout fut inutile. Il courut, les lances se brisèrent, et un éclat de celle du comte de Montgomery lui donna dans l'œil, et y demeura. Ce prince tomba du coup. Ses écuyers, et monsieur de Montmorency, qui était un des maréchaux de camp, coururent à lui. Ils furent étonnés de le voir si blessé ; mais le roi ne s'étonna point. Il dit que c'était peu de chose, et qu'il pardonnait au comte de Montgomery. On peut juger quel trouble et quelle affliction apporta un accident si funeste dans une journée destinée à la joie. Sitôt que l'on eut porté le roi dans son lit, et que les chirurgiens eurent visité sa plaie, ils la trouvèrent très considérable. Monsieur le connétable se souvint dans ce moment de la prédiction que l'on avait faite au roi, qu'il serait tué dans un combat singulier[7] ; et il ne douta point que la prédiction ne fût accomplie.

Le roi d'Espagne, qui était alors à Bruxelles, étant averti de cet accident, envoya son médecin, qui était un homme d'une grande réputation ; mais il jugea le roi sans espérance[8].

4. Combattu avec succès.

5. Combattre une nouvelle fois.

6. Commanda.

7. Se souvenir de la prédiction de Nostradamus. Voir p. 82.

8. Condamné.

La mort d'Henri II

« Le vendredi, lors du tournoi de lances en public, Henri, très-chrétien roi de France, reçut la lance d'un jeune homme [...] Elle atteignit d'abord la partie entre les sourcils [...], s'insinu[a] entre le corps de l'œil et la cavité orbitaire droite, de telle manière qu'un fragment assez grand, en frappant cette cavité [...] se tordit sur lui-même, après que le cerveau eut subi indubitablement un grand ébranlement. »

Témoignage d'André Vésale,
médecin ayant assisté le roi pendant son agonie.

Une cour aussi partagée[1] et aussi remplie d'intérêts opposés[2] n'était pas dans une médiocre agitation à la veille d'un si grand événement ; néanmoins, tous les mouvements étaient cachés[3], et l'on ne paraissait occupé que de l'unique inquiétude de la santé du roi. Les reines, les princes et les princesses ne sortaient presque point de son antichambre.

Madame de Clèves, sachant qu'elle était obligée d'y être, qu'elle y verrait monsieur de Nemours, qu'elle ne pourrait cacher à son mari l'embarras que lui causait cette vue, connaissant aussi que la seule présence de ce prince le justifiait à ses yeux, et détruisait toutes ses résolutions, prit le parti de feindre d'être malade. La cour était trop occupée pour avoir de l'attention à sa conduite, et pour démêler si son mal était faux ou véritable. Son mari seul pouvait en connaître la vérité ; mais elle n'était pas fâchée qu'il la connût. Ainsi elle demeura chez elle, peu occupée du grand changement qui se préparait ; et, remplie de ses propres pensées, elle avait toute la liberté de s'y abandonner. Tout le monde était chez le roi. Monsieur de Clèves venait à de certaines heures lui en dire des nouvelles. Il conservait avec elle le même procédé qu'il avait toujours eu, hors que[4], quand ils étaient seuls, il y avait quelque chose d'un peu plus froid et de moins libre. Il ne lui avait point reparlé de tout ce qui s'était passé ; et elle n'avait pas eu la force, et n'avait pas même jugé à propos de reprendre cette conversation.

Monsieur de Nemours, qui s'était attendu à trouver quelques moments à parler à madame de Clèves, fut bien surpris et bien affligé de n'avoir pas seulement le plaisir de la voir. Le mal du roi se trouva si considérable que le septième jour il fut désespéré des médecins. Il reçut la certitude de sa mort avec une fermeté[5] extraordinaire, et d'autant plus admirable qu'il perdait la vie par un accident si malheureux, qu'il mourait à la fleur de son âge, heureux, adoré de

---

1. Divisée.

2. On se souvient notamment que les frères de Guise et Catherine de Médicis sont des ennemis jurés du connétable de Montmorency, ainsi que de la duchesse de Valentinois.

3. Se faisaient en cachette.

4. Si ce n'est que.

5. Courage.

ses peuples, et aimé d'une maîtresse qu'il aimait éperdument. La veille de sa mort, il fit faire le mariage de Madame, sa sœur, avec monsieur de Savoie, sans cérémonie. L'on peut juger en quel état était la duchesse de Valentinois. La reine ne permit point qu'elle vît le roi, et lui envoya demander les cachets[6] de ce prince, et les pierreries de la couronne qu'elle avait en garde. Cette duchesse s'enquit si le roi était mort ; et, comme on lui eut répondu que non :

« Je n'ai donc point encore de maître, répondit-elle, et personne ne peut m'obliger à rendre ce que sa confiance m'a mis entre les mains. »

Sitôt qu'il fut expiré[7], au château des Tournelles, le duc de Ferrare, le duc de Guise et le duc de Nemours conduisirent au Louvre la reine-mère[8], le roi et la reine sa femme[9]. Monsieur de Nemours menait la reine-mère. Comme ils commençaient à marcher, elle se recula de quelques pas, et dit à la reine, sa belle-fille, que c'était à elle à passer la première ; mais il fut aisé de voir qu'il y avait plus d'aigreur que de bienséance dans ce compliment.

---

6. Sceaux.

7. Henri II mourut le 10 juillet 1559.

8. Catherine de Médicis.

9. François II et Marie Stuart. Le dauphin devient roi dès la mort de son père Henri II.

Portrait de François II, roi de France, François Clouet (1505-1572), dessin.

QUATRIÈME PARTIE

Le cardinal de Lorraine s'était rendu maître absolu de l'esprit de la reine mère ; le vidame de Chartres n'avait plus aucune part dans ses bonnes grâces, et l'amour qu'il avait pour madame de Martigues et pour la liberté l'avait même empêché de sentir cette perte autant qu'elle méritait d'être sentie. Ce cardinal, pendant les dix jours de la maladie du roi, avait eu le loisir de former ses desseins[1], et de faire prendre à la reine des résolutions conformes à ce qu'il avait projeté ; de sorte que, sitôt que le roi fut mort, la reine ordonna au connétable[2] de demeurer aux Tournelles, auprès du corps du feu roi, pour faire les cérémonies ordinaires. Cette commission l'éloignait de tout, et lui ôtait la liberté d'agir. Il envoya un courrier au roi de Navarre, pour le faire venir en diligence[3], afin de s'opposer ensemble à la grande élévation[4] où il voyait que messieurs de Guise allaient parvenir. On donna le commandement des armées au duc de Guise, et les finances au cardinal de Lorraine. La duchesse de Valentinois fut chassée de la cour ; on fit revenir le cardinal de Tournon, ennemi déclaré du connétable, et le chancelier Olivier, ennemi déclaré de la duchesse de Valentinois. Enfin, la cour changea entièrement de face. Le duc de Guise prit le même rang que les princes du sang à porter le manteau du roi aux cérémonies des funérailles ; lui et ses frères furent entièrement les maîtres, non seulement par le crédit du cardinal sur l'esprit de la reine, mais parce que cette princesse crut qu'elle pourrait les éloigner s'ils lui donnaient de l'ombrage, et qu'elle ne pourrait éloigner le connétable, qui était appuyé des princes du sang.

1. Préparer ses projets.
2. Le connétable de Montmorency.
3. Rapidement.
4. Puissante position.

Les funérailles royales

Au XVIe siècle, la cérémonie des funérailles royales avait lieu un certain temps après le décès du roi.
Le long cortège se composait à l'avant du cercueil contenant le corps du roi, au centre de l'effigie du roi avec les régalia (objets symboliques de royauté, dont le sceptre et le manteau à fleurs de lys, porté par un prince du sang), et à l'arrière des princes de sang qui représentaient la famille.

Lorsque les cérémonies du deuil furent achevées, le connétable vint au Louvre, et fut reçu du roi[1] avec beaucoup de froideur. Il voulut lui parler en particulier, mais le roi appela messieurs de Guise, et lui dit devant eux qu'il lui conseillait de se reposer ; que les finances et le commandement des armées étaient donnés ; et que, lorsqu'il aurait besoin de ses conseils, il l'appellerait auprès de sa personne. Il fut reçu de la reine mère encore plus froidement que du roi, et elle lui fit même des reproches de ce qu'il avait dit au feu roi que ses enfants ne lui ressemblaient point[2]. Le roi de Navarre arriva, et ne fut pas mieux reçu. Le prince de Condé, moins endurant que son frère, se plaignit hautement ; ses plaintes furent inutiles, on l'éloigna de la cour sous le prétexte de l'envoyer en Flandre signer la ratification de la paix. On fit voir au roi de Navarre une fausse lettre du roi d'Espagne, qui l'accusait de faire des entreprises sur ses places[3] ; on lui fit craindre pour ses terres ; enfin on lui inspira le dessein de s'en aller en Béarn. La reine lui en fournit un moyen, en lui donnant la conduite de madame Élisabeth, et l'obligea même à partir devant cette princesse ; et ainsi il ne demeura personne à la cour qui pût balancer le pouvoir de la maison de Guise.

Quoique ce fût une chose fâcheuse pour monsieur de Clèves de ne pas conduire madame Élisabeth, néanmoins il ne put s'en plaindre, par la grandeur de celui qu'on lui préférait ; mais il regrettait moins cet emploi par l'honneur qu'il en eût reçu, que parce que c'était une chose qui éloignait sa femme de la cour, sans qu'il parût qu'il eût dessein de l'en éloigner.

Peu de jours après la mort du roi, on résolut d'aller à Reims pour le sacre[4]. Sitôt qu'on parla de ce voyage, madame de Clèves, qui avait toujours demeuré chez elle, feignant d'être malade, pria son mari de trouver bon qu'elle ne suivît point la cour, et qu'elle s'en allât à Coulommiers prendre l'air et songer à sa santé. Il lui répondit qu'il ne voulait point pénétrer[5] si c'était la raison de sa santé qui

1. François II, âgé de 15 ans.
2. Voir à ce sujet l'évocation de Mme de Chartres, p. 46.
3. De faire des projets de conquête sur son territoire.
4. Le sacre eut lieu le 21 septembre 1559.
5. Chercher à savoir.

l'obligeait à ne pas faire le voyage, mais qu'il consentait qu'elle ne le fît point. Il n'eut pas de peine à consentir à une chose qu'il avait déjà résolue. Quelque bonne opinion qu'il eût de la vertu de sa femme, il voyait bien que la prudence ne voulait pas qu'il l'exposât plus longtemps à la vue d'un homme qu'elle aimait.

Monsieur de Nemours sut bientôt que madame de Clèves ne devait pas suivre la cour ; il ne put se résoudre à partir sans la voir ; et, la veille du départ, il alla chez elle aussi tard que la bienséance le pouvait permettre, afin de la trouver seule. La fortune favorisa son intention. Comme il entra dans la cour, il trouva madame de Nevers et madame de Martigues qui en sortaient, et qui lui dirent qu'elles l'avaient laissée seule. Il monta avec une agitation et un trouble qui ne se peut comparer qu'à celui qu'eut madame de Clèves, quand on lui dit que monsieur de Nemours venait pour la voir. La crainte qu'elle eut qu'il ne lui parlât de sa passion, l'appréhension de lui répondre trop favorablement, l'inquiétude que cette visite pouvait donner à son mari, la peine de lui en rendre compte ou de lui cacher toutes ces choses, se présentèrent en un moment à son esprit, et lui firent un si grand embarras qu'elle prit la résolution d'éviter la chose du monde qu'elle souhaitait peut-être le plus. Elle envoya une de ses femmes à monsieur de Nemours, qui était dans son antichambre, pour lui dire qu'elle venait de se trouver mal, et qu'elle était bien fâchée de ne pouvoir recevoir l'honneur qu'il lui voulait faire. Quelle douleur pour ce prince de ne pas voir madame de Clèves, et de ne la pas voir parce qu'elle ne voulait pas qu'il la vît ! Il s'en allait le lendemain ; il n'avait plus rien à espérer du hasard ; il ne lui avait rien dit depuis cette conversation de chez madame la dauphine, et il avait lieu de croire que la faute d'avoir parlé au vidame avait détruit toutes ses espérances ; enfin, il s'en allait avec tout ce qui peut aigrir[6] une vive douleur.

Sitôt que madame de Clèves fut un peu remise du trouble que lui avait donné la pensée de la visite de ce prince, toutes les raisons qui la lui avaient fait refuser disparurent ; elle trouva même qu'elle avait fait une faute ; et, si elle eût osé, ou qu'il eût encore été assez à temps, elle l'aurait fait rappeler.

6. Renforcer.

Mesdames de Nevers et de Martigues, en sortant de chez elle, allèrent chez la reine dauphine ; monsieur de Clèves y était. Cette princesse leur demanda d'où elles venaient ; elles lui dirent qu'elles venaient de chez monsieur de Clèves, où elles avaient passé une partie de l'après-dînée avec beaucoup de monde, et qu'elles n'y avaient laissé que monsieur de Nemours. Ces paroles, qu'elles croyaient si indifférentes, ne l'étaient pas pour monsieur de Clèves, quoiqu'il dût bien s'imaginer que monsieur de Nemours pouvait trouver souvent des occasions de parler à sa femme. Néanmoins, la pensée qu'il était chez elle, qu'il y était seul, et qu'il lui pouvait parler de son amour, lui parut dans ce moment une chose si nouvelle et si insupportable, que la jalousie s'alluma dans son cœur avec plus de violence qu'elle n'avait encore fait. Il lui fut impossible de demeurer chez la reine ; il s'en revint, ne sachant pas même pourquoi il revenait, et s'il avait dessein d'aller interrompre monsieur de Nemours. Sitôt qu'il approcha de chez lui, il regarda s'il ne verrait rien qui lui pût faire juger si ce prince y était encore ; il sentit du soulagement en voyant qu'il n'y était plus, et il trouva de la douceur à penser qu'il ne pouvait y avoir demeuré longtemps. Il s'imagina que ce n'était peut-être pas monsieur de Nemours dont il devait être jaloux ; et, quoiqu'il n'en doutât point, il cherchait à en douter ; mais tant de choses l'en auraient persuadé, qu'il ne demeurait pas longtemps dans cette incertitude qu'il désirait. Il alla d'abord dans la chambre de sa femme ; et, après lui avoir parlé quelque temps de choses indifférentes, il ne put s'empêcher de lui demander ce qu'elle avait fait, et qui elle avait vu ; elle lui en rendit compte. Comme il vit qu'elle ne lui nommait point monsieur de Nemours, il lui demanda en tremblant si c'était tout ce qu'elle avait vu, afin de lui donner lieu de nommer ce prince, et de n'avoir pas la douleur qu'elle lui en fît une finesse[1]. Comme elle ne l'avait point vu, elle ne le lui nomma point, et monsieur de Clèves reprenant la parole avec un ton qui marquait son affliction :

« Et monsieur de Nemours, lui dit-il, ne l'avez-vous point vu, ou l'avez-vous oublié ?

– Je ne l'ai point vu, en effet, répondit-elle ; je me trouvais mal, et j'ai envoyé une de mes femmes lui faire des excuses.

1. Qu'elle ne le dissimulât.

– Vous ne vous trouviez donc mal que pour lui, reprit monsieur de Clèves, puisque vous avez vu tout le monde ? Pourquoi des distinctions pour monsieur de Nemours ? Pourquoi ne vous est-il pas comme un autre ? Pourquoi faut-il que vous craigniez sa vue ? Pourquoi lui laissez-vous voir que vous la craignez ? Pourquoi lui faites-vous connaître que vous vous servez du pouvoir que sa passion vous donne sur lui ? Oseriez-vous refuser de le voir, si vous ne saviez bien qu'il distingue vos rigueurs de l'incivilité ? Mais pourquoi faut-il que vous ayez des rigueurs pour lui ? D'une personne comme vous, madame, tout est des faveurs hors l'indifférence.

– Je ne croyais pas, reprit madame de Clèves, quelque soupçon que vous ayez sur monsieur de Nemours, que vous pussiez me faire des reproches de ne l'avoir pas vu.

– Je vous en fais pourtant, madame, répliqua-t-il, et ils sont bien fondés. Pourquoi ne le pas voir, s'il ne vous a rien dit ? Mais, madame, il vous a parlé ; si son silence seul vous avait témoigné sa passion, elle n'aurait pas fait en vous une si grande impression ; vous n'avez pu me dire la vérité tout entière, vous m'en avez caché la plus grande partie ; vous vous êtes repentie même du peu que vous m'avez avoué, et vous n'avez pas eu la force de continuer. Je suis plus malheureux que je ne l'ai cru, et je suis le plus malheureux de tous les hommes. Vous êtes ma femme, je vous aime comme ma maîtresse, et je vous en vois aimer un autre ! cet autre est le plus aimable de la cour, et il vous voit tous les jours, il sait que vous l'aimez. Eh ! j'ai pu croire, s'écria-t-il, que vous surmonteriez la passion que vous avez pour lui. Il faut que j'aie perdu la raison, pour avoir cru qu'il fût possible.

– Je ne sais, reprit tristement madame de Clèves, si vous avez eu tort de juger favorablement d'un procédé[2] aussi extraordinaire que le mien ; mais je ne sais si je ne me suis trompée d'avoir cru que vous me feriez justice.

– N'en doutez pas, madame, répliqua monsieur de Clèves, vous vous êtes trompée, vous avez attendu de moi des choses aussi impossibles que celles que j'attendais de vous. Comment pouviez-vous espérer que je conservasse de la raison ? Vous aviez donc oublié que je vous aimais éperdument, et que j'étais votre mari ?

2. L'aveu qu'elle a fait à son mari.

L'un des deux peut porter aux extrémités ; que ne peuvent point les deux ensemble ? Eh ! que ne sont-ils point aussi[1], continua-t-il ; je n'ai que des sentiments violents et incertains dont je ne suis pas le maître. Je ne me trouve plus digne de vous ; vous ne me paraissez plus digne de moi ; je vous adore, je vous hais ; je vous offense, je vous demande pardon ; je vous admire, j'ai honte de vous admirer ; enfin, il n'y a plus en moi ni de calme ni de raison. Je ne sais comment j'ai pu vivre depuis que vous me parlâtes à Coulommiers, et depuis le jour que vous apprîtes de madame la dauphine que l'on savait votre aventure. Je ne saurais démêler par où elle a été sue, ni ce qui se passa entre monsieur de Nemours et vous sur ce sujet : vous ne me l'expliquerez jamais, et je ne vous demande point de me l'expliquer : je vous demande seulement de vous souvenir que vous m'avez rendu le plus malheureux homme du monde. »

Monsieur de Clèves sortit de chez sa femme après ces paroles, et partit le lendemain sans la voir ; mais il lui écrivit une lettre pleine d'affliction, d'honnêteté et de douceur. Elle y fit une réponse si touchante et si remplie d'assurances de sa conduite passée, et de celle qu'elle aurait à l'avenir, que, comme ses assurances étaient fondées sur la vérité, et que c'était en effet ses sentiments, cette lettre fit de l'impression[2] sur monsieur de Clèves, et lui donna quelque calme ; joint que[3] monsieur de Nemours allant trouver le roi, aussi-bien que lui, il avait le repos de savoir qu'il ne serait pas au même lieu que madame de Clèves. Toutes les fois que cette princesse parlait à son mari, la passion qu'il lui témoignait, l'honnêteté de son procédé, l'amitié qu'elle avait pour lui, et ce qu'elle lui devait, faisaient des impressions dans son cœur qui affaiblissaient l'idée de monsieur de Nemours ; mais ce n'était que pour quelque temps ; et cette idée revenait bientôt plus vive et plus présente qu'auparavant.

Les premiers jours du départ de ce prince, elle ne sentit quasi pas son absence ; ensuite elle lui parut cruelle. Depuis qu'elle l'aimait, il ne s'était point passé de jour qu'elle n'eût craint ou espéré de le

1. En conséquence.
2. Eut de l'influence.
3. De plus.

rencontrer ; et elle trouva une grande peine à penser qu'il n'était plus au pouvoir du hasard de faire qu'elle le rencontrât.

Elle s'en alla à Coulommiers, et, en y allant, elle eut soin d'y faire porter de grands tableaux qu'elle avait fait copier sur des originaux qu'avait fait faire madame de Valentinois pour sa belle maison d'Anet. Toutes les actions remarquables qui s'étaient passées du règne du roi étaient dans ces tableaux. Il y avait entre autres le siège de Metz, et tous ceux qui s'y étaient distingués étaient peints fort ressemblants. Monsieur de Nemours était de ce nombre, et c'était peut-être ce qui avait donné envie à madame de Clèves d'avoir ces tableaux.

Madame de Martigues, qui n'avait pu partir avec la cour, lui promit d'aller passer quelques jours à Coulommiers. La faveur de la reine qu'elles partageaient, ne leur avait point donné d'envie[4] ni d'éloignement l'une de l'autre ; elles étaient amies, sans néanmoins se confier leurs sentiments. Madame de Clèves savait que madame de Martigues aimait le vidame ; mais madame de Martigues ne savait pas que madame de Clèves aimât monsieur de Nemours, ni qu'elle en fût aimée. La qualité de nièce du vidame rendait madame de Clèves plus chère à madame de Martigues, et madame de Clèves l'aimait aussi comme une personne qui avait une passion aussi bien qu'elle, et qui l'avait pour l'ami intime de son amant.

Madame de Martigues vint à Coulommiers, comme elle l'avait promis à madame de Clèves ; elle la trouva dans une vie fort solitaire. Cette princesse avait même cherché le moyen d'être dans une solitude entière, et de passer les soirs dans les jardins, sans être accompagnée de ses domestiques. Elle venait dans ce pavillon où monsieur de Nemours l'avait écoutée ; elle entrait dans le cabinet qui était ouvert sur le jardin. Ses femmes et ses domestiques demeuraient dans l'autre cabinet, ou sous le pavillon, et ne venaient point à elle qu'elle ne les appelât. Madame de Martigues n'avait jamais vu Coulommiers ; elle fut surprise de toutes les beautés qu'elle y trouva, et surtout de l'agrément de ce pavillon ; madame de Clèves et elle y passaient tous les soirs. La liberté de se trouver seules, la nuit, dans le plus beau lieu du monde, ne laissait pas finir[5] la

4. De jalousie.

5. Rendait infinie.

conversation entre deux jeunes personnes qui avaient des passions violentes dans le cœur ; et, quoiqu'elles ne s'en fissent point de confidence, elles trouvaient un grand plaisir à se parler. Madame de Martigues aurait eu de la peine à quitter Coulommiers, si, en le quittant, elle n'eût dû aller dans un lieu où était le vidame : elle partit pour aller à Chambord, où la cour était alors.

Le sacre avait été fait à Reims par le cardinal de Lorraine, et l'on devait passer le reste de l'été dans le château de Chambord, qui était nouvellement bâti. La reine témoigna une grande joie de revoir madame de Martigues ; et, après lui en avoir donné plusieurs marques, elle lui demanda des nouvelles de madame de Clèves et de ce qu'elle faisait à la campagne. Monsieur de Nemours et monsieur de Clèves étaient alors chez cette reine. Madame de Martigues, qui avait trouvé Coulommiers admirable, en conta toutes les beautés, et elle s'étendit extrêmement sur la description de ce pavillon de la forêt, et sur le plaisir qu'avait madame de Clèves de s'y promener seule une partie de la nuit. Monsieur de Nemours, qui connaissait assez le lieu pour entendre ce qu'en disait madame de Martigues, pensa qu'il n'était pas impossible qu'il y pût voir madame de Clèves sans être vu que d'elle. Il fit quelques questions à madame de Martigues, pour s'en éclaircir encore ; et monsieur de Clèves, qui l'avait toujours regardé pendant que madame de Martigues avait parlé, crut voir dans ce moment ce qui lui passait dans l'esprit. Les questions que fit ce prince le confirmèrent encore dans cette pensée ; en sorte qu'il ne douta point qu'il n'eût dessein d'aller voir sa femme. Il ne se trompait pas dans ses soupçons. Ce dessein entra si fortement dans l'esprit de monsieur de Nemours, qu'après avoir passé la nuit à songer aux moyens de l'exécuter, dès le lendemain matin, il demanda congé au roi, pour aller à Paris, sur quelque prétexte qu'il inventa.

Monsieur de Clèves ne douta point du sujet de ce voyage ; mais il résolut de s'éclaircir de la conduite de sa femme, et de ne pas demeurer dans une cruelle incertitude. Il eut envie de partir en même temps que monsieur de Nemours, et de venir lui-même, caché, découvrir quel succès aurait ce voyage ; mais, craignant que son départ ne parût extraordinaire, et que monsieur de Nemours, en étant averti, ne prît d'autres mesures, il résolut de se fier à un gentilhomme qui était à lui, dont il connaissait la fidélité et l'esprit. Il lui conta dans quel embarras il se trouvait. Il lui dit quelle avait été jusqu'alors la vertu de madame de Clèves, et lui ordonna de partir sur les pas de monsieur de Nemours, de l'observer exactement, de voir s'il n'irait point à Coulommiers, et s'il n'entrerait point la nuit dans le jardin.

Le gentilhomme, qui était très capable d'une telle commission, s'en acquitta avec toute l'exactitude imaginable. Il suivit monsieur de Nemours jusqu'à un village, à une demi-lieue de Coulommiers, où ce prince s'arrêta, et le gentilhomme devina aisément que c'était pour y attendre la nuit. Il ne crut pas à propos de l'y attendre aussi ; il passa le village, et alla dans la forêt à l'endroit par où il jugeait que monsieur de Nemours pouvait passer. Il ne se trompa point dans tout ce qu'il avait pensé. Sitôt que la nuit fut venue, il entendit marcher, et, quoiqu'il fît obscur, il reconnut aisément monsieur de Nemours. Il le vit faire le tour du jardin, comme pour écouter s'il n'y entendrait personne, et pour choisir le lieu par où il pourrait passer le plus aisément. Les palissades étaient fort hautes, et il y en avait encore derrière, pour empêcher qu'on ne pût entrer ; en sorte qu'il était assez difficile de se faire passage[1]. Monsieur de Nemours en vint à bout néanmoins ; sitôt qu'il fut dans ce jardin, il n'eut pas de peine à démêler[2] où était madame de Clèves ; il vit beaucoup de lumières dans le cabinet ; toutes les fenêtres en étaient ouvertes ; et, en se glissant le long des palissades, il s'en approcha avec un trouble et une émotion qu'il est aisé de se représenter. Il se rangea derrière une des fenêtres qui servait de porte, pour voir ce que faisait madame de Clèves. Il vit qu'elle était seule ; mais il la vit d'une si admirable beauté, qu'à peine fut-il maître du transport[3] que lui donna cette vue. Il faisait chaud, et elle n'avait rien sur sa tête et sur sa gorge, que ses cheveux confusément rattachés. Elle était sur un lit de repos, avec une table devant elle, où il y avait plusieurs corbeilles pleines de rubans ; elle en choisit quelques-uns, et monsieur de Nemours remarqua que c'étaient des mêmes couleurs qu'il avait portées au

1. Se frayer un passage.

2. Deviner.

3. Trouble.

tournoi. Il vit qu'elle en faisait des nœuds à une canne des Indes[1] fort extraordinaire, qu'il avait portée quelque temps, et qu'il avait donnée à sa sœur, à qui madame de Clèves l'avait prise sans faire semblant de la reconnaître pour avoir été à monsieur de Nemours. Après qu'elle eut achevé son ouvrage avec une grâce et une douceur que répandaient sur son visage les sentiments qu'elle avait dans le cœur, elle prit un flambeau et s'en alla proche d'une grande table, vis-à-vis du tableau du siège de Metz, où était le portrait de monsieur de Nemours ; elle s'assit, et se mit à regarder ce portrait avec une attention et une rêverie que la passion seule peut donner.

On ne peut exprimer ce que sentit monsieur de Nemours dans ce moment. Voir, au milieu de la nuit, dans le plus beau lieu du monde, une personne qu'il adorait ; la voir sans qu'elle sût qu'il la voyait ; et la voir toute occupée de choses qui avaient du rapport à lui[2] et à la passion qu'elle lui cachait ; c'est ce qui n'a jamais été goûté ni imaginé par nul autre amant.

1. Canne en bois.

2. Qui étaient en rapport avec lui.

Explication linéaire 4

→ p. 159-160, de « Les palissades étaient fort hautes... » à « ... que la passion seule peut donner. » (l. 282 à 307)

Coulommiers, une retraite menacée ?

SITUER

1 Relisez les deux pages qui précèdent cet extrait. Dans quel lieu se situe précisément la scène ? À quel moment de la journée ?

2 Quel personnage assiste, caché, à l'entreprise du duc de Nemours ? Ce personnage peut-il voir ce qui se passe à l'intérieur du jardin ? Pourquoi ? Suivez plus largement le jeu des regards dans le passage et faites un schéma indiquant qui observe qui.

EXPLIQUER

Un amant audacieux → l. 282 à 301

3 Que représentent sur un plan symbolique les palissades que franchit le duc de Nemours ? Quelles caractéristiques du personnage cet obstacle permet-il de mettre en évidence ?

4 De quelle manière Madame de Lafayette souligne-t-elle le contraste entre l'ombre et la lumière dans ce passage ? Dans quelle mesure ce contraste nourrit-il la picturalité du passage ?

5 Qu'est-ce qui renforce, aux yeux de Nemours, l'attrait de Mme de Clèves lorsqu'il la découvre seule dans le pavillon ? Quelle réaction ce spectacle suscite-t-il chez le duc ?

6 Au moment où Nemours la surprend, Mme de Clèves est en train de nouer des rubans à une canne des Indes. Que peuvent symboliser ce geste et ces objets ?

7 Mme de Clèves s'est adroitement approprié la canne des Indes. À quelle autre scène du roman ce larcin répond-il ?

Un aveu silencieux → l. 302 à 307

8 Le tableau du siège de Metz se rattache au genre de la peinture d'histoire. Quel rôle Jacques de Savoie, qui a inspiré Mme de Lafayette dans la création de son personnage, a effectivement joué dans ce siège ? Reportez-vous à l'encart de la page 18.

9 Peut-on dire que ce moment de contemplation du tableau a la valeur d'une révélation pour Nemours ? Pourquoi ?

10 À quel autre passage du roman cet aveu silencieux fait-il écho ?

11 Dans quelle mesure l'attitude de la princesse, dans cette scène, contraste-t-elle avec l'attitude que le personnage s'efforce de conserver à la cour et en public ?

CONCLURE

12 D'après ce passage, Mme de Clèves vous semble-t-elle prête à vivre sa passion au grand jour ? Justifiez votre réponse.

ÉTUDE DE LA LANGUE

- Relevez les termes qui se rattachent au lexique de la vision dans cet extrait et montrez qu'ils permettent de créer un lien entre les différentes parties du texte.

ÉCRIRE

- Imaginez que le duc de Nemours parvienne à adresser une lettre à Mme de Clèves, dans laquelle il lui rendrait compte de cette scène nocturne ainsi que de ses sentiments (25 lignes).

Ce prince était aussi tellement hors de lui-même, qu'il demeurait immobile à regarder madame de Clèves, sans songer que les moments lui étaient précieux. Quand il fut un peu remis, il pensa qu'il devait attendre à[1] lui parler qu'elle allât dans le jardin ; il crut qu'il le pourrait faire avec plus de sûreté, parce qu'elle serait plus éloignée de ses femmes ; mais, voyant qu'elle demeurait dans le cabinet, il prit la résolution d'y entrer. Quand il voulut l'exécuter, quel trouble n'eut-il point ! Quelle crainte de lui déplaire ! Quelle peur de faire changer ce visage où il y avait tant de douceur, et de le voir devenir plein de sévérité et de colère !

Il trouva qu'il y avait eu de la folie, non pas à venir voir madame de Clèves sans être vu, mais à penser de s'en faire voir ; il vit tout ce qu'il n'avait point encore envisagé. Il lui parut de l'extravagance dans sa hardiesse de venir surprendre, au milieu de la nuit, une personne à qui il n'avait encore jamais parlé de son amour. Il pensa qu'il ne devait pas prétendre qu'elle le voulût écouter, et qu'elle aurait une juste colère du péril où il l'exposait par les accidents[2] qui pouvaient arriver. Tout son courage l'abandonna, et il fut prêt plusieurs fois à prendre la résolution de s'en retourner sans se faire voir. Poussé néanmoins par le désir de lui parler, et rassuré par les espérances que lui donnait tout ce qu'il avait vu, il avança quelques pas ; mais avec tant de trouble, qu'une écharpe qu'il avait s'embarrassa dans la fenêtre, en sorte qu'il fit du bruit. Madame de Clèves tourna la tête, et, soit qu'elle eût l'esprit rempli de ce prince, ou qu'il fût dans un lieu où la lumière donnait assez pour qu'elle le pût distinguer, elle crut le reconnaître ; et, sans balancer[3] ni se retourner du côté où il était, elle entra dans le lieu où étaient ses femmes. Elle y entra avec tant de trouble, qu'elle fut contrainte, pour le cacher, de dire qu'elle se trouvait mal ; et elle le dit aussi pour occuper tous ses gens, et pour donner le temps à monsieur de Nemours de se retirer. Quand elle eut fait quelque réflexion, elle pensa qu'elle s'était trompée, et que c'était un effet de son imagination d'avoir cru voir monsieur

1. Pour.

2. Conséquences imprévisibles.

3. Hésiter.

de Nemours. Elle savait qu'il était à Chambord ; elle ne trouvait nulle apparence qu'il eût entrepris une chose si hasardeuse ; elle eut envie plusieurs fois de rentrer dans le cabinet, et d'aller voir dans le jardin s'il y avait quelqu'un. Peut-être souhaitait-elle, autant qu'elle le craignait, d'y trouver monsieur de Nemours. Mais enfin, la raison et la prudence l'emportèrent sur tous ses autres sentiments, et elle trouva qu'il valait mieux demeurer dans le doute où elle était, que de prendre le hasard[1] de s'en éclaircir. Elle fut longtemps à[2] se résoudre à sortir d'un lieu dont elle pensait que ce prince était peut-être si proche, et il était quasi jour quand elle revint au château.

Monsieur de Nemours était demeuré dans le jardin tant qu'il avait vu de la lumière ; il n'avait pu perdre l'espérance de revoir madame de Clèves, quoiqu'il fût persuadé qu'elle l'avait reconnu, et qu'elle n'était sortie que pour l'éviter. Mais, voyant qu'on fermait les portes, il jugea bien qu'il n'avait plus rien à espérer. Il vint reprendre son cheval tout proche du lieu où attendait le gentilhomme de monsieur de Clèves. Ce gentilhomme le suivit jusqu'au même village d'où il était parti le soir. Monsieur de Nemours se résolut d'y passer tout le jour, afin de retourner la nuit à Coulommiers, pour voir si madame de Clèves aurait encore la cruauté de le fuir, ou celle de ne se pas exposer à être vue. Quoiqu'il eût une joie sensible de l'avoir trouvée si remplie de son idée, il était néanmoins très affligé de lui avoir vu un mouvement si naturel de le fuir.

La passion n'a jamais été si tendre et si violente qu'elle l'était alors en ce prince. Il s'en alla sous des saules, le long d'un petit ruisseau qui coulait derrière la maison où il était caché. Il s'éloigna le plus qu'il lui fut possible, pour n'être vu ni entendu de personne ; il s'abandonna aux transports de son amour, et son cœur en fut tellement pressé qu'il fut contraint de laisser couler quelques larmes ; mais ces larmes n'étaient pas de celles que la douleur seule fait répandre ; elles étaient mêlées de douceur et de ce charme qui ne se trouve que dans l'amour.

Il se mit à repasser toutes les actions de madame de Clèves depuis qu'il en était amoureux ; quelle rigueur honnête et modeste

1. Le risque.
2. Mit du temps à.

elle avait toujours eue pour lui, quoiqu'elle l'aimât ! « Car enfin, elle m'aime, disait-il, elle m'aime, je n'en saurais douter. Les plus grands engagements et les plus grandes faveurs ne sont pas des marques si assurées que celles que j'en ai eues. Cependant je suis traité avec la même rigueur que si j'étais haï. J'ai espéré au temps ; je n'en dois plus rien attendre ; je la vois toujours se défendre également contre moi et contre elle-même. Si je n'étais point aimé, je songerais à plaire ; mais je plais, on m'aime, et on me le cache. Que puis-je donc espérer, et quel changement dois-je attendre dans ma destinée ? Quoi ! je serai aimé de la plus aimable personne du monde, et je n'aurai cet excès d'amour que donnent les premières certitudes d'être aimé, que pour mieux sentir la douleur d'être maltraité ! Laissez-moi voir que vous m'aimez, belle princesse, s'écria-t-il, laissez-moi voir vos sentiments ; pourvu que je les connaisse par vous une fois en ma vie, je consens que vous repreniez pour toujours ces rigueurs dont vous m'accabliez. Regardez-moi du moins avec ces mêmes yeux dont je vous ai vue cette nuit regarder mon portrait. Pouvez-vous l'avoir regardé avec tant de douceur, et m'avoir fui moi-même si cruellement ? Que craignez-vous ? Pourquoi mon amour vous est-il si redoutable ? Vous m'aimez, vous me le cachez inutilement ; vous-même m'en avez donné des marques involontaires. Je sais mon bonheur ; laissez m'en jouir, et cessez de me rendre malheureux. Est-il possible, reprenait-il, que je sois aimé de madame de Clèves, et que je sois malheureux ? Qu'elle était belle cette nuit ! Comment ai-je pu résister à l'envie de me jeter à ses pieds ? Si je l'avais fait, je l'aurais peut-être empêchée de me fuir ; mon respect l'aurait rassurée. Mais peut-être elle ne m'a pas reconnu ; je m'afflige plus que je ne dois, et la vue d'un homme à une heure si extraordinaire l'a effrayée. »

Ces mêmes pensées occupèrent tout le jour monsieur de Nemours. Il attendit la nuit avec impatience ; et quand elle fut venue, il reprit le chemin de Coulommiers. Le gentilhomme de monsieur de Clèves, qui s'était déguisé afin d'être moins remarqué, le suivit jusqu'au lieu où il l'avait suivi le soir d'auparavant, et le vit entrer dans le même jardin. Ce prince connut bientôt que madame de Clèves n'avait pas voulu hasarder qu'il essayât encore de la voir ; toutes les portes étaient fermées. Il tourna de tous les côtés pour découvrir s'il ne verrait point de lumières ; mais ce fut inutilement.

Madame de Clèves, s'étant douté que monsieur de Nemours pourrait revenir, était demeurée dans sa chambre ; elle avait appréhendé de n'avoir pas toujours la force de le fuir, et elle n'avait pas voulu se mettre au hasard[1] de lui parler d'une manière si peu conforme à la conduite qu'elle avait eue jusqu'alors.

Quoique monsieur de Nemours n'eût aucune espérance de la voir, il ne put se résoudre à sortir sitôt d'un lieu où elle était si souvent. Il passa la nuit entière dans le jardin, et trouva quelque consolation à voir du moins les mêmes objets qu'elle voyait tous les jours. Le soleil était levé devant[2] qu'il pensât à se retirer ; mais enfin la crainte d'être découvert l'obligea à s'en aller.

Il lui fut impossible de s'éloigner sans voir madame de Clèves ; et il alla chez madame de Mercœur, qui était alors dans cette maison qu'elle avait proche de Coulommiers. Elle fut extrêmement surprise de l'arrivée de son frère. Il inventa une cause de son voyage assez vraisemblable pour la tromper ; et enfin il conduisit si habilement son dessein, qu'il l'obligea à lui proposer d'elle-même d'aller chez madame de Clèves. Cette proposition fut exécutée dès le même jour, et monsieur de Nemours dit à sa sœur qu'il la quitterait à Coulommiers, pour s'en retourner en diligence trouver le roi. Il fit ce dessein de la quitter à Coulommiers, dans la pensée de l'en laisser partir la première ; et il crut avoir trouvé un moyen infaillible de parler à madame de Clèves.

Comme ils arrivèrent, elle se promenait dans une grande allée qui borde le parterre. La vue de monsieur de Nemours ne lui causa pas un médiocre trouble, et ne lui laissa plus douter que ce ne fût lui qu'elle avait vu la nuit précédente. Cette certitude lui donna quelque mouvement de colère, par la hardiesse et l'imprudence qu'elle trouvait dans ce qu'il avait entrepris. Ce prince remarqua une impression de froideur sur son visage qui lui donna une sensible douleur. La conversation fut de choses indifférentes ; et néanmoins il trouva l'art d'y faire paraître tant d'esprit, tant de complaisance, et tant d'admiration pour madame de Clèves, qu'il dissipa malgré elle une partie de la froideur qu'elle avait eue d'abord.

---

1. Prendre le risque.

2. Avant.

Lorsqu'il se sentit rassuré de sa première crainte, il témoigna une extrême curiosité d'aller voir le pavillon de la forêt. Il en parla comme du plus agréable lieu du monde, et en fit même une description si particulière, que madame de Mercœur lui dit qu'il fallait qu'il y eût été plusieurs fois pour en connaître si bien toutes les beautés.

« Je ne crois pourtant pas, reprit madame de Clèves, que monsieur de Nemours y ait jamais entré, c'est un lieu qui n'est achevé que depuis peu.

– Il n'y a pas longtemps aussi que j'y ai été, reprit monsieur de Nemours en la regardant, et je ne sais si je ne dois point être bien aise que vous ayez oublié de m'y avoir vu. »

Madame de Mercœur, qui regardait la beauté des jardins, n'avait point d'attention à ce que disait son frère. Madame de Clèves rougit ; et, baissant les yeux sans regarder monsieur de Nemours :

« Je ne me souviens point, lui dit-elle, de vous y avoir vu ; et si vous y avez été, c'est sans que je l'aie su.

– Il est vrai, madame, répliqua monsieur de Nemours, que j'y ai été sans vos ordres, et j'y ai passé les plus doux et les plus cruels moments de ma vie. »

Madame de Clèves entendait trop bien tout ce que disait ce prince ; mais elle n'y répondit point ; elle songea à empêcher madame de Mercœur d'aller dans ce cabinet, parce que le portrait de monsieur de Nemours y était, et qu'elle ne voulait pas qu'elle l'y vît. Elle fit si bien que le temps se passa insensiblement, et madame de Mercœur parla de s'en retourner ; mais quand madame de Clèves vit que monsieur de Nemours et sa sœur ne s'en allaient pas ensemble, elle jugea bien à quoi elle allait être exposée. Elle se trouva dans le même embarras où elle s'était trouvée à Paris, et elle prit aussi le même parti. La crainte que cette visite ne fût encore une confirmation des soupçons qu'avait son mari ne contribua pas peu à la déterminer ; et, pour éviter que monsieur de Nemours ne demeurât seul avec elle, elle dit à madame de Mercœur qu'elle l'allait conduire jusques au bord de la forêt, et elle ordonna que son carrosse la suivît. La douleur qu'eut ce prince de trouver toujours cette même continuation des rigueurs en madame de Clèves fut si violente qu'il en pâlit dans le même moment[1]. Madame de Mercœur lui demanda s'il se trouvait mal ; mais il regarda madame de Clèves, sans que personne s'en aperçût, et il lui fit juger, par ses regards, qu'il n'avait d'autre mal que son désespoir. Cependant il fallut qu'il les laissât partir sans oser les suivre ; et, après ce qu'il avait dit, il ne pouvait plus retourner avec sa sœur ; ainsi, il revint à Paris, et en partit le lendemain.

Le gentilhomme de monsieur de Clèves l'avait toujours observé. Il revint aussi à Paris ; et, comme il vit monsieur de Nemours parti pour Chambord, il prit la poste[2], afin d'y arriver devant lui, et de rendre compte de son voyage. Son maître attendait son retour comme ce qui allait décider du malheur de toute sa vie.

Sitôt qu'il le vit, il jugea, par son visage et par son silence, qu'il n'avait que des choses fâcheuses à lui apprendre. Il demeura quelque temps saisi d'affliction, la tête baissée sans pouvoir parler ; enfin, il lui fit signe de la main de se retirer :

« Allez, lui dit-il, je vois ce que vous avez à me dire ; mais je n'ai pas la force de l'écouter.

– Je n'ai rien à vous apprendre, lui répondit le gentilhomme, sur quoi on puisse faire de jugement assuré. Il est vrai que monsieur de Nemours a entré deux nuits de suite dans le jardin de la forêt, et qu'il a été le jour d'après à Coulommiers, avec madame de Mercœur.

– C'est assez, répliqua monsieur de Clèves, c'est assez, en lui faisant encore signe de se retirer, et je n'ai pas besoin d'un plus grand éclaircissement. »

Le gentilhomme fut contraint de laisser son maître abandonné à son désespoir. Il n'y en a peut-être jamais eu un plus violent, et peu d'hommes d'un aussi grand courage et d'un cœur aussi passionné que monsieur de Clèves ont ressenti en même temps la douleur que cause l'infidélité d'une maîtresse, et la honte d'être trompé par une femme.

Monsieur de Clèves ne put résister à l'accablement où il se trouva. La fièvre lui prit dès la nuit même, et avec de si grands accidents[3], que dès ce moment sa maladie parut très dangereuse ; on

1. Au moment même.

2. Une calèche (qui sert à transporter le courrier et les voyageurs).

3. De manière si imprévisible.

en donna avis à madame de Clèves ; elle vint en diligence. Quand elle arriva, il était encore plus mal, elle lui trouva quelque chose de si froid et de si glacé pour elle[4], qu'elle en fut extrêmement surprise et affligée. Il lui parut même qu'il recevait avec peine les services qu'elle lui rendait ; mais enfin elle pensa que c'était peut-être un effet de sa maladie.

D'abord qu'elle[5] fut à Blois, où la cour était alors, monsieur de Nemours ne put s'empêcher d'avoir de la joie de savoir qu'elle était dans le même lieu que lui. Il essaya de la voir, et alla tous les jours chez monsieur de Clèves, sur le prétexte de savoir de ses nouvelles ; mais ce fut inutilement. Elle ne sortait point de la chambre de son mari, et avait une douleur violente de l'état où elle le voyait. Monsieur de Nemours était désespéré qu'elle fût si affligée ; il jugeait aisément combien cette affliction renouvelait l'amitié qu'elle avait pour monsieur de Clèves, et combien cette amitié faisait une diversion dangereuse à la passion qu'elle avait dans le cœur. Ce sentiment lui donna un chagrin mortel pendant quelque temps ; mais l'extrémité du mal de monsieur de Clèves lui ouvrit de nouvelles espérances. Il vit que madame de Clèves serait peut-être en liberté[6] de suivre son inclination, et qu'il pourrait trouver dans l'avenir une suite de bonheur et de plaisirs durables. Il ne pouvait soutenir cette pensée, tant elle lui donnait de trouble et de transports, et il en éloignait son esprit par la crainte de se trouver trop malheureux, s'il venait à perdre ses espérances.

Cependant monsieur de Clèves était presque abandonné des médecins[7]. Un des derniers jours de son mal, après avoir passé une nuit très fâcheuse, il dit, sur le matin, qu'il voulait reposer. Madame de Clèves demeura seule dans sa chambre. Il lui parut qu'au lieu de reposer, il avait beaucoup d'inquiétude ; elle s'approcha, et se vint mettre à genoux devant son lit, le visage tout couvert de larmes. Monsieur de Clèves avait résolu de ne lui point témoigner le violent chagrin qu'il avait contre elle ; mais les soins qu'elle lui rendait, et son affliction, qui lui paraissait quelquefois véritable, et qu'il

---

4. À son égard.

5. Dès qu'elle.

6. Libre, après la mort de son mari.

7. Les médecins ont perdu tout espoir de le guérir.

regardait aussi quelquefois comme des marques de dissimulation et de perfidie[1], lui causaient des sentiments si opposés et si douloureux, qu'il ne les put renfermer en lui-même.

« Vous versez bien des pleurs, madame, lui dit-il, pour une mort que vous causez, et qui ne vous peut donner la douleur que vous faites paraître. Je ne suis plus en état de vous faire des reproches, continua-t-il avec une voix affaiblie par la maladie et par la douleur ; mais je meurs du cruel déplaisir que vous m'avez donné. Fallait-il qu'une action aussi extraordinaire que celle que vous aviez faite de me parler à Coulommiers eût si peu de suite ? Pourquoi m'éclairer sur la passion que vous aviez pour monsieur de Nemours, si votre vertu n'avait pas plus d'étendue[2] pour y résister ? Je vous aimais jusqu'à être bien aise d'être trompé, je l'avoue à ma honte ; j'ai regretté ce faux repos dont vous m'avez tiré. Que ne me laissiez-vous dans cet aveuglement tranquille dont jouissent tant de maris ? J'eusse, peut-être, ignoré, toute ma vie, que vous aimiez monsieur de Nemours. Je mourrai, ajouta-t-il ; mais sachez que vous me rendez la mort agréable, et qu'après m'avoir ôté l'estime et la tendresse que j'avais pour vous, la vie me ferait horreur. Que ferais-je de la vie, reprit-il, pour la passer avec une personne que j'ai tant aimée, et dont j'ai été si cruellement trompé, ou pour vivre séparé de cette même personne, et en venir à un éclat et à des violences si opposées à mon humeur et à la passion que j'avais pour vous ? Elle a été au-delà de ce que vous en avez vu, madame ; je vous en ai caché la plus grande partie, par la crainte de vous importuner, ou de perdre quelque chose de votre estime, par des manières qui ne convenaient pas à un mari ; enfin je méritais votre cœur : encore une fois, je meurs sans regret, puisque je n'ai pu l'avoir, et que je ne puis plus le désirer. Adieu, madame. Vous regretterez quelque jour un homme qui vous aimait d'une passion véritable et légitime. Vous sentirez le chagrin que trouvent les personnes raisonnables dans ces engagements, et vous connaîtrez la différence d'être aimée comme je vous aimais, à l'être par des gens qui, en vous témoignant de l'amour, ne cherchent que l'honneur de vous séduire. Mais ma mort vous laissera en liberté, ajouta-t-il, et

1. Trahison.

2. De capacité.

vous pourrez rendre monsieur de Nemours heureux, sans qu'il vous en coûte des crimes. Qu'importe, reprit-il, ce qui arrivera quand je ne serai plus, et faut-il que j'aie la faiblesse d'y jeter les yeux ? »

Madame de Clèves était si éloignée de s'imaginer que son mari pût avoir des soupçons contre elle, qu'elle écouta toutes ces paroles sans les comprendre, et sans avoir d'autre idée, sinon qu'il lui reprochait son inclination pour monsieur de Nemours. Enfin, sortant tout d'un coup de son aveuglement :

« Moi, des crimes ! s'écria-t-elle, la pensée même m'en est inconnue. La vertu la plus austère ne peut inspirer d'autre conduite que celle que j'ai eue ; et je n'ai jamais fait d'action dont je n'eusse souhaité que vous eussiez été témoin.

– Eussiez-vous souhaité, répliqua monsieur de Clèves, en la regardant avec dédain, que je l'eusse été des nuits que vous avez passées avec monsieur de Nemours ? Ah ! madame, est-ce vous dont je parle, quand je parle d'une femme qui a passé des nuits avec un homme ?

– Non, monsieur, reprit-elle ; non, ce n'est pas de moi dont vous parlez : je n'ai jamais passé ni de nuits ni de moments avec monsieur de Nemours : il ne m'a jamais vue en particulier ; je ne l'ai jamais souffert ni écouté, et j'en ferais tous les serments…

– N'en dites pas davantage, interrompit monsieur de Clèves ; de faux serments ou un aveu me feraient peut-être une égale peine. »

Madame de Clèves ne pouvait répondre ; ses larmes et sa douleur lui ôtaient la parole ; enfin, faisant un effort :

« Regardez-moi, du moins ; écoutez-moi, lui dit-elle ; s'il n'y allait que de mon intérêt, je souffrirais ces reproches, mais il y va de votre vie. Écoutez-moi, pour l'amour de vous-même, il est impossible qu'avec tant de vérité, je ne vous persuade[3] mon innocence.

– Plût à Dieu que vous me la puissiez persuader ! s'écria-t-il ; mais que me pouvez-vous dire ? monsieur de Nemours n'a-t-il pas été à Coulommiers avec sa sœur ? Et n'avait-il pas passé les deux nuits précédentes avec vous dans le jardin de la forêt ?

– Si c'est là mon crime, répliqua-t-elle, il m'est aisé de me justifier. Je ne vous demande point de me croire, mais croyez tous

3. Persuade de.

vos domestiques, et sachez si j'allai dans le jardin de la forêt la veille que monsieur de Nemours vint à Coulommiers, et si je n'en sortis pas le soir d'auparavant deux heures plus tôt que je n'avais accoutumé. »

Elle lui conta ensuite comme elle avait cru voir quelqu'un dans ce jardin. Elle lui avoua qu'elle avait cru que c'était monsieur de Nemours. Elle lui parla avec tant d'assurance, et la vérité se persuade si aisément[1], lors même qu'elle n'est pas vraisemblable, que monsieur de Clèves fut presque convaincu de son innocence.

« Je ne sais, lui dit-il, si je me dois laisser aller à vous croire. Je me sens si proche de la mort, que je ne veux rien voir de ce qui me pourrait faire regretter la vie. Vous m'avez éclairci trop tard ; mais ce me sera toujours un soulagement d'emporter la pensée que vous êtes digne de l'estime que j'ai eue pour vous. Je vous prie que je puisse encore avoir la consolation de croire que ma mémoire vous sera chère, et que, s'il eût dépendu de vous, vous eussiez eu pour moi les sentiments que vous avez pour un autre. »

Il voulut continuer ; mais une faiblesse lui ôta la parole. Madame de Clèves fit venir les médecins, ils le trouvèrent presque sans vie. Il languit[2] néanmoins encore quelques jours, et mourut enfin avec une constance[3] admirable.

Madame de Clèves demeura dans une affliction si violente, qu'elle perdit quasi l'usage de la raison. La reine la vint voir avec soin, et la mena dans un couvent, sans qu'elle sût où on la conduisait. Ses belles-sœurs la ramenèrent à Paris, qu'elle n'était pas encore en état de sentir distinctement sa douleur. Quand elle commença d'avoir la force de l'envisager, et qu'elle vit quel mari elle avait perdu, qu'elle considéra qu'elle était la cause de sa mort, et que c'était par la passion qu'elle avait eue pour un autre qu'elle en était cause, l'horreur qu'elle eut pour elle-même et pour monsieur de Nemours ne se peut représenter.

Ce prince n'osa, dans ces commencements[4], lui rendre d'autres soins que ceux que lui ordonnait la bienséance. Il connaissait assez

1. On se laisse si facilement persuader par la vérité.

2. Dépérit.

3. Dignité.

4. Dans ces premiers moments.

madame de Clèves pour croire qu'un plus grand empressement lui serait désagréable ; mais ce qu'il apprit ensuite lui fit bien voir qu'il devait avoir longtemps la même conduite.

Un écuyer qu'il avait lui conta que le gentilhomme de monsieur de Clèves, qui était son ami intime, lui avait dit, dans sa douleur de la perte de son maître, que le voyage de monsieur de Nemours à Coulommiers était cause de sa mort. Monsieur de Nemours fut extrêmement surpris de ce discours ; mais, après y avoir fait réflexion, il devina une partie de la vérité, et il jugea bien quels seraient d'abord les sentiments de madame de Clèves, et quel éloignement elle aurait de lui, si elle croyait que le mal de son mari eût été causé par la jalousie. Il crut qu'il ne fallait pas même la faire sitôt souvenir de son nom ; et il suivit cette conduite, quelque pénible qu'elle lui parût.

Il fit un voyage à Paris, et ne put s'empêcher néanmoins d'aller à sa porte pour apprendre de ses nouvelles. On lui dit que personne ne la voyait, et qu'elle avait même défendu qu'on lui rendît compte de ceux qui l'iraient chercher[5]. Peut-être que ces ordres si exacts étaient donnés en vue de ce prince, et pour ne point entendre parler de lui. Monsieur de Nemours était trop amoureux pour pouvoir vivre si absolument privé de la vue de madame de Clèves. Il résolut de trouver des moyens, quelque difficiles qu'ils pussent être, de sortir d'un état[6] qui lui paraissait si insupportable.

La douleur de cette princesse passait les bornes de la raison. Ce mari mourant, et mourant à cause d'elle et avec tant de tendresse pour elle, ne lui sortait point de l'esprit. Elle repassait incessamment tout ce qu'elle lui devait ; et elle se faisait un crime de n'avoir pas eu de la passion pour lui, comme si c'eût été une chose qui eût été en son pouvoir. Elle ne trouvait de consolation qu'à penser qu'elle le regrettait autant qu'il méritait d'être regretté, et qu'elle ne ferait, dans le reste de sa vie, que ce qu'il aurait été bien aise qu'elle eût fait, s'il avait vécu.

Elle avait pensé[7] plusieurs fois comment il avait su que monsieur de Nemours était venu à Coulommiers ; elle ne soupçonnait pas ce

5. Viendraient la voir.

6. D'une situation.

7. Elle s'était demandé.

prince de l'avoir conté, et il lui paraissait même indifférent qu'il l'eût redit, tant elle se croyait guérie et éloignée de la passion qu'elle avait eue pour lui. Elle sentait néanmoins une douleur vive de s'imaginer qu'il était cause de la mort de son mari, et elle se souvenait avec peine de la crainte que monsieur de Clèves lui avait témoignée en mourant qu'elle ne l'épousât ; mais toutes ces douleurs se confondaient dans celle de la perte de son mari, et elle croyait n'en avoir point d'autre.

Après que plusieurs mois furent passés, elle sortit de cette violente affliction où elle était, et passa dans un état de tristesse et de langueur[1]. Madame de Martigues fit un voyage à Paris, et la vit avec soin pendant le séjour qu'elle y fit. Elle l'entretint de la cour et de tout ce qui s'y passait ; et, quoique madame de Clèves ne parût pas y prendre intérêt, madame de Martigues ne laissait pas de lui en parler pour la divertir.

Elle lui conta des nouvelles du vidame, de monsieur de Guise, et de tous les autres qui étaient distingués par leur personne ou par leur mérite.

« Pour monsieur de Nemours, dit-elle, je ne sais si les affaires ont pris dans son cœur la place de la galanterie, mais il a bien moins de joie qu'il n'avait accoutumé d'en avoir ; il paraît fort retiré du commerce des femmes ; il fait souvent des voyages à Paris, et je crois même qu'il y est présentement. »

Le nom de monsieur de Nemours surprit madame de Clèves, et la fit rougir. Elle changea de discours, et madame de Martigues ne s'aperçut point de son trouble.

Le lendemain, cette princesse, qui cherchait des occupations conformes à l'état où elle était, alla, proche de chez elle, voir un homme qui faisait des ouvrages[2] de soie d'une façon particulière ; et elle y fut dans le dessein d'en faire faire de semblables. Après qu'on les lui eut montrés, elle vit la porte d'une chambre où elle crut qu'il y en avait encore ; elle dit qu'on la lui ouvrît. Le maître répondit qu'il n'en avait pas la clef, et qu'elle était occupée par un homme qui y venait quelquefois, pendant le jour, pour dessiner de belles maisons et des jardins que l'on voyait de ses fenêtres.

1. Abattement.

2. Productions artisanales.

« C'est l'homme du monde le mieux fait, ajouta-t-il, il n'a guère la mine d'être réduit à gagner sa vie. Toutes les fois qu'il vient céans[3], je le vois toujours regarder les maisons et les jardins, mais je ne le vois jamais travailler. »

Madame de Clèves écoutait ce discours avec une grande attention. Ce que lui avait dit madame de Martigues, que monsieur de Nemours était quelquefois à Paris, se joignit, dans son imagination, à cet homme bien fait qui venait proche de chez elle, et lui fit une idée de monsieur de Nemours, et de monsieur de Nemours appliqué à la voir, qui lui donna un trouble confus dont elle ne savait pas même la cause. Elle alla vers les fenêtres pour voir où elles donnaient ; elle trouva qu'elles voyaient tout son jardin et la face[4] de son appartement ; et, lorsqu'elle fut dans sa chambre, elle remarqua aisément cette même fenêtre où l'on lui avait dit que venait cet homme. La pensée que c'était monsieur de Nemours changea entièrement la situation de son esprit ; elle ne se trouva plus dans un certain triste repos qu'elle commençait à goûter ; elle se sentit inquiète et agitée ; enfin, ne pouvant demeurer avec elle-même, elle sortit, et alla prendre l'air dans un jardin hors des faubourgs, où elle pensait être seule. Elle crut, en y arrivant, qu'elle ne s'était pas trompée ; elle ne vit aucune apparence qu'il y eût quelqu'un, et elle se promena assez longtemps.

Après avoir traversé un petit bois, elle aperçut au bout d'une allée, dans l'endroit le plus reculé du jardin, une manière de cabinet ouvert de tous côtés, où elle adressa[5] ses pas. Comme elle en fut proche, elle vit un homme couché sur des bancs, qui paraissait enseveli dans une rêverie profonde, et elle reconnut que c'était monsieur de Nemours. Cette vue l'arrêta tout court ; mais ses gens, qui la suivaient, firent quelque bruit, qui tira monsieur de Nemours de sa rêverie. Sans regarder qui avait causé le bruit qu'il avait entendu, il se leva de sa place pour éviter la compagnie qui venait vers lui, et tourna dans une autre allée, en faisant une révérence fort basse, qui l'empêcha même de voir ceux qu'il saluait.

3. Ici.

4. La façade.

5. Dirigea.

S'il eût su ce qu'il évitait, avec quelle ardeur serait-il retourné sur ses pas ! Mais il continua à suivre l'allée, et madame de Clèves le vit sortir par une porte de derrière où l'attendait son carrosse. Quel effet produisit cette vue d'un moment dans le cœur de madame de Clèves ! Quelle passion endormie se ralluma dans son cœur, et avec quelle violence ! Elle s'alla asseoir dans le même endroit d'où venait de sortir monsieur de Nemours ; elle y demeura comme accablée. Ce prince se présenta à son esprit, aimable au-dessus de tout ce qui était au monde, l'aimant depuis longtemps avec une passion pleine de respect et de fidélité, méprisant tout pour elle, respectant même jusqu'à sa douleur, songeant à la voir sans songer à en être vu, quittant la cour, dont il faisait les délices, pour aller regarder les murailles qui la renfermaient, pour venir rêver dans des lieux où il ne pouvait prétendre de la rencontrer, enfin un homme digne d'être aimé par son seul attachement, et pour qui elle avait une inclination si violente, qu'elle l'aurait aimé quand il ne l'aurait pas aimée ; mais de plus, un homme d'une qualité élevée et convenable à la sienne. Plus de devoir, plus de vertu, qui s'opposassent à ses sentiments, tous les obstacles étaient levés, et il ne restait de leur état passé que la passion de monsieur de Nemours pour elle, et que celle qu'elle avait pour lui.

Toutes ces idées furent nouvelles à cette princesse. L'affliction de la mort de monsieur de Clèves l'avait assez occupée pour avoir empêché qu'elle n'y eût jeté les yeux[1]. La présence de monsieur de Nemours les amena en foule dans son esprit ; mais, quand il en eut été pleinement rempli, et qu'elle se souvint aussi que ce même homme qu'elle regardait comme pouvant l'épouser, était celui qu'elle avait aimé du vivant de son mari, et qui était la cause de sa mort ; que même, en mourant, il lui avait témoigné de la crainte qu'elle ne l'épousât, son austère vertu était si blessée de cette imagination, qu'elle ne trouvait guère moins de crime à épouser monsieur de Nemours, qu'elle en avait trouvé à l'aimer pendant la vie de son mari. Elle s'abandonna à ses réflexions si contraires à son bonheur ; elle les fortifia encore de plusieurs raisons qui regardaient[2] son repos et les maux qu'elle prévoyait en épousant ce prince. Enfin, après

1. Qu'elle songeât à cette passion.
2. Concernaient.

avoir demeuré deux heures dans le lieu où elle était, elle s'en revint chez elle, persuadée qu'elle devait fuir sa vue comme une chose entièrement opposée à son devoir.

Mais cette persuasion, qui était un effet de sa raison et de sa vertu, n'entraînait pas son cœur. Il demeurait attaché à monsieur de Nemours avec une violence qui la mettait dans un état digne de compassion, et qui ne lui laissa plus de repos. Elle passa une des plus cruelles nuits qu'elle eût jamais passées. Le matin, son premier mouvement fut d'aller voir s'il n'y aurait personne à la fenêtre qui donnait chez elle ; elle y alla, elle y vit monsieur de Nemours. Cette vue la surprit, et elle se retira avec une promptitude qui fit juger à ce prince qu'il avait été reconnu. Il avait souvent désiré de l'être, depuis que sa passion lui avait fait trouver ces moyens de voir madame de Clèves ; et, lorsqu'il n'espérait pas d'avoir ce plaisir, il allait rêver dans le même jardin où elle l'avait trouvé.

Lassé enfin d'un état si malheureux et si incertain, il résolut de tenter quelque voie d'éclaircir sa destinée : « Que veux-je attendre, disait-il ? il y a longtemps que je sais que j'en suis aimé ; elle est libre, elle n'a plus de devoir à m'opposer ; pourquoi me réduire à la voir sans en être vu et sans lui parler ? Est-il possible que l'amour m'ait si absolument ôté la raison et la hardiesse, et qu'il m'ait rendu si différent de ce que j'ai été dans les autres passions de ma vie ? J'ai dû respecter la douleur de madame de Clèves ; mais je la respecte trop longtemps, et je lui donne le loisir[3] d'éteindre l'inclination qu'elle a pour moi. »

Après ces réflexions, il songea aux moyens dont il devait se servir pour la voir. Il crut qu'il n'y avait plus rien qui l'obligeât à cacher sa passion au vidame de Chartres : il résolut de lui en parler, et de lui dire le dessein qu'il avait pour sa nièce.

Le vidame était alors à Paris : tout le monde y était venu donner ordre à son équipage et à ses habits[4], pour suivre le roi, qui devait conduire la reine d'Espagne. Monsieur de Nemours alla donc chez le vidame, et lui fit un aveu sincère de tout ce qu'il lui avait caché

---

3. La possibilité.

4. Pour ordonner de préparer son équipage et ses bagages.

jusqu'alors, à la réserve des sentiments de madame de Clèves, dont il ne voulut pas paraître instruit.

Le vidame reçut[1] tout ce qu'il lui dit avec beaucoup de joie, et l'assura que, sans savoir ses sentiments, il avait souvent pensé, depuis que madame de Clèves était veuve, qu'elle était la seule personne digne de lui. Monsieur de Nemours le pria de lui donner les moyens de lui parler, et de savoir quelles étaient ses dispositions.

Le vidame lui proposa de le mener chez elle ; mais monsieur de Nemours crut qu'elle en serait choquée, parce qu'elle ne voyait encore personne. Ils trouvèrent qu'il fallait que monsieur le vidame la priât de venir chez lui, sur quelque prétexte, et que monsieur de Nemours y vînt par un escalier dérobé[2], afin de n'être vu de personne. Cela s'exécuta comme ils l'avaient résolu : madame de Clèves vint ; le vidame l'alla recevoir, et la conduisit dans un grand cabinet, au bout de son appartement ; quelque temps après monsieur de Nemours entra comme si le hasard l'eût conduit. Madame de Clèves fut extrêmement surprise de le voir ; elle rougit, et essaya de cacher sa rougeur. Le vidame parla d'abord de choses différentes, et sortit, supposant qu'il avait quelque ordre à donner. Il dit à madame de Clèves qu'il la priait de faire les honneurs de chez lui, et qu'il allait rentrer dans un moment.

L'on ne peut exprimer ce que sentirent monsieur de Nemours et madame de Clèves, de se trouver seuls et en état de se parler pour la première fois. Ils demeurèrent quelque temps sans rien dire ; enfin, monsieur de Nemours rompant le silence :

« Pardonnerez-vous à monsieur de Chartres, madame, lui dit-il, de m'avoir donné l'occasion de vous voir, et de vous entretenir, que vous m'avez toujours si cruellement ôtée ?

– Je ne lui dois pas pardonner, répondit-elle, d'avoir oublié l'état où je suis et à quoi il expose ma réputation. »

En prononçant ces paroles elle voulut s'en aller ; et monsieur de Nemours la retenant :

« Ne craignez rien, madame, répliqua-t-il, personne ne sait que je suis ici, et aucun hasard n'est à craindre. Écoutez-moi, madame,

1. Écouta.

2. Caché.

écoutez-moi, si ce n'est par bonté, que ce soit du moins pour l'amour de vous-même, et pour vous délivrer des extravagances où m'emporterait infailliblement une passion dont je ne suis plus le maître. »

Madame de Clèves céda pour la première fois au penchant qu'elle avait pour monsieur de Nemours, et le regardant avec des yeux pleins de douceur et de charmes :

« Mais qu'espérez-vous, lui dit-elle, de la complaisance que vous me demandez ? Vous vous repentirez peut-être, de l'avoir obtenue, et je me repentirai infailliblement de vous l'avoir accordée. Vous méritez une destinée plus heureuse que celle que vous avez eue jusques ici, et que celle que vous pouvez trouver à l'avenir, à moins que vous ne la cherchiez ailleurs !

– Moi, madame, lui dit-il, chercher du bonheur ailleurs ! et y en a-t-il d'autre que d'être aimé de vous ! Quoique je ne vous aie jamais parlé, je ne saurais croire, madame, que vous ignoriez ma passion, et que vous ne la connaissiez pour la plus véritable et la plus violente qui sera jamais. À quelle épreuve a-t-elle été par des choses qui vous sont inconnues ? Et à quelle épreuve l'avez-vous mise par vos rigueurs ?

– Puisque vous voulez que je vous parle, et que je m'y résous, répondit madame de Clèves en s'asseyant, je le ferai avec une sincérité que vous trouverez malaisément[3] dans les personnes de mon sexe. Je ne vous dirai point que je n'aie pas vu l'attachement que vous avez eu pour moi ; peut-être ne me croiriez-vous pas quand je vous le dirais. Je vous avoue donc, non seulement que je l'ai vu, mais que je l'ai vu tel que vous pouvez souhaiter qu'il m'ait paru.

– Et si vous l'avez vu, madame, interrompit-il, est-il possible que vous n'en ayez point été touchée ? Et oserais-je vous demander s'il n'a fait aucune impression dans votre cœur ?

– Vous en avez dû juger par ma conduite, lui répliqua-t-elle ; mais je voudrais bien savoir ce que vous en avez pensé.

– Il faudrait que je fusse dans un état plus heureux pour vous l'oser dire, répondit-il ; et ma destinée a trop peu de rapport à ce que je vous dirais. Tout ce que je puis vous apprendre, madame,

3. Difficilement.

c'est que j'ai souhaité ardemment que vous n'eussiez pas avoué à monsieur de Clèves ce que vous me cachiez, et que vous lui eussiez caché ce que vous m'eussiez laissé voir…

– Comment avez-vous pu découvrir, reprit-elle en rougissant, que j'aie avoué quelque chose à monsieur de Clèves ?

– Je l'ai su par vous-même, madame, répondit-il ; mais, pour me pardonner la hardiesse que j'ai eue de vous écouter, souvenez-vous si j'ai abusé de ce que j'ai entendu, si mes espérances en ont augmenté, et si j'ai eu plus de hardiesse à vous parler ? »

Il commença à lui conter comme il avait entendu sa conversation avec monsieur de Clèves ; mais elle l'interrompit avant qu'il eût achevé.

« Ne m'en dites pas davantage, lui dit-elle ; je vois présentement par où vous avez été si bien instruit ; vous ne me le parûtes déjà que trop chez madame la dauphine, qui avait su cette aventure par ceux à qui vous l'aviez confiée. »

Monsieur de Nemours lui apprit alors de quelle sorte la chose était arrivée.

« Ne vous excusez point, reprit-elle ; il y a longtemps que je vous ai pardonné, sans que vous m'ayez dit de raison ; mais, puisque vous avez appris par moi-même ce que j'avais eu dessein de vous cacher toute ma vie, je vous avoue que vous m'avez inspiré des sentiments qui m'étaient inconnus devant que de[1] vous avoir vu, et dont j'avais même si peu d'idée qu'ils me donnèrent d'abord une surprise qui augmentait encore le trouble qui les suit toujours. Je vous fais cet aveu avec moins de honte, parce que je le fais dans un temps où je le puis faire sans crime, et que vous avez vu que ma conduite n'a pas été réglée par mes sentiments.

– Croyez-vous, madame, lui dit monsieur de Nemours, en se jetant à ses genoux, que je n'expire pas à vos pieds de joie et de transport ?

– Je ne vous apprends, lui répondit-elle en souriant, que ce que vous ne saviez déjà que trop.

---

1. Avant de.

– Ah ! madame, répliqua-t-il, quelle différence de le savoir par un effet du hasard, ou de l'apprendre par vous-même, et de voir que vous voulez bien que je le sache !

– Il est vrai, lui dit-elle, que je veux bien que vous le sachiez, et que je trouve de la douceur à vous le dire : je ne sais même si je ne vous le dis point plus pour l'amour de moi que pour l'amour de vous. Car, enfin, cet aveu n'aura point de suite, et je suivrai les règles austères que mon devoir m'impose.

– Vous n'y songez pas, madame, répondit monsieur de Nemours ; il n'y a plus de devoir qui vous lie, vous êtes en liberté ; et si j'osais, je vous dirais même qu'il dépend de vous de faire en sorte que votre devoir vous oblige un jour à conserver les sentiments que vous avez pour moi.

– Mon devoir, répliqua-t-elle, me défend de penser jamais à personne, et moins à vous qu'à qui que ce soit au monde, par des raisons qui vous sont inconnues.

– Elles ne me le sont peut-être pas, madame, reprit-il ; mais ce ne sont point de véritables raisons. Je crois savoir que monsieur de Clèves m'a cru plus heureux que je n'étais, et qu'il s'est imaginé que vous aviez approuvé des extravagances que la passion m'a fait entreprendre sans votre aveu[2].

– Ne parlons point de cette aventure, lui dit-elle, je n'en saurais soutenir la pensée ; elle me fait honte, et elle m'est aussi trop douloureuse par les suites qu'elle a eues. Il n'est que trop véritable que vous êtes cause de la mort de monsieur de Clèves ; les soupçons que lui a donnés votre conduite inconsidérée lui ont coûté la vie, comme si vous la lui aviez ôtée de vos propres mains. Voyez ce que je devrais faire, si vous en étiez venus ensemble à ces extrémités, et que le même malheur en fût arrivé. Je sais bien que ce n'est pas la même chose à l'égard du monde[3] ; mais, au mien, il n'y a aucune différence, puisque je sais que c'est par vous qu'il est mort, et que c'est à cause de moi.

– Ah ! madame, lui dit monsieur de Nemours, quel fantôme de devoir opposez-vous à mon bonheur ! Quoi, madame, une

2. Approbation.

3. De la société.

pensée vaine et sans fondement vous empêchera de rendre heureux un homme que vous ne haïssez pas ? Quoi ! j'aurais pu concevoir l'espérance de passer ma vie avec vous ; ma destinée m'aurait conduit à aimer la plus estimable personne du monde ; j'aurais vu en elle tout ce qui peut faire une adorable maîtresse ; elle ne m'aurait pas haï, et je n'aurais trouvé dans sa conduite que tout ce qui peut être à désirer dans une femme ! Car enfin, madame, vous êtes peut-être la seule personne en qui ces deux choses se soient jamais trouvées au degré[1] qu'elles sont en vous. Tous ceux qui épousent des maîtresses dont ils sont aimés, tremblent en les épousant, et regardent avec crainte, par rapport aux autres, la conduite qu'elles ont eue avec eux ; mais en vous, madame, rien n'est à craindre, et on ne trouve que des sujets d'admiration. N'aurais-je envisagé, dis-je, une si grande félicité, que pour vous y voir apporter vous-même des obstacles ? Ah ! madame, vous oubliez que vous m'avez distingué du reste des hommes, ou plutôt vous ne m'en avez jamais distingué : vous vous êtes trompée, et je me suis flatté.

– Vous ne vous êtes point flatté, lui répondit-elle ; les raisons de mon devoir ne me paraîtraient peut-être pas si fortes sans cette distinction dont vous vous doutez, et c'est elle qui me fait envisager des malheurs à m'attacher à vous.

– Je n'ai rien à répondre, madame, reprit-il, quand vous me faites voir que vous craignez des malheurs ; mais je vous avoue qu'après tout ce que vous avez bien voulu me dire, je ne m'attendais pas à trouver une si cruelle raison.

– Elle est si peu offensante pour vous, reprit madame de Clèves, que j'ai même beaucoup de peine à vous l'apprendre.

– Hélas ! madame, répliqua-t-il, que pouvez-vous craindre qui me flatte trop, après ce que vous venez de me dire ?

– Je veux vous parler encore avec la même sincérité que j'ai déjà commencé, reprit-elle, et je vais passer par-dessus toute la retenue et toutes les délicatesses que je devrais avoir dans une première conversation ; mais je vous conjure de m'écouter sans m'interrompre.

« Je crois devoir à votre attachement la faible récompense de ne vous cacher aucun de mes sentiments, et de vous les laisser voir

1. Au niveau, à la hauteur.

tels qu'ils sont. Ce sera apparemment la seule fois de ma vie que je me donnerai la liberté de vous les faire paraître ; néanmoins, je ne saurais vous avouer sans honte que la certitude de n'être plus aimée de vous comme je le suis me paraît un si horrible malheur, que, quand je n'aurais point des raisons de devoir insurmontables, je doute si je pourrais me résoudre à m'exposer à ce malheur. Je sais que vous êtes libre, que je le suis, et que les choses sont d'une sorte que le public n'aurait peut-être pas sujet de vous blâmer, ni moi non plus, quand nous nous engagerions ensemble pour jamais ; mais les hommes conservent-ils de la passion dans ces engagements éternels ? Dois-je espérer un miracle en ma faveur ? et puis-je me mettre en état de voir certainement finir cette passion dont je ferais toute ma félicité ? Monsieur de Clèves était peut-être l'unique homme du monde capable de conserver de l'amour dans le mariage. Ma destinée n'a pas voulu que j'aie pu profiter de ce bonheur ; peut-être aussi que sa passion n'avait subsisté que parce qu'il n'en aurait pas trouvé en moi ; mais je n'aurais pas le même moyen de conserver la vôtre : je crois même que les obstacles ont fait votre constance ; vous en avez assez trouvé pour vous animer à vaincre ; et mes actions involontaires, ou les choses que le hasard vous a apprises, vous ont donné assez d'espérance pour ne vous pas rebuter.

– Ah ! madame, reprit monsieur de Nemours, je ne saurais garder le silence que vous m'imposez : vous me faites trop d'injustice, et vous me faites trop voir combien vous êtes éloignée d'être prévenue[2] en ma faveur.

– J'avoue, répondit-elle, que les passions peuvent me conduire, mais elles ne sauraient m'aveugler ; rien ne me peut empêcher de connaître que vous êtes né avec toutes les dispositions pour la

2. Dans de bonnes dispositions.

Passion et obstacles

Le motif de la passion qui se nourrit d'obstacles est courant au XVIIe siècle. On le retrouve notamment dans *Andromaque* (1667) de Racine, où Hermione regrette de ne pas avoir « armé [ses] yeux d'un moment de rigueur » face à Pyrrhus, auquel elle a trop vite laissé paraître ses sentiments. Dans un autre registre, Dom Juan, dans la pièce éponyme de Molière (1665), souligne que son désir s'alimente des résistances que lui opposent ses conquêtes.

galanterie et toutes les qualités qui sont propres à y donner des succès heureux. Vous avez déjà eu plusieurs passions ; vous en auriez encore ; je ne ferais plus votre bonheur ; je vous verrais pour une autre comme vous auriez été pour moi : j'en aurais une douleur mortelle, et je ne serais pas même assurée de n'avoir point le malheur de la jalousie. Je vous en ai trop dit pour vous cacher que vous me l'avez fait connaître, et que je souffris de si cruelles peines le soir que la reine me donna cette lettre de madame de Thémines, que l'on disait qui s'adressait à vous, qu'il m'en est demeuré une idée qui me fait croire que c'est le plus grand de tous les maux.

« Par vanité ou par goût, toutes les femmes souhaitent de vous attacher ; il y en a peu à qui vous ne plaisiez : mon expérience me ferait croire qu'il n'y en a point à qui vous ne puissiez plaire. Je vous croirais toujours amoureux et aimé, et je ne me tromperais pas souvent. Dans cet état, néanmoins, je n'aurais d'autre parti à prendre que celui de la souffrance ; je ne sais même si j'oserais me plaindre. On fait des reproches à un amant ; mais en fait-on à un mari quand on n'a qu'à lui reprocher que de n'avoir plus d'amour ? Quand je pourrais m'accoutumer à cette sorte de malheur, pourrais-je m'accoutumer à celui de croire voir toujours monsieur de Clèves vous accuser de sa mort, me reprocher de vous avoir aimé, de vous avoir épousé, et me faire sentir la différence de son attachement au vôtre ? Il est impossible, continua-t-elle, de passer par-dessus des raisons si fortes : il faut que je demeure dans l'état où je suis, et dans les résolutions que j'ai prises de n'en sortir jamais.

– Hé ! croyez-vous le pouvoir, madame ? s'écria monsieur de Nemours. Pensez-vous que vos résolutions tiennent contre un homme qui vous adore, et qui est assez heureux pour vous plaire ? Il est plus difficile que vous ne pensez, madame, de résister à ce qui nous plaît, et à ce qui nous aime. Vous l'avez fait par une vertu austère, qui n'a presque point d'exemple ; mais cette vertu ne s'oppose plus à vos sentiments, et j'espère que vous les suivrez malgré vous.

– Je sais bien qu'il n'y a rien de plus difficile que ce que j'entreprends, répliqua madame de Clèves ; je me défie[1] de mes forces, au milieu de mes raisons ; ce que je crois devoir à la mémoire

1. Méfie.

de monsieur de Clèves serait faible, s'il n'était soutenu par l'intérêt de mon repos ; et les raisons de mon repos ont besoin d'être soutenues de celles de mon devoir ; mais, quoique je me défie de moi-même, je crois que je ne vaincrai jamais mes scrupules, et je n'espère pas aussi de surmonter l'inclination que j'ai pour vous. Elle me rendra malheureuse, et je me priverai de votre vue, quelque violence qu'il m'en coûte. Je vous conjure, par tout le pouvoir que j'ai sur vous, de ne chercher aucune occasion de me voir. Je suis dans un état qui me fait des crimes de tout ce qui pourrait être permis dans un autre temps, et la seule bienséance interdit tout commerce entre nous. »

Monsieur de Nemours se jeta à ses pieds, et s'abandonna à tous les divers mouvements dont il était agité. Il lui fit voir, et par ses paroles et par ses pleurs, la plus vive et la plus tendre passion dont un cœur ait jamais été touché. Celui de madame de Clèves n'était pas insensible ; et, regardant ce prince avec des yeux un peu grossis par les larmes :

« Pourquoi faut-il, s'écria-t-elle, que je vous puisse accuser de la mort de monsieur de Clèves ? Que n'ai-je commencé à vous connaître depuis que je suis libre, ou pourquoi ne vous ai-je pas connu devant que d'être engagée ? Pourquoi la destinée nous sépare-t-elle par un obstacle si invincible ?

– Il n'y a point d'obstacle, madame, reprit monsieur de Nemours ; vous seule vous opposez à mon bonheur ; vous seule vous imposez une loi que la vertu et la raison ne vous sauraient imposer.

– Il est vrai, répliqua-t-elle, que je sacrifie beaucoup à un devoir qui ne subsiste que dans mon imagination. Attendez ce que le temps pourra faire. Monsieur de Clèves ne fait encore que d'expirer, et cet objet funeste est trop proche pour me laisser des vues claires et distinctes. Ayez cependant le plaisir de vous être fait aimer d'une personne qui n'aurait rien aimé, si elle ne vous avait jamais vu ; croyez que les sentiments que j'ai pour vous seront éternels, et qu'ils subsisteront également, quoi que je fasse. Adieu, lui dit-elle ; voici une conversation qui me fait honte : rendez-en compte à monsieur le vidame ; j'y consens, et je vous en prie. »

Elle sortit en disant ces paroles, sans que monsieur de Nemours pût la retenir. Elle trouva monsieur le vidame dans la chambre la plus proche. Il la vit si troublée qu'il n'osa lui parler, et il la remit en son carrosse sans lui rien dire. Il revint trouver monsieur de Nemours, qui était si plein de joie, de tristesse, d'étonnement et d'admiration, enfin, de tous les sentiments que peut donner une passion pleine de crainte et d'espérance, qu'il n'avait pas l'usage de la raison. Le vidame fut longtemps à obtenir qu'il lui rendît compte de sa conversation. Il le fit enfin ; et monsieur de Chartres, sans être amoureux, n'eut pas moins d'admiration pour la vertu, l'esprit et le mérite de madame de Clèves, que monsieur de Nemours en avait lui-même. Ils examinèrent ce que ce prince devait espérer de sa destinée ; et, quelques craintes que son amour lui pût donner, il demeura d'accord avec monsieur le vidame qu'il était impossible que madame de Clèves demeurât dans les résolutions où elle était. Ils convinrent néanmoins qu'il fallait suivre ses ordres, de crainte que, si le public s'apercevait de l'attachement qu'il avait pour elle, elle ne fît des déclarations et ne prît des engagements vers le monde, qu'elle soutiendrait dans la suite, par la peur qu'on ne crût qu'elle l'eût aimé du vivant de son mari.

Monsieur de Nemours se détermina à suivre le roi. C'était un voyage dont il ne pouvait aussi bien se dispenser, et il résolut à s'en aller, sans tenter même de revoir madame de Clèves du lieu où il l'avait vue quelquefois. Il pria monsieur le vidame de lui parler. Que ne lui dit-il point pour lui redire[1] ! quel nombre infini de raisons pour la persuader de vaincre ses scrupules ! Enfin, une partie de la nuit était passée devant que monsieur de Nemours songeât à le laisser en repos.

Madame de Clèves n'était pas en état d'en trouver ; ce lui était une chose si nouvelle d'être sortie de cette contrainte qu'elle s'était imposée, d'avoir souffert[2], pour la première fois de sa vie, qu'on lui dît qu'on était amoureux d'elle, et d'avoir dit elle-même qu'elle aimait, qu'elle ne se connaissait plus. Elle fut étonnée de ce qu'elle avait fait ; elle s'en repentit ; elle en eut de la joie ; tous ses sentiments étaient pleins de trouble et de passion. Elle examina encore les raisons de son devoir, qui s'opposaient à son bonheur ; elle sentit de la douleur de les trouver si fortes, et elle se repentit de les avoir si bien montrées

1. Pour qu'il répète ces paroles à Mme de Clèves.

2. Accepté.

à monsieur de Nemours. Quoique la pensée de l'épouser lui fût venue dans l'esprit sitôt qu'elle l'avait revu dans ce jardin, elle ne lui avait pas fait la même impression que venait de faire la conversation qu'elle avait eue avec lui, et il y avait des moments où elle avait de la peine à comprendre qu'elle pût être malheureuse en l'épousant. Elle eût bien voulu se pouvoir dire qu'elle était mal fondée[3], et dans ses scrupules du passé, et dans ses craintes de l'avenir. La raison et son devoir lui montraient, dans d'autres moments, des choses toutes opposées, qui l'emportaient rapidement à la résolution de ne se point remarier, et de ne voir jamais monsieur de Nemours ; mais c'était une résolution bien violente à établir dans un cœur aussi touché que le sien, et aussi nouvellement abandonné aux charmes de l'amour. Enfin, pour se donner quelque calme, elle pensa qu'il n'était point encore nécessaire qu'elle se fît la violence de prendre des résolutions ; la bienséance lui donnait un temps considérable à[4] se déterminer ; mais elle résolut de demeurer ferme à n'avoir aucun commerce avec monsieur de Nemours. Le vidame la vint voir, et servit ce prince avec tout l'esprit et l'application imaginables. Il ne la put faire changer sur sa conduite, ni sur celle qu'elle avait imposée à monsieur de Nemours. Elle lui dit que son dessein était de demeurer dans l'état où elle se trouvait ; qu'elle connaissait que ce dessein était difficile à exécuter, mais qu'elle espérait d'en avoir la force. Elle lui fit si bien voir à quel point elle était touchée de l'opinion[5] que monsieur de Nemours avait causé la mort à son mari, et combien elle était persuadée qu'elle ferait une action contre son devoir en l'épousant, que le vidame craignit qu'il ne fût malaisé de lui ôter cette impression. Il ne dit pas à ce prince ce qu'il pensait ; et, en lui rendant compte de sa conversation, il lui laissa toute l'espérance que la raison doit donner à un homme qui est aimé.

Ils partirent le lendemain, et allèrent joindre le roi. Monsieur le vidame écrivit à madame de Clèves, à la prière[6] de monsieur de Nemours, pour lui parler de ce prince ; et, dans une seconde lettre

---

3. Peu clairvoyante.

4. Pour.

5. Par l'idée.

6. Demande.

qui suivit bientôt la première, monsieur de Nemours y mit quelques lignes de sa main. Mais madame de Clèves, qui ne voulait pas sortir des règles qu'elle s'était imposées, et qui craignait les accidents[1] qui peuvent arriver par les lettres, manda[2] au vidame qu'elle ne recevrait plus les siennes, s'il continuait à lui parler de monsieur de Nemours ; et elle lui manda si fortement, que ce prince le pria même de ne le plus nommer.

La cour alla conduire la reine d'Espagne jusqu'en Poitou[3]. Pendant cette absence, madame de Clèves demeura à elle-même ; et, à mesure qu'elle était éloignée de monsieur de Nemours, et de tout ce qui l'en pouvait faire souvenir, elle rappelait la mémoire[4] de monsieur de Clèves, qu'elle se faisait un honneur de conserver. Les raisons qu'elle avait de ne point épouser monsieur de Nemours lui paraissaient fortes du côté de son devoir, et insurmontables du côté de son repos. La fin de l'amour de ce prince, et les maux de la jalousie, qu'elle croyait infaillibles dans un mariage, lui montraient un malheur certain où elle s'allait jeter ; mais elle voyait aussi qu'elle entreprenait une chose impossible, que de résister en présence au[5] plus aimable homme du monde, qu'elle aimait, et dont elle était aimée, et de lui résister sur une chose qui ne choquait ni la vertu ni la bienséance. Elle jugea que l'absence seule et l'éloignement pouvaient lui donner quelque force ; elle trouva qu'elle en avait besoin, non seulement pour soutenir la résolution de ne se pas engager, mais même pour se défendre de voir monsieur de Nemours ; et elle résolut de faire un assez long voyage, pour passer tout le temps que la bienséance l'obligeait à vivre dans la retraite. De grandes terres qu'elle avait vers les Pyrénées lui parurent le lieu le plus propre qu'elle pût choisir. Elle partit peu de jours avant que la cour revînt ; et, en partant, elle écrivit à monsieur le vidame, pour le conjurer que l'on ne songeât point à avoir de ses nouvelles, ni à lui écrire.

---

1. Hasards (à rapprocher de l'épisode de la lettre perdue de Mme de Thémines, voir p. 100).

2. Fit dire.

3. Ce voyage eut lieu en novembre 1559.

4. Ravivait le souvenir.

5. Du.

Monsieur de Nemours fut affligé de ce voyage, comme un autre l'aurait été de la mort de sa maîtresse. La pensée d'être privé pour longtemps de la vue de madame de Clèves lui était une douleur sensible, et surtout dans un temps[6] où il avait senti le plaisir de la voir, et de la voir touchée de sa passion. Cependant il ne pouvait faire autre chose que s'affliger ; mais son affliction augmenta considérablement. Madame de Clèves, dont l'esprit avait été si agité, tomba dans une maladie violente sitôt qu'elle fut arrivée chez elle ; cette nouvelle vint à la cour. Monsieur de Nemours était inconsolable ; sa douleur allait au désespoir et à l'extravagance[7]. Le vidame eut beaucoup de peine à l'empêcher de faire voir sa passion au public ; il en eut beaucoup aussi à le retenir, et à lui ôter le dessein d'aller lui-même apprendre de ses nouvelles. La parenté et l'amitié de monsieur le vidame fut un prétexte à y envoyer plusieurs courriers ; on sut enfin qu'elle était hors de cet extrême péril où elle avait été, mais elle demeura dans une maladie de langueur, qui ne laissait guère d'espérance de sa vie.

Cette vue si longue et si prochaine de la mort[8] fit paraître à madame de Clèves les choses de cette vie de cet œil si différent dont on les voit dans la santé. La nécessité de mourir[9], dont elle se voyait si proche, l'accoutuma à se détacher de toutes choses ; et la longueur de sa maladie lui en fit une habitude. Lorsqu'elle revint de cet état, elle trouva néanmoins que monsieur de Nemours n'était pas effacé de son cœur ; mais elle appela à son secours, pour se défendre contre lui, toutes les raisons qu'elle croyait avoir pour ne l'épouser jamais. Il se passa un assez grand combat en elle-même ; enfin elle surmonta les restes de cette passion, qui était affaiblie par les sentiments que sa maladie lui avait donnés : les pensées de la mort lui avaient reproché la mémoire de monsieur de Clèves. Ce souvenir, qui s'accordait à son devoir, s'imprima fortement dans son cœur. Les passions et les engagements du monde lui parurent

6. À un moment.

7. La folie.

8. Cette expérience d'avoir été si longtemps proche de la mort.

9. La fatalité de la mort.

tels qu'ils paraissent aux personnes qui ont des vues plus grandes et plus éloignées. Sa santé, qui demeura considérablement affaiblie, lui aida à conserver ces sentiments ; mais comme elle connaissait ce que peuvent les occasions sur les résolutions les plus sages, elle ne voulut pas s'exposer à détruire les siennes, ni revenir dans les lieux où était ce qu'elle avait aimé. Elle se retira, sur le prétexte de changer d'air, dans une maison religieuse, sans faire paraître un dessein arrêté de renoncer à la cour.

À la première nouvelle qu'en eut monsieur de Nemours, il sentit le poids de cette retraite, et il en vit l'importance. Il crut, dans ce moment, qu'il n'avait plus rien à espérer. La perte de ses espérances ne l'empêcha pas de mettre tout en usage pour faire revenir madame de Clèves. Il fit écrire la reine, il fit écrire le vidame, il l'y fit aller ; mais tout fut inutile. Le vidame la vit : elle ne lui dit point qu'elle eût pris de résolution ; il jugea néanmoins qu'elle ne reviendrait jamais. Enfin, monsieur de Nemours y alla lui-même, sur le prétexte d'aller à des bains[1]. Elle fut extrêmement troublée et surprise d'apprendre sa venue. Elle lui fit dire par une personne de mérite qu'elle aimait, et qu'elle avait alors auprès d'elle, qu'elle le priait de ne pas trouver étrange si elle ne s'exposait point au péril de le voir, et de détruire par sa présence des sentiments qu'elle devait conserver ; qu'elle voulait bien qu'il sût, qu'ayant trouvé que son devoir et son repos s'opposaient au penchant qu'elle avait d'être à lui, les autres choses du monde lui avaient paru si indifférentes qu'elle y avait renoncé pour jamais ; qu'elle ne pensait plus qu'à celles de l'autre vie[2], et qu'il ne lui restait aucun sentiment que le désir de le voir dans les mêmes dispositions où elle était.

Monsieur de Nemours pensa expirer de douleur en présence de celle qui lui parlait. Il la pria vingt fois de retourner à madame de Clèves, afin de faire en sorte qu'il la vît ; mais cette personne lui dit que madame de Clèves lui avait non seulement défendu de lui aller redire aucune chose de sa part, mais même de lui rendre compte de leur conversation. Il fallut enfin que ce prince repartît, aussi accablé de douleur que le pouvait être un homme qui perdait toutes

1. Se rendre dans une ville d'eaux.

2. La vie après la mort.

sortes d'espérances de revoir jamais une personne qu'il aimait d'une passion la plus violente, la plus naturelle et la mieux fondée qui ait jamais été. Néanmoins il ne se rebuta point encore, et il fit tout ce qu'il put imaginer de capable de la faire changer de dessein. Enfin, des années entières s'étant passées, le temps et l'absence ralentirent sa douleur et éteignirent sa passion. Madame de Clèves vécut d'une sorte qui ne laissa pas d'apparence qu'elle pût jamais revenir. Elle passait une partie de l'année dans cette maison religieuse, et l'autre chez elle ; mais dans une retraite et dans des occupations plus saintes que celles des couvents les plus austères ; et sa vie, qui fut assez courte, laissa des exemples de vertu inimitables.

LE DOSSIER du lycéen

Structure de l'œuvre

PARTIES	PROGRESSION DE L'INTRIGUE	ÉLÉMENTS EMPRUNTÉS À L'HISTOIRE
Iʳᵉ partie	• Présentation de la cour d'Henri II. « Jamais cour n'a eu tant de belles personnes et d'hommes admirablement faits. » Portrait du roi et de sa favorite, Diane de Poitiers (duchesse de Valentinois). M. de Nemours, « un chef-d'œuvre de la nature », intéresse jusqu'à la reine d'Angleterre, Élisabeth Iʳᵉ. • Arrivée à la cour de Mlle de Chartres, « une beauté parfaite ». Rencontre avec le prince de Clèves, qui tombe instantanément amoureux de la jeune fille. • Après avoir envisagé d'autres alliances, Mme de Chartres accorde la main de sa fille au prince de Clèves. Ils se marient. Les sentiments de la jeune fille ne dépassent cependant pas « ceux de l'estime et de la reconnaissance ». • Rencontre de Mme de Clèves et du duc de Nemours au bal donné pour les fiançailles de Claude de France. • Naissance de la passion de Mme de Clèves pour le duc de Nemours : « il fit en peu de temps une grande impression dans son cœur. » • Mme de Chartres raconte à sa fille l'histoire de la duchesse de Valentinois (premier récit enchâssé). • Mort de Mme de Chartres, qui tente de mettre en garde sa fille contre les progrès de la passion que celle-ci éprouve pour Nemours. Mme de Clèves se retire à la campagne.	• La cour d'Henri II en 1558. • Négociations de paix entre la France et l'Espagne pour mettre fin aux guerres d'Italie. • Mort de la reine d'Angleterre, Marie Tudor, en novembre 1558. Élisabeth Tudor, sa sœur, monte sur le trône d'Angleterre. • Pour consolider la paix avec l'Espagne, mariage de Claude de France, fille cadette du roi, avec le duc de Lorraine (février 1559). Projet de mariage d'Élisabeth de France, fille aînée du roi, avec dom Carlos, fils de Philippe II d'Espagne. • Projet de mariage de la sœur du roi, Madame, avec le duc de Savoie. • Les négociations de paix avec l'Espagne se poursuivent à Cateau-Cambrésis (fin février 1559). • Dans le cadre du premier récit enchâssé : références au règne de François Iᵉʳ, père d'Henri II.

PARTIES	PROGRESSION DE L'INTRIGUE	ÉLÉMENTS EMPRUNTÉS À L'HISTOIRE
IIe partie	• M. de Clèves rend visite à sa femme à la campagne, dans la propriété de Coulommiers où elle s'est retirée. Il lui raconte l'histoire de Mme de Tournon (deuxième récit enchâssé). • Retour de Mme de Clèves à la cour. • M. de Nemours lui rend visite. Trouble profond de la princesse. • Mme de Clèves tente de fuir la présence du duc. • Débat sur l'astrologie dans les appartements de Catherine de Médicis.	
	• La reine dauphine raconte à la princesse l'histoire d'Anne de Boulen (ou Bouleyn), mère d'Élisabeth d'Angleterre (troisième récit enchâssé).	• Références à l'Histoire d'Angleterre et au règne d'Henri VIII, qui a répudié sa première épouse et fait décapiter la deuxième, Anne de Boulen.
	• M. de Nemours vole un portrait miniature de Mme de Clèves. • Nemours se blesse légèrement lors d'un tournoi. Émotion de Mme de Clèves qui le croit gravement blessé.	
	• Lecture de la lettre de Mme de Thémines, que Mme de Clèves croit adressée au duc alors qu'elle est destinée au vidame de Chartres. Expérience de la jalousie. • Visite du vidame à Nemours au sujet de cette lettre. Le vidame expose au duc le lien particulier qu'il entretient avec la reine Catherine de Médicis.	• Signature de la paix entre la France et l'Espagne, en avril 1559 (traité de Cateau-Cambrésis). Les mariages de la sœur du roi avec le duc de Savoie, ainsi que d'Élisabeth de France avec le roi d'Espagne, se préparent. Un grand tournoi est annoncé pour l'été.

PARTIES	PROGRESSION DE L'INTRIGUE	ÉLÉMENTS EMPRUNTÉS À L'HISTOIRE
IIIe partie	• Suite du récit du vidame (quatrième récit enchâssé). • Visite de Nemours à Mme de Clèves pour se justifier au sujet de la lettre de Mme de Thémines. Ils réécrivent de mémoire cette lettre que la reine réclame. • Mme de Clèves, qui ne parvient plus à lutter contre sa passion, supplie son mari de la laisser s'éloigner de la cour.	
	• « Je veux vous faire un aveu que l'on n'a jamais fait à son mari » : Mme de Clèves avoue à son mari qu'elle éprouve des sentiments pour un autre homme, qu'elle refuse cependant de nommer. Nemours assiste, caché, à toute la scène. M. de Clèves est tourmenté par la jalousie.	• Mariage par procuration d'Élisabeth de France avec le duc d'Albe, qui représente le roi d'Espagne (22 juin 1559).
	• Les Clèves reviennent à Paris. • L'aveu de Mme de Clèves à son mari est divulgué, à la suite d'une indiscrétion de Nemours.	• Festivités et tournoi. Mort accidentelle d'Henri II, blessé d'un éclat de lance dans l'œil (10 juillet 1559).
	• Les Clèves ainsi que le duc de Nemours assistent aux mariages princiers. Effervescence à la cour, notamment après la mort accidentelle d'Henri II.	• Mariage sans cérémonie, durant l'agonie d'Henri II, de Madame, sœur du roi, avec le duc de Savoie.

PARTIES	PROGRESSION DE L'INTRIGUE	ÉLÉMENTS EMPRUNTÉS À L'HISTOIRE
IVe partie	• La cour se réorganise autour des Guise. Le fils aîné d'Henri II, le jeune François, monte sur le trône avec sa femme Marie Stuart. Mme de Valentinois est chassée de la cour. • Mme de Clèves se dérobe à une visite de Nemours. Douleur et jalousie du prince de Clèves. • Départ de la cour à Reims pour le sacre de François II. • Mme de Clèves se retire une nouvelle fois à Coulommiers, seule. • Nemours se rend en secret à Coulommiers. Il épie Mme de Clèves mais ne parvient pas à lui parler. • Extrême jalousie du prince de Clèves, à qui l'on rapporte cette visite. Maladie et mort du prince. • Remords de Mme de Clèves. « Elle se faisait un crime de n'avoir pas eu de la passion pour lui. » • Mme de Clèves tombe dans une « maladie de langueur ». • Dernière entrevue de la princesse et du duc de Nemours. Refus de la princesse : « Il faut que je demeure dans l'état où je suis. »	• François II est sacré roi de France à Reims (21 septembre 1559).
	• Mme de Clèves séjourne dans une propriété familiale située dans les Pyrénées.	• La cour se rend dans le Poitou pour accompagner la reine d'Espagne vers sa nouvelle patrie.
	• Après une douloureuse lutte contre elle-même, Mme de Clèves surmonte sa passion et se retire dans une maison religieuse. « Sa vie, qui fut assez courte, laissa des exemples de vertu inimitables. »	

Testez votre lecture

Ire partie

1. À quelle époque et sous le règne de quels souverains se situe l'intrigue ?
2. À quel âge Mlle de Chartres fait-elle son entrée à la cour ?
3. Dans quel lieu et dans quelles circonstances la jeune fille rencontre-t-elle pour la première fois son futur mari ?
4. Cette rencontre donne-t-elle lieu à des sentiments comparables chez les deux personnages ?
5. Le mariage de M. et Mme de Clèves fait-il l'objet d'une évocation détaillée ? Pour quelle raison selon vous ?
6. À quelle occasion Mme de Clèves fait-elle la rencontre du duc de Nemours ? Quels sentiments naissent immédiatement chez les deux personnages au cours de cette scène ?

IIe partie

7. À qui sont adressés les trois premiers récits enchâssés du roman ? Qu'ont-ils en commun ? Résumez chacun de ces récits en quelques mots.
8. Peut-on tirer des enseignements de ces récits, notamment sur un plan moral ?
9. À qui la lettre de Mme de Thémines est-elle adressée ?
10. Pourquoi Mme de Clèves éprouve-t-elle une profonde jalousie en lisant cette lettre ? Cette jalousie est-elle durable chez la princesse ?

IIIe partie

11 En quoi consiste précisément l'aveu de Mme de Clèves à son mari ? Qu'espère-t-elle obtenir de cette manière ? Réussit-elle dans son entreprise ?

12 Le prince de Clèves est-il le seul à entendre cet aveu ?

13 Par quel événement historique se clôt la troisième partie du roman ?

14 Quelles sont les conséquences de cet événement sur la vie à la cour ?

IVe partie

15 Lorsqu'elle est à Coulommiers, dans quel lieu la princesse se retire-t-elle pour rêver à sa passion ?

16 De quoi meurt le prince de Clèves ?

17 Quelles sont les raisons avancées par Mme de Clèves pour justifier son refus d'épouser Nemours ?

18 Comment le duc réagit-il à ce refus ?

19 Dans quel lieu la princesse de Clèves passe-t-elle les dernières années de sa vie ?

20 La passion du duc de Nemours survit-elle au passage du temps ?

1 Publication et réception de *La Princesse de Clèves*

Un auteur qui ne peut « se résoudre à se déclarer »

- Les éditions actuelles indiquent toutes le nom de Mme de Lafayette en tête de l'œuvre. Pourtant, la comtesse n'a pas signé de son nom ce roman, pas plus que ses œuvres antérieures. Lorsque le texte paraît en mars 1678, il est simplement accompagné d'un « avis du libraire au lecteur », qui signale que « l'auteur n'a pu se résoudre à se déclarer [...]. Il demeure donc dans l'obscurité où il est, pour laisser les jugements plus libres et plus équitables, et il se montrera néanmoins si cette histoire est aussi agréable au public que [le libraire] l'espère ».
- En réalité, l'auteur ne « se montrera pas » de son vivant, et son nom n'apparaît pas sur la page de titre avant 1780. Mieux encore, Mme de Lafayette refuse à plusieurs reprises de reconnaître qu'elle est l'auteur du texte, alors même que certains de ses contemporains n'hésitent pas à le lui attribuer. Ces lecteurs suggèrent également que Mme de Lafayette aurait bénéficié de conseils et de relectures d'amis proches, comme La Rochefoucauld, ce qui pourrait en partie expliquer le scrupule de la comtesse à publier le roman sous son seul nom.
- Rappelons cependant que la pratique de l'anonymat n'a rien d'exceptionnel chez les aristocrates de cette époque, notamment dans le cadre de la publication de romans. En effet, il apparaît inconvenant qu'une personne issue de la noblesse, qui plus est une femme, revendique le statut d'auteur de profession à travers un genre jugé aussi frivole que le roman. Le seul genre littéraire dans lequel les aristocrates sont invités à s'illustrer officiellement, et qu'ils signent volontiers de leur nom, est le genre des *Mémoires*, mais il est l'apanage des hommes, notamment de ceux qui ont joué un rôle dans l'Histoire.

François de La Rochefoucauld

François de La Rochefoucauld (1613-1680) est issu d'une grande famille de la noblesse française. Après une brillante carrière militaire et un engagement dans la Fronde qui le condamne à l'exil, La Rochefoucauld se consacre à la rédaction d'un ensemble de *Maximes*, publié anonymement en 1665. Il est un ami intime de Mme de Lafayette durant les vingt dernières années de sa vie.

Le genre de l'œuvre : histoire, mémoires, nouvelle ou roman ?

• L'avis au lecteur de 1678 ne présente pas l'œuvre comme un roman, mais simplement comme une « histoire ». Un critique de l'époque, Jean-Baptiste de Valincour, fait par ailleurs référence à l'auteur anonyme du texte en le désignant simplement comme un « historien ». La notion de roman semble donc contournée, évitée.

• De fait, au XVIIe siècle, le mot « roman » est utilisé pour désigner des œuvres fictives de longue haleine, comme les productions d'Honoré d'Urfé puis de Madeleine de Scudéry qui se caractérisent par leur foisonnement et leur invraisemblance. Présenter *La Princesse de Clèves* comme une « histoire », et non un roman, revient ainsi à souligner une rupture dans la tonalité et les sources d'inspiration de l'auteur. Dans sa correspondance, Mme de Lafayette indique du reste explicitement que le texte, qu'elle commente comme si elle n'en était pas l'auteur, n'a selon elle « rien de romanesque et de grimpé[1]. Aussi n'est-ce pas un roman »[2]. Mais elle ajoute aussitôt un élément supplémentaire, intéressant à relever : « C'est proprement des Mémoires, et c'était, à ce que l'on m'a dit, le titre du livre, mais on l'a changé. »

• Cette référence au genre des mémoires peut surprendre : en principe, les mémoires requièrent une écriture à la première personne du singulier, et un ancrage dans la période historique où l'auteur a vécu, le mémorialiste se présentant comme un témoin privilégié de son époque. Or, *La Princesse de Clèves* est un récit à la troisième personne, qui s'inscrit dans un cadre historique dans lequel l'auteur n'a pu évoluer, et pour cause : les faits évoqués sont reculés dans le temps de plus d'un siècle ! Au sens strict, l'œuvre ne relève donc pas des mémoires. En revanche, la rigueur et la précision qui caractérisent le plus souvent l'évocation du cadre historique dans ce texte ainsi que la place prise par la présentation de la cour et de ses intrigues, autorisent bien un rapprochement avec ce genre noble.

• Enfin, dans leur grande majorité, les lecteurs de l'époque ont perçu l'œuvre comme une nouvelle historique, en raison de sa relative brièveté et de ses références nombreuses à la cour des Valois. Aujourd'hui, notre perception de la frontière entre la nouvelle et le roman a évolué, et il nous paraît naturel d'inscrire *La Princesse de Clèves* dans le genre romanesque. Cela est tout à fait possible, à condition de se souvenir que nous ne mettons pas sous ce terme la même chose que les lecteurs du XVIIe siècle.

---

1. D'artificiel.
2. Lettre au chevalier de Lescheraine, datée du 13 avril 1678.

Un succès et une querelle littéraires

• Dès sa publication en 1678, *La Princesse de Clèves* suscite un engouement très important : il s'agit du plus grand succès de librairie de la fin du XVIIe siècle. Fait nouveau pour l'époque, cette publication s'est d'ailleurs accompagnée d'une véritable campagne de presse, organisée par le *Mercure galant*, un mensuel littéraire apprécié de l'aristocratie mondaine. Quelques semaines après la publication, le même mensuel organise une enquête auprès de ses lecteurs, à propos de la scène de l'aveu de la princesse à M. de Clèves, scène largement commentée et discutée dans les salons. Le *Mercure galant* propose au public une « question galante », que l'on peut résumer ainsi : est-il vraisemblable qu'une princesse avoue à son mari sa passion pour un autre homme ?

> « *Je me demande si une femme de vertu, qui a toute l'estime possible pour un mari parfaitement honnête homme, et qui ne laisse pas d'être combattue pour un amant d'une très forte passion qu'elle tâche d'étouffer par toutes sortes de moyens ; je demande, dis-je, si cette femme* [...] *fait mieux de faire confidence de sa passion à ce mari que de la taire au péril des combats qu'elle sera continuellement obligée de rendre par les indispensables occasions de voir cet amant* [...]. »

Question galante soumise par Donneau de Visé
aux lecteurs du *Mercure galant*, avril 1678.

• Le journal reçoit de nombreuses réponses, qui sont publiées dans les numéros suivants. Parmi celles-ci, on peut notamment lire la lettre du philosophe Fontenelle :

> « *Qu'on raisonne tant qu'on voudra là-dessus, je trouve le trait admirable et très bien préparé : c'est la plus vertueuse femme du monde, qui croit avoir sujet de se défier d'elle-même, parce qu'elle sent son cœur prévenu malgré elle en faveur d'un autre que son mari. Elle se fait un crime de ce penchant, tout involontaire et tout innocent qu'il soit, elle cherche du secours pour le vaincre.* [...] *Je ne vois rien à cela que de beau et d'héroïque.* »

Lettre de Fontenelle au *Mercure galant*, mai 1678.

• Tous les lecteurs ne partagent cependant pas le point de vue de Fontenelle. Bussy-Rabutin, un auteur libertin, se montre quant à lui très critique à l'égard de la scène de l'aveu, comme en témoigne cette lettre qu'il adresse à sa cousine, la marquise de Sévigné :

« L'aveu de Mme de Clèves est extravagant [...] ; il est ridicule de donner à son héroïne un sentiment si extraordinaire. L'auteur, en le faisant, a plus songé à ne pas ressembler aux autres romans qu'à suivre le bon sens. Une femme dit rarement à son mari qu'on est amoureux d'elle, mais jamais qu'elle a de l'amour pour un autre que lui. »

Lettre de Bussy-Rabutin à Mme de Sévigné, 29 juin 1678.

« Citations à retenir

« Je ne vois rien à cela que de beau et d'héroïque »

Fontenelle

« L'aveu de Mme de Clèves est extravagant. »

Bussy-Rabutin

• La même année, une publication anonyme transforme le débat sur la vraisemblance de certaines scènes du roman en véritable querelle littéraire. Les *Lettres à Mme la Marquise *** sur le sujet de La Princesse de Clèves*, que l'on attribue d'ordinaire à un ami de Racine et de Boileau, Jean-Baptiste de Valincour, reprochent en effet à l'auteur de l'œuvre d'avoir joué avec le genre de la nouvelle historique, sans en respecter totalement les règles. C'est notamment le mélange de personnages historiques et de personnages fictifs que Valincour critique dans le roman, qui souffre selon lui d'un manque de rigueur dans le traitement de la matière historique. Mme de Lafayette, qui souhaite continuer de garder l'anonymat, ne répond pas elle-même à ces critiques, mais missionne un érudit de sa connaissance, l'abbé de Charnes, pour prendre par écrit la défense du roman, ce qu'il fait en 1679 dans ses *Conversations sur la Critique de La Princesse de Clèves*.

• Ainsi, la publication de *La Princesse de Clèves* donne lieu à des débats qui permettent de poser des questions essentielles pour toute réflexion sur le genre romanesque : jusqu'à quel point le respect de la vraisemblance doit-il être poussé ? comment concilier fiction et représentation de l'histoire ? peut-on mêler personnages historiques et personnages inventés ?

2 La Princesse de Clèves, un roman historique ?

Une intrigue précisément datée

• Contrairement aux romans baroques de la première moitié du siècle, situés dans une Antiquité idéalisée et peu soucieuse de vérité historique, l'œuvre de Mme de Lafayette prend pour cadre une période relativement récente pour les lecteurs de l'époque, quoi qu'ils ne puissent l'avoir directement connue.

• L'intrigue s'intègre dans un contexte précis, et elle est datée : elle s'ouvre en novembre 1558, comme l'indique, dès les premières pages, la référence aux négociations de Cercamp, qui préparent un traité de paix mettant fin aux guerres d'Italie. Elle se poursuit jusqu'en novembre 1559, période qui correspond au départ de la cour vers le Poitou pour faire cortège à Élisabeth de France. Pour l'essentiel, l'intrigue couvre donc une année, de novembre 1558 à novembre 1559, ce qui correspond aux derniers mois du règne d'Henri II, et au début de celui de son fils aîné, François II. La chronologie des événements les plus importants de cette période est rigoureusement respectée, ce qui permet d'ancrer l'œuvre dans une temporalité objective et vérifiable. On pourra se reporter, sur ce point, au tableau récapitulatif de la page 194.

La fin du règne d'Henri II : un moment de bascule de l'histoire de France

• C'est ainsi sur la fin du règne des Valois que se concentre Mme de Lafayette. La France est alors à un moment de transition de son histoire : le long règne de François Ier (1515-1547) a permis de moderniser l'État et de centraliser la gestion administrative du royaume. Soucieux du prestige de sa couronne, François Ier a également fait construire ou embellir une douzaine de châteaux sur les bords de la Loire. Il a développé en parallèle la vie à la cour, en s'entourant de nombreux courtisans qui l'accompagnent dans tous ses déplacements. Protecteur des arts et des lettres, il contribue au développement culturel de cette cour.

• Son fils Henri II, qui lui succède en 1547, renforce encore le pouvoir royal et accentue le raffinement de la vie à la cour. Comme le souligne Mme de Lafayette dès l'ouverture de son roman, cette cour se caractérise par sa « magnificence » et son « éclat ». Enfin, Henri II parvient à mettre un terme aux guerres d'Italie entreprises par son père. Cependant, dès cette époque, des tensions entre catholiques et protestants mettent en péril la stabilité

« Citation à retenir

La magnificence et la galanterie n'ont jamais paru en France avec tant d'éclat que dans les dernières années du règne de Henri second.

p. 15.

du royaume. Elles débouchent, peu de temps après la mort d'Henri II, sur les guerres de religion qui ensanglantent la France durant plusieurs décennies.

• Mme de Lafayette choisit donc de situer l'intrigue de son roman à un moment de bascule de l'histoire de France, ce qu'elle suggère dès l'ouverture de l'œuvre. Certes, la cour du roi Henri II est extrêmement raffinée, mais elle apparaît dans le même temps menacée de l'intérieur par toutes sortes de cabales, ou complots, qui offrent au lecteur un aperçu des tensions sur le point d'éclater.

« Jamais cour n'a eu tant de belles personnes et d'hommes admirablement bien faits »

• L'ouverture du roman s'accompagne d'une longue galerie de portraits historiques : on découvre notamment, par ordre d'entrée en scène, le roi Henri II, Diane de Poitiers, sa favorite, la reine Catherine de Médicis (l'épouse en titre), Élisabeth de France, Marie Stuart, qui vient d'épouser le dauphin et qui est surnommée pour cette raison la reine dauphine. Les portraits de nombreux princes, aussi nobles de sang que de cœur et de manières, complètent cette entrée en matière qui a pour but de mettre en évidence le faste de la cour ; cela se traduit, sur le plan de l'écriture, par l'emploi de nombreux superlatifs et par un lexique fortement mélioratif.

• Au cours de cette ouverture, Mme de Lafayette décrit par ailleurs avec précision les réseaux d'alliances complexes qui se sont mis en place sous le règne d'Henri II. Deux clans au moins sont présentés comme inconciliables : le connétable de Montmorency, qui a le statut de favori du roi et l'appui de Diane de Poitiers, s'oppose aux Guise, soutenus par la reine. Les Guise ont par ailleurs réussi à accroître leur puissance en mariant leur nièce, Marie Stuart, avec le dauphin.

• Mme de Lafayette rend ainsi compte des tensions et des rivalités entre les différents groupes en présence, dans un univers essentiellement clos, où l'on passe le plus clair de son temps à s'observer et à traquer les moindres failles de ses adversaires.

« ... il y avait une sorte d'agitation sans désordre dans cette cour »

• L'auteur souligne également la violence sous-jacente des conflits entre les différentes figures féminines du pouvoir. La duchesse de Valentinois, Marie Stuart et Catherine de Médicis se caractérisent toutes trois par leur volonté de domination. Ainsi, la favorite du roi exerce sur ce dernier un « empire si absolu, que l'on peut dire qu'elle était maîtresse de sa personne et de l'État » (p. 19), et le roi apparaît en effet systématiquement inféodé à cette femme en âge d'être sa mère. Marie Stuart exerce quant à elle sa domination sur les hommes qui l'entourent en se servant de sa jeunesse et de sa beauté. Elle s'efforce également de suivre toutes les intrigues galantes de la cour et de les contrôler. Enfin, Catherine de Médicis attend la mort de son mari pour exercer son pouvoir à travers son fils, le jeune François II, qui monte sur le trône à l'âge de quinze ans.

• Mme de Lafayette intègre par ailleurs à la narration deux récits secondaires marqués d'une forte dimension historique : le premier, développé par Mme de Chartres, concerne Diane de Poitiers et il a pour objectif de montrer à la princesse qu'il ne faut pas juger sur les apparences à la cour, où « ce qui paraît n'est presque jamais la vérité » (p. 46) ; le second est pris en charge par la reine dauphine et il se concentre sur la figure d'Anne Boulen, qu'Henri VIII fait exécuter en 1536. Les éléments biographiques qui constituent la trame de ces deux récits enchâssés appartiennent à la chronique historique, et ils sont aisément vérifiables par le lecteur.

Un travail de documentation important

• Pour enrichir le roman de toute cette dimension historique, Mme de Lafayette a accompli un patient travail de collecte d'informations. Elle s'est notamment appuyée sur deux sources : les *Mémoires* de l'abbé de Brantôme, gentilhomme du XVIe siècle qui a été l'ami et le confident de Catherine de Médicis, et *L'Histoire de France* de François de Mézeray, un chroniqueur de la première partie du XVIIe siècle. Le récit du tournoi durant lequel Henri II est mortellement blessé à l'œil est par exemple précisément inspiré par une page des *Mémoires* de Brantôme. Il y a donc bien un souci d'exactitude et de précision dans le recours à la matière historique. À première vue, l'œuvre semble ainsi se présenter comme un roman historique, qui s'appuie sur un tableau rigoureux de la cour des Valois.

• Reste que la matière historique constitue seulement la toile de fond de l'œuvre : elle est ce qui permet de légitimer la fiction, mais elle ne constitue nullement le cœur du roman. Ainsi, loin de rendre compte de manière exhaustive de la période qu'elle aborde, Mme de Lafayette se contente de sélectionner quelques événements marquants des années 1558-1559, en

« Citation à retenir

C'est un ouvrage « *plein de choses d'une délicatesse admirable, et qu'il faut même relire plus d'une fois, et surtout ce que j'y trouve, c'est une parfaite imitation du monde de la cour et de la manière dont on y vit* ».

Mme de Lafayette à propos de *La Princesse de Clèves*, Lettre du 13 avril 1678.

choisissant de préférence des anecdotes qu'elle pourra exploiter sur le plan fictionnel.

Des libertés cependant

• Plus encore, il arrive à l'auteur de prendre un certain nombre de libertés avec la vérité historique, pour les besoins de l'intrigue. Ainsi, le duc de Nemours et le prince de Clèves ont certes existé, mais ils ont eu des destinées différentes de celles qui leur sont prêtées dans le roman. Le prince de Clèves est mort de mort naturelle, et non de désespoir amoureux. Jacques de Savoie, duc de Nemours, était effectivement connu pour son charme et sa galanterie, mais les historiens ne lui prêtent pas de passion si longue pour une femme inaccessible. Enfin et surtout, deux des personnages les plus importants du roman, Mme de Chartres et sa fille, sont totalement fictifs.

• De plus, les références à l'Histoire sont de moins en moins nombreuses au fil du roman : plus Mme de Clèves est gagnée par la passion, plus elle s'éloigne de la cour, avant de faire le choix d'une retraite définitive. La narration souligne ce retrait du monde en réduisant alors la part des références historiques au strict minimum. À la fin du roman, la chronologie tend ainsi à se diluer dans une durée indéfinie : « des années entières [se passent] » (p. 191) avant que la passion de Nemours ne s'étiole, souligne la narratrice, tandis que la vie de l'héroïne est « assez courte » (p. 191).

• L'histoire sert donc seulement de cadre à la fiction dans *La Princesse de Clèves*, tandis que dans un roman historique véritable, elle occupe une place centrale, et se voit éclairée par la progression de la fiction.

Une peinture indirecte de la cour de Louis XIV

Enfin, en proposant au lecteur une peinture de la cour des Valois à la fin du règne d'Henri II, Mme de Lafayette poursuit également une peinture indirecte de la cour de Louis XIV, qu'elle connaît bien pour l'avoir fréquentée elle-même durant sa jeunesse. Plusieurs éléments autorisent en effet un rapprochement entre ces deux univers : la cour du jeune Louis XIV est aussi brillante que celle d'Henri II, les bals et les fêtes y sont très fréquents, mais il s'agit également, dans les deux cas, d'un monde où les apparences sont reines et où les courtisans vivent dans un climat de défiance perpétuelle. Comme le souligne la narratrice, la cour est « très agréable », mais aussi « très dangereuse pour une jeune personne » (p. 31) comme Mlle de Chartres...

ÉCLAIRAGE Jean Rousset, *Forme et Signification*

« Mme de Lafayette recourt au fond historique, à la société de cour en vue de composer un contrepoint. Pour l'essentiel, son récit déroule une progression de sentiments cachés ; la passion de son héroïne couve à l'intérieur d'une conscience close. En coupant cette trame de brefs appels aux personnages de l'arrière-plan [...] la narratrice modifie par moments la perspective et fait passer son lecteur de l'intérieur à l'extérieur, du cœur au comportement. »

Question

- Comment Mme de Lafayette nous fait-elle passer de la peinture de l'intériorité à celle des comportements dans *La Princesse de Clèves* ?

3 L'analyse de la passion amoureuse

Une analyse novatrice

- La nouveauté essentielle du roman se situe dans la place laissée à l'étude de la passion amoureuse et à l'analyse de ses manifestations. Mme de Lafayette ouvre la voie au roman moderne en étudiant avec minutie les méandres de la passion, qui est dans l'ensemble présentée comme irrationnelle et dangereuse.

- Mme de Lafayette ne part cependant pas de rien en matière d'analyse psychologique. Des romans comme *Clélie* ou *Le Grand Cyrus* de Mlle de Scudéry laissaient déjà une place importante à l'évocation des sentiments amoureux, étudiés dans leurs moindres nuances, en usant d'un vocabulaire précis qui trouve une illustration emblématique dans la carte de Tendre (voir p. 10). Or la comtesse de Lafayette connaît bien ces œuvres, et dans les salons parisiens qu'elle fréquente, ces romans servent souvent de points de référence pour évoquer les aventures galantes des uns et des autres.

• La véritable originalité de l'auteur est d'avoir appliqué ce principe de l'analyse des sentiments à un personnage en particulier, Mme de Clèves. Une bonne part du roman est ainsi consacrée à l'étude de l'intériorité de ce personnage qui se détache des autres par sa vertu exceptionnelle, et plus largement par toutes les qualités morales que sa mère a pris soin de cultiver en elle.

« ... il fit en peu de temps une grande impression dans son cœur »

• L'analyse de l'intériorité de l'héroïne ne commence véritablement qu'au moment de la rencontre avec le duc de Nemours : auparavant, le mariage avec le prince de Clèves, pourtant passionnément amoureux d'elle, n'a pas permis d'éveiller des sentiments profonds chez le personnage. Le prince en a conscience et s'en plaint avec amertume : « Je ne touche ni votre inclination, ni votre cœur, et ma présence ne vous donne ni de plaisir, ni de trouble. »

• C'est la rencontre avec le duc de Nemours, quelques semaines plus tard, qui permet à la jeune femme de faire l'expérience de cet émoi que son époux n'est pas parvenu à susciter en elle. Cependant, ce trouble s'accompagne rapidement d'une perte de lucidité et de contrôle de soi : dès le soir du bal, la narratrice note la « surprise » de la princesse lorsqu'elle voit Nemours pour la première fois, puis son « embarras » (p. 41) devant le roi et les reines qui l'interrogent sur l'identité de son cavalier...

« Citation à retenir

Est-il possible [...] que je puisse n'être pas heureux en vous épousant ? Cependant il est vrai que je ne le suis pas. Vous n'avez pour moi qu'une sorte de bonté qui ne me peut satisfaire.

M. de Clèves à Mlle de Chartres, p. 37.

Trouble de la passion et aveuglement sur soi-même

• C'est presque malgré elle, et *a posteriori*, que Mme de Clèves finit par prendre conscience de sa passion naissante pour Nemours. Mme de Chartres quant à elle comprend rapidement le danger qui menace sa fille, en raison du silence même que celle-ci garde sur le sujet. Sur son lit de mort, elle déclare ainsi à la princesse : « Il y a déjà longtemps que je me suis aperçue de cette inclination ; mais je ne vous en ai pas voulu parler d'abord, de peur de vous en faire apercevoir vous-même. » (p. 60)

• Dans la première partie du roman, le personnage ne parvient donc pas à analyser ce qui lui arrive. Après la mort de sa mère, elle prend certes conscience de la passion qu'elle éprouve, sans parvenir à la maîtriser pour autant.

• C'est ainsi que la princesse se laisse toujours devancer par ses impressions ou par le hasard des circonstances, notamment au cours de la scène du vol du portrait, où l'audace de Nemours la laisse sans voix (p. 88). À plusieurs reprises, Mme de Clèves comprend après-coup qu'elle ne maîtrise plus ses émotions, ni parfois l'expression de son visage lui-même, comme en atteste le trouble qu'elle manifeste lorsque le duc se blesse légèrement au cours d'une partie de paume (p. 92).

• Dès lors, craignant de ne plus parvenir à cacher ses sentiments aux yeux de la cour et du principal intéressé, elle tente de fuir la présence du duc et supplie son mari de la laisser se retirer à la campagne. Durant les moments qu'elle passe à Coulommiers, elle parvient à reprendre possession d'elle-même, mais ces répits sont de courte durée, Mme de Clèves devant rejoindre la cour pour répondre aux obligations de son rang.

Les tourments de la jalousie

• En présence du duc, la princesse perd toute la sérénité qu'elle a réussi à reconquérir dans le silence de la retraite. Or la jeune femme a en horreur ces bouleversements intérieurs, notamment lorsqu'ils sont liés à la jalousie, dont elle fait la cruelle expérience en lisant la lettre égarée de Mme de Thémines (p. 95). Lorsqu'elle s'adresse une dernière fois à Nemours à la fin du roman, pour justifier son refus de l'épouser, elle souligne qu'elle a souffert de « si cruelles peines » en lisant cette lettre, qu'il lui en est resté « une idée qui [lui] fait croire que c'est le plus grand de tous les maux » (p. 184).

• Plus largement, cette jeune femme, qui aspire à se contrôler parfaitement, souffre d'être poursuivie par l'image obsédante de Nemours, malgré ses tentatives pour s'en détacher. Il lui arrive ainsi d'être sur le point de haïr celui qu'elle aime, tant cette aliénation lui semble difficile à supporter.

• Le prince de Clèves, après la scène de l'aveu, est lui aussi confronté aux tourments de la jalousie et aux contradictions de la passion. Ainsi déclare-t-il à la princesse : « Je vous adore, je vous hais ; je vous offense, je vous demande pardon ; je vous admire, j'ai honte de vous admirer ; enfin, il n'y a plus en moi ni de calme ni de raison. » (p. 156)

• Mme de Lafayette souligne ainsi la fragilité de la frontière qui sépare l'amour de la haine, conséquence du caractère irrationnel des passions. Cette analyse de la passion peut être rapprochée de celle que d'autres moralistes, proches du courant janséniste, développent à la même époque. Ces auteurs soulignent que la passion est une puissance redoutable, qui tend à obscurcir la raison, quand elle ne nous conduit pas à un aveuglement total.

• Ainsi, les analyses de la princesse ont toujours un temps de retard sur les manifestations de sa passion, qui lui échappent. Souvenons-nous notamment de la scène où elle réécrit la lettre de Mme de Thémines en compagnie de Nemours. Durant quelques heures, la princesse se rapproche dangereusement du duc : « elle ne sentait que le plaisir de voir monsieur de Nemours ; elle en avait une joie pure et sans mélange qu'elle n'avait jamais sentie ». Mais aussitôt la lettre terminée, elle « revi[ent] comme d'un songe » et éprouve une forte culpabilité à l'égard de son mari, comme le souligne le monologue narrativisé qui suit immédiatement le départ du duc : « [...] elle trouvait qu'elle était d'intelligence avec monsieur de Nemours, qu'elle trompait le mari du monde qui méritait le moins d'être trompé ; et elle était honteuse de paraître si peu digne d'estime aux yeux même de son amant. Mais ce qu'elle pouvait moins supporter que tout le reste, était le souvenir de l'état où elle avait passé la nuit [...]. » (p. 118)

La passion au XVIIe siècle

Dans ses *Maximes*, La Rochefoucauld souligne que « la passion fait souvent un fou du plus habile homme », et que « l'esprit est toujours la dupe du cœur. » Dans les mêmes années, Racine met quant à lui en scène les ravages de la passion, à travers des héroïnes comme Phèdre ou Hermione, pour faire prendre conscience aux spectateurs de la nécessité de mettre ces passions à distance.

L'écriture du soliloque

• Comme on le voit dans cet extrait, les moments d'introspection de la princesse se traduisent, sur le plan stylistique, par de longues phrases, introduites par des verbes du type « elle songeait que... », « elle pensait que... ». La multiplication des propositions subordonnées met alors en évidence le bouleversement lié à la passion amoureuse.

• Le modèle de ces soliloques[1] est à chercher du côté de l'examen de conscience, tel qu'il est recommandé par les directeurs spirituels[2] de l'époque. Cet examen devait en principe précéder la confession au prêtre, elle-même suivie de prières et de pénitences.

1. Discours qu'une personne seule se tient à elle-même.

2. Ou directeurs de conscience : personnes qui guident les chrétiens dans la pratique de leur foi.

• Ainsi, lorsqu'elle souhaite réfléchir sur elle-même, la princesse commence toujours par se retirer dans un lieu situé à l'écart de l'agitation de la cour (« Elle s'enferma seule dans son cabinet… »). Commence alors l'examen de conscience à proprement parler, où alternent des moments de lucidité et d'aveuglement. Enfin, le soliloque se clôt le plus souvent par la résolution de ne plus céder à la tentation, ainsi que par le regret de ne pas donner à son mari tout l'amour qu'il mériterait…

Limites de l'analyse de soi

• À travers ces soliloques, Mme de Clèves tente de suivre les mutations qui s'opèrent en elle, sans parvenir cependant à en prendre le contrôle. La passion progresse toujours plus rapidement que l'analyse, et la raison est ainsi systématiquement mise en échec. Le seul remède que la princesse trouve finalement à la passion violente qu'elle éprouve est un éloignement définitif du duc de Nemours, rupture qui fait suite à une « maladie de langueur » (p. 189), autrement dit, à une forme de dépression.

• Les soliloques ne sont cependant pas uniquement réservés à l'héroïne éponyme. La jalousie de M. de Clèves, qui se transforme finalement en passion mortifère, fait aussi l'objet d'analyses précises, ainsi que la passion de Nemours, même si ce dernier prend moins souvent, et moins longuement, le temps de revenir sur lui-même.

« Citation à retenir

Jamais mari n'avait eu une passion si violente pour sa femme, et ne l'avait tant estimée. Ce qu'il venait d'apprendre ne lui ôtait pas l'estime ; mais elle lui en donnait d'une espèce différente de celle qu'il avait eue jusqu'alors. Ce qui l'occupait le plus, était l'envie de deviner celui qui avait su lui plaire.

À propos de M. de Clèves, tourmenté après la scène de l'aveu, p. 129.

Une narratrice très discrète

• C'est en tout cas à travers de telles analyses que Mme de Lafayette affine le portrait moral de ses personnages, qu'elle les individualise, tout en faisant dans le même temps œuvre de moraliste. Pour autant, ses interventions dans le fil du récit demeurent discrètes : à aucun moment, elle ne livre de jugement définitif sur ses personnages. Ainsi, on ne saura jamais ce que pense l'auteur du duc de Nemours : est-il un séducteur invétéré, comme le pensait Mme de Chartres ? Ou éprouve-t-il pour Mme de Clèves un amour authentique ?

• Les raisons profondes du refus final énoncé par la princesse, lors de sa dernière entrevue avec Nemours, sont elles aussi ambivalentes : certes, Mme de Clèves souligne combien il lui importe de rester fidèle à la mémoire de son mari, mais elle insiste également sur sa crainte de voir la passion de Nemours s'affaiblir avec le temps... La vertu et l'orgueil se mêlent finalement dans ce refus de la princesse, qui a parfois été perçu comme invraisemblable.

• Dans ce roman, l'amour est ainsi présenté au lecteur dans toutes ses déclinaisons : Mme de Clèves, M. de Nemours et M. de Clèves éprouvent chacun une passion forte, mais celle-ci se manifeste différemment, en fonction du caractère et de l'histoire de ces personnages. Toute l'originalité du roman est de mettre en intrigue cette complexité de la passion, et de l'analyser de l'intérieur.

Les récits enchâssés dans *La Princesse de Clèves*

Malgré sa relative brièveté, *La Princesse de Clèves* comprend quatre récits enchâssés, caractérisés par une certaine autonomie. Ce principe de l'enchâssement se situe dans le prolongement du roman baroque, qui n'hésite pas à multiplier les niveaux d'intrigue. Cependant, loin d'être de pures digressions, ces histoires viennent éclairer la progression du récit premier. Elles sont toutes adressées au personnage éponyme, et comprennent ainsi une dimension didactique.

• L'histoire de Diane de Valentinois est racontée par Mme de Chartres à la demande de sa fille, qui s'étonne de la passion durable d'Henri II pour une femme pourtant bien plus âgée que lui. Mme de Chartres rappelle dans son récit que la duchesse de Valentinois a d'abord été la maîtresse de François Ier, avant de devenir celle d'Henri II, sur lequel elle exerce un empire absolu, alors même qu'elle lui est infidèle ! Chez la favorite du roi, la passion apparaît indissolublement liée au désir de domination et à la conquête du pouvoir.

LEXIQUE

On appelle « récit enchâssant » ou « récit-cadre » un récit dans lequel sont racontés un ou plusieurs récits secondaires, appelés récits enchâssés ou récits encadrés.

• L'histoire de Mme de Tournon ouvre la deuxième partie du roman et elle est prise en charge par M. de Clèves, qui souligne le désespoir de son ami Sancerre après la mort brutale de son amante, Mme de Tournon. Ce désespoir est accentué par la découverte de la trahison de la jeune femme, qui avait déclaré avant sa mort sa passion à deux hommes à la fois, tout en affichant un comportement très austère. Mme de Tournon incarne ainsi la duplicité et l'hypocrisie, et ce contre-modèle contribue là encore à ouvrir les yeux de Mme de Clèves sur la fausseté des apparences.

• L'histoire d'Anne de Boulen, mère de la reine Élisabeth d'Angleterre, présente le destin tragique de celle qui fut brièvement l'épouse d'Henri VIII (voir l'encart p. 87), avant d'être emprisonnée et finalement exécutée par son mari, au motif qu'elle aurait entretenu des relations incestueuses avec son frère. Ce récit particulièrement frappant, pris en charge par la reine dauphine, met l'accent sur la violence des rapports humains à la cour, et sur la précarité de la grandeur.

• Enfin, l'histoire racontée par le vidame de Chartres au duc de Nemours est directement liée à la progression de l'intrigue principale : il s'agit en effet pour le vidame de convaincre le duc de le tirer d'embarras, en laissant croire à tous qu'une lettre malencontreusement égarée, rédigée par son amante Mme de Thémines, serait adressée au duc. De cette manière, Catherine de Médicis, qui éprouve pour le vidame une passion aussi secrète que jalouse, pourrait croire que son amant lui est fidèle, ce qui n'est pas le cas. Pour le duc de Nemours, la situation est délicate, dans la mesure où Mme de Clèves a pris connaissance de cette lettre qu'elle pense destinée à Nemours, qui serait ainsi aimé d'une autre femme... Cette histoire enchâssée met à nouveau en tension les motifs de l'inconstance et de la jalousie, tout en soulignant les dangers auxquels s'exposent les hommes qui tentent de conjuguer politique et galanterie.

Ces récits secondaires ont donc tous un lien plus ou moins évident avec les thèmes centraux du récit premier : il s'agit en effet d'y présenter différentes facettes de la passion amoureuse, en montrant qu'elle ne se conjugue pour ainsi dire jamais avec la vertu et la fidélité.

Explorer le parcours associé : Individu, morale et société

LES THÈMES

1 Le procès de la passion

Un réquisitoire sévère

- Au XVIIe siècle, les moralistes poursuivent une analyse très critique des passions, réactivant l'étymologie de ce terme associé dès l'origine à la souffrance. La passion amoureuse est notamment présentée comme très dangereuse : irrésistible, elle est à l'origine d'une dégradation de l'être et d'une perte totale de repères. Ainsi, alors qu'elle se voulait maîtresse d'elle-même, Mme de Clèves se retrouve rapidement asservie à une passion plus forte que sa volonté.

- La passion met en péril le contrôle que l'individu tente d'exercer sur ses pensées, sur son corps et ses actes. Elle peut rendre celui qui en souffre capable des pires extrémités, comme Racine le montre en 1668 avec le personnage d'Hermione, qui fait assassiner celui qu'elle aime par vengeance de ne pas voir sa passion payée de retour (voir le texte 2 du groupement de textes, p. 223).

- Il arrive que le personnage prenne conscience de cette déchéance, ce qui entraîne une souffrance accrue : certains monologues de la princesse rendent ainsi compte de moments de lucidité du personnage, qui ne lui permettent pas pour autant de reprendre le contrôle d'elle-même.

« Citations à retenir

[...] *il conçut pour elle, dès ce moment, une passion et une estime extraordinaires.*

Le prince de Clèves à propos de Mlle de Chartres, p. 27.

[...] *se voyant souvent, et se voyant l'un et l'autre ce qu'il y avait de plus parfait à la cour, il était difficile qu'ils ne se plussent infiniment.*

Mme de Clèves et le duc de Nemours, p. 45.

Je suis vaincue et surmontée par une inclination qui m'entraîne malgré moi : toutes mes résolutions sont inutiles.

Mme de Clèves à propos de sa passion pour Nemours, p. 119.

LEXIQUE

Le mot « passion » vient du latin *passio*, lui-même issu du verbe *patior*, qui signifie souffrir, endurer un ensemble d'états dans lesquels l'individu est *passif*.

Lecture d'image

→ Voir le verso de la couverture en début d'ouvrage.

Dessin préparatoire réalisé pour la gravure d'Alphonse Lamotte, en vue d'illustrer une édition de *La Princesse de Clèves* parue en 1889.

« – Eh bien ! monsieur, lui répondit-elle en se jetant à ses genoux, je vais vous faire un aveu que l'on n'a jamais fait à son mari [...]. »

• *La Princesse de Clèves* a donné lieu à de nombreuses éditions illustrées. Des graveurs, des dessinateurs, des peintres, et même plus récemment le couturier Christian Lacroix ont accompagné le texte d'illustrations destinées à mettre en valeur les temps forts du texte. Des scènes comme l'aveu de la princesse ou la visite de Nemours à Coulommiers ont ainsi fait l'objet de multiples transpositions.

• L'artiste choisit ici de mettre en valeur l'attitude des personnages au premier plan, tandis que l'arrière-plan est simplement esquissé. Si l'on est attentif, on remarquera cependant la présence de Nemours, dans un coin du dessin...

1. Relisez le passage du roman auquel renvoie ce dessin (p. 122). Quel moment précis de la scène d'aveu illustre-t-il selon vous ?

2. Quels sont les éléments concrets que l'artiste s'attache à reprendre dans son dessin, notamment sur le plan de la posture des personnages ? Comment l'accablement du prince de Clèves est-il souligné ?

3. Un dessin, pas plus qu'une peinture, ne peut faire entendre des paroles ou des sons, ce que l'on rappelle souvent en reprenant une formule de Plutarque, « la peinture est une poésie muette »[1]. Malgré cette caractéristique constitutive de son art, comment le dessinateur parvient-il à suggérer que Mme de Clèves s'adresse à son mari ?

La nécessité de dissimuler

• Sur un plan social, la passion est également dangereuse dans la mesure où elle expose le sujet à l'oubli de ce qu'il doit à son rang, à sa parole ou à ses responsabilités. Dans *Andromaque* de Racine, Pyrrhus n'hésite pas à négliger ses devoirs de roi pour tenter d'assouvir ses désirs pour sa captive

1. Plutarque cite ici le poète lyrique Simonide de Céos.

troyenne, pourtant issue d'une cité ennemie de sa propre patrie.

- Plus largement, la passion, souvent associée à l'adultère et à la tentation de la faute, oblige celui qui en est victime à une perpétuelle dissimulation, qui se révèle particulièrement complexe dans un milieu comme la cour.

Le jansénisme

Les moralistes sont des auteurs qui observent les mœurs de leur temps pour en faire la peinture, tout en poursuivant une réflexion sur la nature humaine. Au XVIIe siècle, certains d'entre eux, comme Pascal, La Rochefoucauld, ou Mme de Lafayette elle-même, sont proches du jansénisme, un courant religieux et philosophique qui se caractérise par sa rigueur et son austérité, ainsi que par la mise en évidence d'une profonde corruption de l'homme.

Passion et écriture classique

- Sur le plan de l'écriture enfin, Mme de Lafayette use souvent de litotes ou de formules suggestives comme « on ne peut représenter/exprimer ce qu'il... », « elle sentit... » pour souligner que la passion dépasse le dicible, en raison des excès auxquels elle est associée. « L'horreur qu'elle eut pour elle-même et pour M. de Nemours ne se peut représenter » (p. 172), souligne ainsi la narratrice à propos de la princesse, après la mort du prince de Clèves. Au lieu de décrire concrètement les désastres de la passion, la langue classique suggère avec une grande économie de moyens la profondeur de la souffrance qui en découle.

« Citations à retenir

Jamais cour n'a eu tant de belles personnes et d'hommes admirablement bien faits.

p. 16.

L'ambition et la galanterie étaient l'âme de cette cour, et occupaient également les hommes et les femmes.

p. 20.

Si vous jugez sur les apparences en ce lieu-ci [...], vous serez souvent trompée : ce qui paraît n'est presque jamais la vérité.

Mme de Chartres à sa fille, p. 46.

2 Une peinture critique de la cour

Une apparente « magnificence »

- La cour des Valois est au premier abord un cadre somptueux et brillant. Dans les premières pages de l'œuvre, Mme de Lafayette ne cesse ainsi de mettre l'accent sur la « magnificence » et « l'éclat » de cette cour, où les princes et les princesses semblent rivaliser de beauté, de noblesse et de perfection. Tous les plaisirs y sont par ailleurs réunis, et on y donne « tous les jours des parties de chasse et de paume, des ballets, des courses de bagues, ou de semblables divertissements » (p. 15). Le roi lui-même, « galant, bien fait, et amoureux » (p. 15), excelle dans tous les exercices du corps, et son goût pour les femmes et la beauté favorise par ailleurs le développement de cette cour dans le sens du plus grand raffinement.

Lecture d'image

→ Voir le verso de la couverture en fin d'ouvrage.

Bal à la cour des Valois, école française, huile sur toile, XVIe siècle.

• Le peintre représente un bal à la cour d'Henri III, scène qui lui permet de mettre en évidence le faste de la cour des Valois. Le tableau est structuré en plusieurs plans, et répond aux lois de la perspective linéaire, mises au point en Italie à la Renaissance.

• Au premier plan, un couple de danseurs – sans doute Henri III et son épouse Louise de Lorraine – est mis en valeur. Les jeux de regards entre les danseurs sont soigneusement travaillés, ainsi que les postures de ces personnages.

• À l'arrière-plan, l'artiste ménage une ouverture sur un jardin paysager, agrémenté de fontaines et d'ouvrages architecturés, ce qui rappelle le soin apporté par François Ier et ses descendants à l'édification de somptueux châteaux, entourés de grands parcs.

1. De quelle scène du roman pourrait-on rapprocher ce tableau ?

2. Quels sont les éléments qui permettent de souligner la richesse de la cour représentée ?

3. Étudiez les jeux de regards des personnages présents au premier plan. Que traduisent ces différents regards ? Sont-ils tous à mettre sur le même plan ?

Prolongement

Cherchez une ou deux œuvres d'un compositeur de musique du XVIe siècle qui auraient pu être interprétées au cours d'un bal de cette époque.

Au-delà des apparences, un univers corrompu

• Cependant, derrière le faste et les apparences brillantes, transparaît un monde corrompu et même cruel. La « galanterie », qui est, dès la première ligne du roman, associée au faste de cette cour, peut ainsi être entendue de plusieurs manières : il s'agit certes d'une référence à l'élégance et à la distinction qui prévalent dans ce milieu, mais le mot renvoie aussi aux intrigues amoureuses qui agitent sans cesse ce microcosme.

• Les femmes qui se distinguent par leur beauté et leur jeunesse, comme l'héroïne éponyme, deviennent ainsi des objets de convoitise, délaissées pour la plupart après avoir été conquises, comme le suggèrent notamment les multiples entreprises de séduction poursuivies par le vidame de Chartres, qui incarne dans l'œuvre l'inconstance masculine. La fidélité d'Henri II pour sa favorite, pourtant bien plus âgée que lui, apparaît dans ce contexte comme un phénomène quasi incompréhensible, comme le souligne Mme de Chartres lorsqu'elle accomplit pour sa fille le récit de cette étrange passion.

Une violence latente

• La cour est également un milieu favorable au développement des oppositions et des rivalités politiques : si la violence de ces conflits n'occupe pas le premier plan dans le roman, les tensions entre les différents partis n'en sont pas moins régulièrement rappelées. Avant le mariage de l'héroïne et du prince de Clèves, plusieurs projets de mariage sont ainsi esquissés par Mme de Chartres, mais ils échouent systématiquement en raison de la haine que la puissante duchesse de Valentinois voue au vidame de Chartres, oncle de la jeune fille.

• Marie Stuart, qui est pourtant l'épouse du dauphin et qui est donc appelée à devenir reine, apparaît quant à elle dans une position très fragile, comme elle le souligne elle-même en s'adressant à la princesse : « je suis si haïe de la reine et de la duchesse de Valentinois, qu'il est difficile que, par elles ou par ceux qui sont dans leur dépendance, elles ne traversent toujours toutes les choses que je désire. » (p. 34)

• Il n'est finalement aucun personnage, aussi puissant soit-il, qui puisse échapper aux menées complexes de l'ambition et de la rivalité. La cour est ainsi un milieu corrompu, où les apparences sont reines et le danger omniprésent.

3 La tentation de la retraite

Le goût de la solitude

• L'agitation propre à la vie mondaine rend aisément compréhensible le désir de s'en éloigner. Mme de Clèves, qui a grandi loin de la cour, dans le culte de la rigueur et de la vertu, manifeste ainsi un goût marqué de la solitude, qui contribue à la distinguer des autres jeunes femmes de son âge, plus futiles et désireuses de plaire. Ce goût de la retraite se renforce à mesure que le personnage prend conscience de sa passion pour Nemours, et du danger qui la menace.

« Il faut m'arracher de la présence de monsieur de Nemours… »

• Après la mort de sa mère, elle se laisse ainsi conduire à la campagne, pour faire son deuil mais aussi pour s'éloigner « d'un lieu qui ne faisait qu'aigrir sa douleur ». Par la suite, de retour à Paris, elle se retire aussi souvent que possible dans sa chambre pour tenter d'éviter toute rencontre avec le duc. C'est bien entendu peine perdue, ce dernier n'hésitant pas à violer dès son retour ce désir d'intimité : « Monsieur de Nemours, qui avait attendu son retour avec une extrême impatience, et qui souhaitait ardemment de lui pouvoir parler sans témoins, attendit pour aller chez elle l'heure que tout le monde en sortirait… » (p. 77).

• Toute la suite du roman fait alterner les moments où la princesse paraît en société et les périodes de retraite, notamment à Coulommiers, où la princesse tente de retrouver un peu de sérénité. La scène de l'aveu au prince de Clèves est ainsi justifiée par le souhait de l'héroïne de se protéger de sa passion en menant une vie aussi solitaire que possible : « Je n'ai jamais donné nulle marque de faiblesse, et je ne craindrais pas d'en laisser paraître, si vous me laissiez la liberté de me retirer de la cour… » (p. 122).

« Citations à retenir

Ayez […] du courage, ma fille ; retirez-vous de la cour, obligez votre mari de vous emmener, ne craignez point de prendre des partis trop rudes et trop difficiles… »

Mme de Chartres à sa fille, p. 61.

[…] comme son deuil lui donnait lieu d'être plus retirée que de coutume, elle se servit de ce prétexte pour n'aller plus dans les lieux où il pouvait la voir.

p. 80.

Elle passait une partie de l'année dans cette maison religieuse, et l'autre chez elle ; mais dans une retraite et dans des occupations plus saintes que celles des couvents les plus austères.

p. 191.

Une conversion ?

- Mais là encore, Coulommiers se révèle un rempart illusoire contre la passion. L'impétueux duc de Nemours n'hésite pas à franchir à deux reprises les palissades qui séparent la forêt du jardin des Clèves, pour se rapprocher de celle qu'il aime. Pour échapper à la passion et au risque que représente la présence du duc, la princesse choisit finalement une retraite complète, dans une maison religieuse. Cet éloignement définitif du monde peut être rapproché d'une conversion religieuse, à ceci près que Mme de Clèves ne prononce pas de vœux et ne prend pas le voile.
- Mais, même à ce stade du roman, la princesse est contrainte de cacher ses véritables motivations : « Elle se retira, sur le prétexte de changer d'air, dans une maison religieuse, sans faire paraître un dessein arrêté de renoncer à la cour. » (p. 190) Cette retraite finale peut être interprétée comme un dépassement de soi, comme une victoire sur la passion, mais ce dénouement en apparence exemplaire ne masque pas l'amertume liée au sacrifice accompli.
- L'opposition entre la vie mondaine et la retraite parcourt ainsi tout le roman, et plus largement de nombreuses œuvres du XVIIe siècle. Cette opposition comporte une dimension spirituelle : la valorisation de la solitude est en effet un motif central de la réflexion des jansénistes, qui soulignent la nécessité de se détourner des séductions du monde pour se consacrer à la méditation et à Dieu.

ÉCLAIRAGE Jean Rousset, *Forme et Signification*

> Dans le tissage serré de son roman, Mme de Lafayette va donc faire alterner l'endroit et l'envers, en d'autres termes : les situations où la princesse paraît en société, sous le regard d'autrui, et les moments de solitude et de réflexion où elle peut se regarder et se reconnaître.
>
> Ce passage du dehors au dedans à mesure qu'on avance, jusqu'à la suppression complète du fond historique dans la dernière partie, représente chaque fois un passage du factice au vrai, de l'illusion au réveil, des conduites aveugles à la clairvoyance consternée d'un être qui se découvre envahi par la passion.

© Librairie José Corti, 1963, p. 21.

Question

- L'arrière-plan historique occupe-t-il selon vous une place équivalente dans les différentes parties de l'œuvre ? Justifiez votre réponse.

GROUPEMENT DE TEXTES

Faut-il condamner les passions ?

Les passions ont toujours fait l'objet de débats chez les philosophes comme chez les écrivains. Considérées avec défiance pour les désordres et la perte de lucidité dont elles sont cause durant l'Antiquité, elles sont également associées, chez les moralistes du XVIIe siècle, à la mise en évidence de l'orgueil et de l'hypocrisie. Pourtant, dès le siècle des Lumières, les passions font l'objet d'une réhabilitation progressive, qui atteint son point culminant chez les romantiques.

Texte 1 François de La Rochefoucauld, *Maximes*, 1665.

François de La Rochefoucauld (1613-1680) est issu d'une des plus grandes familles de la noblesse française. Après une brillante carrière militaire et un engagement dans la Fronde qui le condamne à l'exil, La Rochefoucauld se consacre à la rédaction d'un ensemble de Maximes, *publié anonymement en 1665. Proche du mouvement janséniste, l'auteur souligne dans les aphorismes*[1] *suivants la puissance aveuglante des passions.*

5. La durée de nos passions ne dépend pas plus de nous que la durée de notre vie.

6. La passion fait souvent un fou du plus habile homme, et rend souvent les plus sots habiles.

7. Ces grandes et éclatantes actions qui éblouissent les yeux sont représentées par les politiques comme les effets des grands desseins[2], au lieu que ce sont d'ordinaire les effets de l'humeur et des passions. Ainsi la guerre d'Auguste et d'Antoine, qu'on rapporte à l'ambition qu'ils avaient de se rendre maîtres du monde, n'était peut-être qu'un effet de jalousie[3].

---

1. Un aphorisme est une phrase courte, qui résume en une formule frappante une vérité essentielle.

2. Projets.

3. Allusion à la dernière guerre civile romaine, et au conflit qui opposa Antoine et Octave-Auguste au Ier siècle avant J.-C. Après la déclaration de guerre de Rome à la reine d'Égypte Cléopâtre, Antoine, son amant et allié, trahit sa patrie et rejoint le camp de Cléopâtre. Après leur défaite à Actium, Antoine et Cléopâtre se retirent à Alexandrie et sont contraints au suicide.

8. Les passions sont les seuls orateurs qui persuadent toujours. Elles sont comme un art de la nature dont les règles sont infaillibles ; et l'homme le plus simple qui a de la passion persuade mieux que le plus éloquent qui n'en a point.

9. Les passions ont une injustice et un propre intérêt[4] qui fait qu'il est dangereux de les suivre, et qu'on s'en doit défier lors même qu'elles paraissent les plus raisonnables.

10. Il y a dans le cœur humain une génération[5] perpétuelle de passions, en sorte que la ruine de l'une est presque toujours l'établissement d'une autre.

Questions

1. D'après La Rochefoucauld, l'homme peut-il exercer un contrôle sur ses passions ?

2. D'où ces passions tirent-elles leur force, selon le moraliste ?

3. La Rochefoucauld s'inclut-il dans le tableau de la nature humaine qu'il brosse dans ces quelques maximes ?

4. ÉTUDE DE LA LANGUE Quel est l'effet produit par le recours quasi systématique au pluriel pour évoquer *les* passions ?

Texte 2 Jean Racine, *Andromaque*, 1667.

Andromaque, *première grande tragédie de Racine, met en scène les ravages de la passion amoureuse. Au terme de la guerre de Troie, Hermione vient en Épire pour épouser Pyrrhus, mais ce dernier la délaisse au profit d'Andromaque, une captive troyenne. Lorsque Pyrrhus vient lui annoncer son mariage avec sa rivale, Hermione laisse éclater sa colère.*

HERMIONE

Je ne t'ai point aimé, cruel ? Qu'ai-je donc fait ?
J'ai dédaigné pour toi les vœux[6] de tous nos princes ;
Je t'ai cherché moi-même au fond de tes provinces[7] ;
J'y suis encor, malgré tes infidélités,

4. Un intérêt qui leur est propre.
5. Un engendrement, une formation.
6. Souhaits de mariage.
7. L'Épire, une province éloignée du cœur de la Grèce.

Et malgré tous mes Grecs[1] honteux de mes bontés.
Je leur ai commandé de cacher mon injure[2] ;
J'attendais en secret le retour d'un parjure[3] ;
J'ai cru que tôt ou tard, à ton devoir rendu,
Tu me rapporterais un cœur qui m'était dû.
Je t'aimais inconstant, qu'aurais-je fait fidèle[4] ?
Et même en ce moment où ta bouche cruelle
Vient si tranquillement m'annoncer le trépas[5],
Ingrat, je doute encor si je ne t'aime pas.
Mais, Seigneur, s'il le faut, si le Ciel en colère
Réserve à d'autres yeux la gloire de vous plaire,
Achevez votre hymen[6], j'y consens ; mais du moins
Ne forcez pas mes yeux d'en être les témoins.
Pour la dernière fois je vous parle peut-être.
Différez-le d'un jour, demain, vous serez maître…
Vous ne répondez point ? Perfide, je le vois :
Tu comptes les moments que tu perds avec moi !
Ton cœur, impatient de revoir ta Troyenne[7],
Ne souffre[8] qu'à regret qu'un autre t'entretienne.
Tu lui parles du cœur, tu la cherches des yeux.
Je ne te retiens plus, sauve-toi de ces lieux,
Va lui jurer la foi que tu m'avais jurée,
Va profaner des dieux la majesté sacrée.
Ces dieux, ces justes dieux n'auront pas oublié
Que les mêmes serments avec moi t'ont lié.
Porte au pied des autels ce cœur qui m'abandonne,
Va, cours ; mais crains encor d'y trouver Hermione.

Acte IV, scène V.

1. Les Grecs qui ont accompagné Hermione, officiellement promise à Pyrrhus quelques mois plus tôt.
2. L'outrage que j'ai subi.
3. Traître.
4. Je t'aimais alors que tu étais inconstant, qu'aurais-je fait si tu avais été fidèle ?
5. La mort.
6. Votre mariage avec Andromaque.
7. Andromaque.
8. Ne supporte.

Questions

1. Dans les dix premiers vers de cette tirade, que prend soin de récapituler Hermione ? Pourquoi ?
2. La passion d'Hermione ne se conjugue-t-elle qu'au passé ? Justifiez votre réponse.
3. À partir du vers 18, qu'est-ce qui relance la colère du personnage ?
4. ÉTUDE DE LA LANGUE Hermione s'adresse à Pyrrhus en utilisant tantôt le tutoiement, tantôt le vouvoiement. Repérez dans le texte ces changements, et justifiez cette évolution.

Texte 3 Émilie du Châtelet, *Discours sur le bonheur*, 1779.

Mathématicienne, physicienne, traductrice de Newton, Mme du Châtelet (1706-1749) a également écrit des textes philosophiques. Dans son Discours sur le bonheur, *elle démontre que les passions sont indispensables pour être heureux.*

Il faut, pour être heureux, s'être défait[9] des préjugés, être vertueux, se bien porter, avoir des goûts et des passions, être susceptible d'illusions, car nous devons la plupart de nos plaisirs à l'illusion, et malheureux est celui qui la perd. Loin donc de chercher à la faire disparaître par le flambeau de la raison, tâchons d'épaissir le vernis qu'elle met sur la plupart des objets ; il leur est encore plus nécessaire que ne le sont à nos corps les soins de la parure. Il faut commencer par se bien dire[10] à soi-même et par se bien convaincre[11] que nous n'avons rien à faire dans ce monde qu'à nous y procurer des sensations et des sentiments agréables. Les moralistes qui disent aux hommes : réprimez vos passions, et maîtrisez vos désirs, si vous voulez être heureux, ne connaissent pas le chemin du bonheur. On n'est heureux que par des goûts et des passions satisfaites ; je dis des goûts, parce qu'on n'est pas toujours assez heureux pour avoir des passions, et qu'au défaut des passions, il faut bien se contenter des goûts.

---

9. Détaché.
10. Par bien se dire.
11. Par bien se convaincre.

Ce serait donc des passions qu'il faudrait demander à Dieu, si on osait lui demander quelque chose et Le Nôtre[1] avait grande raison de demander au Pape des tentations au lieu d'indulgences[2]. Mais, me dira-t-on, les passions ne font-elles pas plus de malheureux que d'heureux ? Je n'ai pas la balance nécessaire pour peser en général le bien et le mal qu'elles ont faits aux hommes ; mais il faut remarquer que les malheureux sont connus parce qu'ils ont besoin des autres, qu'ils aiment à raconter leurs malheurs, qu'ils y cherchent des remèdes et du soulagement. Les gens heureux ne cherchent rien, et ne vont point avertir les autres de leur bonheur ; les malheureux sont intéressants, les gens heureux sont inconnus. […] On connaît donc bien plus l'amour par les malheurs qu'il cause, que par le bonheur souvent obscur qu'il répand sur la vie des hommes. Mais supposons, pour un moment, que les passions fassent plus de malheureux que d'heureux, je dis qu'elles seraient encore à désirer, parce que c'est la condition sans laquelle on ne peut avoir de grands plaisirs ; or, ce n'est la peine de vivre que pour avoir des sensations et des sentiments agréables ; et plus les sentiments agréables sont vifs, plus on est heureux. Il est donc à désirer d'être susceptible de passions, et je le répète encore : n'en a pas qui veut. C'est à nous de les faire servir à notre bonheur, et cela dépend souvent de nous.

Questions

1. Quels sont les éléments nécessaires au bonheur, selon Mme du Châtelet ?
2. Dans cette perspective, la passion s'oppose-t-elle au bonheur ?
3. D'après Mme du Châtelet, les passions sont-elles une source d'aliénation pour l'homme ?
4. Comment souligne-t-elle son engagement dans son propre discours ?

1. André Le Nôtre (1613-1700), jardinier de Louis XIV, concepteur du parc du château de Versailles.
2. Rémission d'une peine que mérite un péché, accordée par l'Église. Lors d'un voyage à Rome en 1678 pour diriger les jardins du pape Inocent XI, Le Nôtre avait beaucoup plu au pape. Au moment de partir, celui-ci lui aurait demandé s'il ne voulait pas emporter en France quelques indulgences. Le Nôtre lui aurait répondu : « Ah ! saint père, donnez-nous plutôt des tentations. »

Texte 4 François-René de Chateaubriand, *René*, 1802.

François-René de Chateaubriand (1768-1848) est considéré comme l'une des principales figures du premier romantisme français. Dans René *(1802), un court roman en partie autobiographique, Chateaubriand met en scène un personnage doué d'une sensibilité exacerbée, en proie au « vague des passions ». Le passage suivant est extrait d'un récit rétrospectif que le jeune homme adresse à deux vieillards.*

« [...] Un jour j'étais monté au sommet de l'Etna, volcan qui brûle au milieu d'une île. Je vis le soleil se lever dans l'immensité de l'horizon au-dessous de moi, la Sicile resserrée comme un point à mes pieds et la mer déroulée au loin dans les espaces. Dans cette vue perpendiculaire du tableau, les fleuves ne me semblaient plus que des lignes géographiques tracées sur une carte ; mais tandis que d'un côté mon œil apercevait ces objets, de l'autre il plongeait dans le cratère de l'Etna, dont je découvrais les entrailles brûlantes entre les bouffées d'une noire vapeur.

Un jeune homme plein de passions, assis sur la bouche d'un volcan, et pleurant sur les mortels dont à peine il voyait à ses pieds les demeures, n'est sans doute, ô vieillards[3] ! qu'un objet digne de votre pitié ; mais, quoi que vous puissiez penser de René, ce tableau vous offre l'image de son caractère et de son existence : c'est ainsi que toute ma vie j'ai eu devant les yeux une création à la fois immense et imperceptible et un abîme ouvert à mes côtés.

Je me mis à sonder mon cœur, à me demander ce que je désirais. Je ne le savais pas, mais je crus tout à coup que les bois me seraient délicieux. Me voilà soudain résolu d'achever dans un exil champêtre une carrière à peine commencée et dans laquelle j'avais déjà dévoré des siècles.

J'embrassai ce projet avec l'ardeur que je mets à tous mes desseins ; je partis précipitamment pour m'ensevelir dans une chaumière, comme j'étais parti autrefois pour faire le tour du

Parcours LES TEXTES

3. *René* se présente comme une confession adressée oralement par le personnage éponyme à deux hommes âgés, Chactas, son père adoptif et le père Souël, son père spirituel.

monde. On m'accuse d'avoir des goûts inconstants, de ne pouvoir jouir longtemps de la même chimère[1], d'être la proie d'une imagination qui se hâte d'arriver au fond de mes plaisirs, comme si elle était accablée de leur durée ; on m'accuse de passer toujours le but que je puis atteindre : hélas ! je cherche seulement un bien inconnu dont l'instinct me poursuit. Est-ce ma faute si je trouve partout des bornes, si ce qui est fini n'a pour moi aucune valeur ? »

Questions

1. Quelle est la fonction du tableau paysager ébauché dans le premier paragraphe ? Que représente symboliquement le volcan ?
2. Comment Chateaubriand souligne-t-il la difficulté du personnage à identifier les désirs qui l'animent ?
3. Selon vous, Chateaubriand porte-t-il un jugement négatif sur l'inconstance de René ?
4. **ÉTUDE DE LA LANGUE** En vous intéressant en particulier à l'usage des pronoms personnels, déterminez le registre du texte. Dans quelle mesure peut-on dire que ce registre est caractéristique de l'expression des passions ?

1. Illusion, songe.

LA DISSERTATION

SUJET **Quel jugement Mme de Lafayette et les auteurs du parcours associé portent-ils sur les passions humaines ?**
Vous répondrez à cette question en vous appuyant sur *La Princesse de Clèves* ainsi que sur les textes du parcours associé que vous avez étudiés.

Conseils de méthode

1 L'analyse du sujet

• Avant toute chose, il est important de bien lire le sujet et de réfléchir aux termes qui le composent. Il faut être attentif à chacun des éléments de cet intitulé pour éviter le risque de hors-sujet.

• Dans l'exemple ci-dessus, les élèves sont invités à réfléchir sur la manière dont Mme de Lafayette et les auteurs du parcours considèrent les passions, souvent associées à la souffrance et à l'aliénation. On peut à ce titre rappeler l'étymologie du terme : passion vient du latin *passio*, formé sur le participe passé d'un verbe qui signifie souffrir, endurer. Il s'agit donc de s'interroger sur un positionnement personnel, à la fois moral, intellectuel et esthétique, tout en réfléchissant sur les moyens mis en œuvre pour transmettre au lecteur ce jugement.

• Il faut également prêter attention à la consigne qui suit le sujet : dans l'exemple proposé, il est indiqué que les élèves doivent s'appuyer sur l'œuvre au programme qu'ils ont étudiée, ainsi que sur les extraits de texte abordés dans le cadre du parcours associé. Il importe donc de respecter un équilibre dans le devoir entre les exemples issus de *La Princesse de Clèves* et les autres textes.

2 L'introduction

• L'introduction est un moment clef de la dissertation : c'est par elle que s'ouvre le devoir, et elle doit donc retenir l'attention du correcteur, tout en indiquant d'emblée les axes de réflexion qui seront développés par la suite.

• On débutera l'introduction par une ou deux phrases d'amorce qui permettront d'amener le sujet, de manière aussi fluide que possible.

- Le sujet lui-même doit ensuite être rappelé, et le candidat doit prendre le temps d'en définir les termes.
- À la suite de cette analyse du sujet, il faut poser une problématique claire, autrement dit, formuler une question centrée sur un des aspects importants du sujet, ce qui permet d'enclencher le mouvement de la réflexion.
- Enfin, l'introduction doit se terminer par l'annonce du plan qui sera suivi dans le développement.

3 Le développement et les exemples

- Chaque partie de la dissertation doit permettre de développer deux ou trois idées permettant de faire avancer la réflexion sur le sujet proposé.
- Les parties du devoir doivent se composer de paragraphes bien distincts (penser aux alinéas !), présentant successivement un argument puis un ou deux exemples illustrant cet argument.
- Un bon exemple en dissertation est un exemple précis, qui se fonde sur un passage de l'œuvre que vous avez bien en mémoire, ou sur un extrait de texte du parcours associé que vous maîtrisez. Il est important de rappeler les références précises de ces textes (nom de l'auteur, titre de l'œuvre, références du passage cité...), sans faire d'erreur, notamment sur l'orthographe des noms propres. Il faut également avoir un commentaire personnel à proposer sur cet extrait, et ne pas se contenter de le résumer.
- Les citations sont un bon moyen de valoriser les exemples, à condition d'être bien amenées, reliées à ces exemples, et surtout exactes !

Exemples rédigés

1 Proposition d'introduction

À travers leurs œuvres, les écrivains poursuivent volontiers une réflexion critique sur les passions humaines. Au XVIIe siècle notamment, les moralistes observent précisément les mœurs de leur époque tout en conduisant une analyse sans concession des passions qui animent leurs contemporains, et plus largement, l'humanité tout entière. Ainsi, quel regard certains auteurs, parmi lesquels Mme de Lafayette, qui publie anonymement *La Princesse de Clèves* en 1678, portent-ils sur les passions à travers leurs œuvres ? Il s'agira notamment de s'interroger sur les procédés littéraires utilisés par ces écrivains pour conduire une telle analyse de manière efficace. Comment le choix d'un genre littéraire, d'un style d'écriture, d'un type de personnages permet-il à un auteur de transmettre au lecteur le produit de sa réflexion sur les passions ? Nous verrons dans un premier temps que l'analyse des passions est volontiers associée, chez ces écrivains, à l'élaboration d'intrigues, d'histoires, d'apologues ou d'exemples qui permettent de donner une portée concrète à cette réflexion. Puis nous montrerons que les personnages et les situations ainsi créés constituent pour ces auteurs un moyen privilégié pour approfondir leur réflexion sur la passion, à travers des études précises de cas. Nous verrons enfin que cette analyse reste ouverte à la pluralité des interprétations : loin de délivrer des vérités toutes faites, ces œuvres nous invitent à poursuivre notre réflexion par nous-mêmes.

2 Proposition de paragraphe

II. Des personnages et des situations emblématiques, permettant d'approfondir l'analyse des passions

1. Mme de Clèves, une héroïne vertueuse soumise à l'épreuve de la passion

[Argument] Dans *La Princesse de Clèves*, Mme de Lafayette met en évidence les dangers de la passion amoureuse. Celle-ci est présentée comme une force quasi irrésistible, qui conduit les personnages les plus vertueux à perdre le contrôle d'eux-mêmes. Ainsi, Mme de Clèves, en dépit de l'éducation qu'elle a reçue et de la force morale qui la caractérise, peine à conserver la maîtrise de son corps, de ses paroles et de ses actes lorsqu'elle se trouve en présence du duc de Nemours. **[Exemple]** Des indices de sa passion lui échappent malgré elle, comme en témoigne la scène où elle réécrit la lettre perdue de Mme de Thémines en compagnie du duc, dans la troisième partie du roman. La narratrice note alors que durant ces quelques heures, « elle ne sentait que le plaisir de voir monsieur de Nemours ». Mais aussitôt après le départ du duc, lorsqu'elle se retrouve seule, elle revient « comme d'un songe », comparaison qui souligne clairement la part d'illusion que comportait le plaisir initial. Dès cet instant, les remords reviennent en force, et

Vers le BAC

Mme de Clèves analyse elle-même son désarroi : « Je suis vaincue et surmontée par une inclination qui m'entraîne malgré moi : toutes mes résolutions sont inutiles [...]. » Le recours au style direct, dans ce soliloque, permet de mettre clairement en évidence les conséquences de l'aliénation amoureuse. **[Ouverture au parcours associé]** Dans ses *Maximes* (1665), La Rochefoucauld poursuit un réquisitoire plus sévère encore contre les passions. Recourant à la brièveté et à l'efficacité caractéristiques de l'aphorisme, il note par exemple dès la première page de son ouvrage que « la passion fait souvent un fou du plus habile homme » (maxime 5). **[Bilan du paragraphe]** Ainsi, la passion est présentée par ces auteurs comme une force qui dépasse les êtres et menace leur raison.

LE COMMENTAIRE DE TEXTE

SUJET **Vous commenterez le texte de Pierre Choderlos de Laclos, extrait des *Liaisons dangereuses* (1782).**

Dans Les Liaisons dangereuses, *roman épistolaire publié en 1782, Laclos met en scène deux libertins, la marquise de Merteuil et le vicomte de Valmont, tous deux manipulateurs et redoutables dans l'art de la conquête amoureuse. Dans la lettre CXXVIII, la vertueuse Mme de Tourvel écrit à Mme de Rosemonde, la tante de Valmont, pour lui avouer qu'elle vient de céder à son neveu, après lui avoir résisté pendant plusieurs semaines.*

C'est donc à votre neveu que je me suis consacrée ; c'est pour lui que je me suis perdue. Il est devenu le centre unique de mes pensées, de mes sentiments, de mes actions. Tant que ma vie sera nécessaire à son bonheur, elle me sera précieuse, et je la trouverai fortunée. Si quelque jour, il en juge autrement…, il n'entendra de ma part ni plainte ni reproche. J'ai déjà osé fixer les yeux sur ce moment fatal, et mon parti est pris.

Vous voyez à présent combien peu doit m'affecter la crainte que vous paraissez avoir, qu'un jour M. de Valmont ne me perde : car avant de le vouloir, il aura donc cessé de m'aimer ; et que me feront alors de vains reproches que je n'entendrai pas ? Seul, il sera mon juge. Comme je n'aurai vécu que pour lui, ce sera en lui que reposera ma mémoire ; et s'il est forcé de reconnaître que je l'aimais, je serai suffisamment justifiée.

Vous venez, Madame, de lire dans mon cœur. J'ai préféré le malheur de perdre votre estime, par ma franchise, à celui de m'en rendre indigne par l'avilissement du mensonge. J'ai cru devoir cette entière confiance à vos anciennes bontés pour moi. Ajouter un mot de plus pourrait vous faire soupçonner que j'ai l'orgueil d'y compter encore, quand au contraire je me rends justice en cessant d'y prétendre.

Je suis avec respect, Madame, votre très humble et très obéissante servante.

Paris, 1er novembre 17**

Pierre Choderlos de Laclos,
Les Liaisons dangereuses, lettre CXXVIII, 1782.

Vers le BAC

Conseils de méthode

Rédiger un commentaire de texte revient à en proposer une interprétation, qui doit être justifiée de manière argumentée, en s'appuyant sur des analyses précises du texte, et notamment sur les choix d'écriture de l'auteur. Cette interprétation doit par ailleurs être organisée, c'est-à-dire suivre une progression dynamique, au fil de deux ou trois idées directrices qui constituent le plan du devoir.

1 Première phase : lecture du texte et questionnement préalable

- Il faut avant tout lire et relire le texte, crayon en main, pour repérer dans ce passage les éléments les plus saillants sur le plan des choix d'écriture et de la progression thématique.
- Au brouillon, on s'efforcera ensuite de répondre à des questions élémentaires : à quelle époque a été écrit le texte ? se rattache-t-il à un mouvement littéraire connu ? À quel genre appartient-il ? Quelle est la nature de ce texte : s'agit-il d'une description, d'un dialogue, d'une confession, d'une scène entre plusieurs personnages… ? Quel est le sujet du passage ? Comment le résumer en quelques mots ? Quel est le registre du passage ? Quels sont ses thèmes principaux ?

2 Deuxième phase : construction du plan et recherche des exemples

- À partir de ce questionnement et des remarques portées sur le brouillon, on élaborera un plan autour de deux ou trois idées essentielles pour la compréhension du texte. Ces idées directrices doivent pouvoir être formulées de manière concise, pour constituer les intitulés des différentes parties du devoir.
- Une fois cette structure d'ensemble trouvée, il faut préciser le plan et trouver, pour chaque partie, deux ou trois sous-parties, qui permettront d'étayer les idées directrices du commentaire. Chacune de ces sous-parties doit s'appuyer sur un aspect particulier du texte, qui fera l'objet d'une analyse précise, notamment sur un plan stylistique. Rappelons qu'il ne suffit pas de relever telle ou telle figure de style dans le texte : il est important de s'interroger sur *l'effet de sens* recherché par l'auteur dans le choix de cette figure.
- Il convient également de rédiger au brouillon l'introduction du devoir, qui doit comprendre, dans l'ordre :

– une brève présentation du texte à commenter (genre du texte, nature du passage, époque et, si possible, quelques mots de l'auteur) ;

– une analyse de la progression du texte ;

– une problématique sous forme de question ;

– une annonce du plan qui va être suivi dans le commentaire.

On rédigera également, toujours au brouillon, la conclusion du devoir, qui doit comprendre un bilan des axes du commentaire ainsi qu'une ouverture à d'autres textes, ou éventuellement à d'autres formes d'art.

3 Troisième phase : rédaction du devoir

• On peut ensuite passer à la rédaction du commentaire, en suivant le plan détaillé qui a été préparé au brouillon. Il faut alors veiller à la précision dans l'analyse des exemples, et à la clarté de la présentation du devoir.

• On prendra notamment soin de revenir à la ligne pour chaque paragraphe, et on distinguera clairement les différentes parties du devoir, par exemple par un saut de ligne. Il est important de soigner sa graphie ainsi que la correction de la langue.

4 Quatrième phase : relecture

Dans un dernier temps, il est indispensable de garder quelques minutes pour relire soigneusement sa copie, souligner les titres des œuvres, etc.

Quelques pistes pour l'introduction

– Laclos publie *Les Liaisons dangereuses* à la fin du siècle des Lumières.

– L'œuvre est un roman épistolaire composé de cent soixante-quinze lettres.

– Le roman épistolaire est très en vogue au XVIIIe siècle, et Laclos multiplie notamment les références à *La Nouvelle Héloïse* de Rousseau, qui s'inscrit également dans ce genre.

– Le passage proposé, situé dans la dernière partie du roman, se présente comme une confession de Mme de Tourvel à celle qui est devenue sa confidente, Mme de Rosemonde. Mme de Tourvel lui avoue ainsi qu'elle a cédé au vicomte de Valmont, et qu'elle l'aime avec passion.

Proposition de plan

Problématique Comment cet aveu dénué d'artifices, adressé à Mme de Rosemonde, permet-il également au lecteur de « lire dans [le] cœur » de Mme de Tourvel ?

I. Une confession à distance

a. Un aveu épistolaire

b. L'arrière-plan religieux de cette confession

c. Un lien privilégié avec une destinataire de choix, la tante de Valmont

II. Un amour absolu

a. Le dieu Valmont : « c'est à votre neveu que je me suis consacrée »

b. L'amour comme valeur ultime

c. Une certaine retenue cependant dans l'expression des sentiments amoureux

III. Une tendance au sacrifice

a. Un amant survalorisé

b. L'intuition de l'échec de la passion

c. L'indifférence au jugement d'autrui

L'ORAL

PREMIÈRE PARTIE

L'exposé oral sur un des textes du descriptif

- **Temps de préparation :** 30 minutes
- **Durée de l'exposé :** 12 minutes
- L'examinateur propose au candidat un texte de son descriptif, ainsi qu'une question de grammaire qui porte sur un bref extrait (phrase ou partie de phrase) du texte à travailler.
- À l'issue du temps de préparation, le candidat expose son analyse du texte en respectant la démarche suivante : situation du texte dans l'œuvre ou dans le groupement choisi par le professeur, lecture expressive, explication linéaire et réponse à la question de grammaire.

EXTRAIT CHOISI **La scène de bal : p. 40-41, de « Elle passa tout le jour... » à « ... un murmure de louanges. » (l. 682 à 702)**

1 Le texte et sa présentation

• L'explication linéaire de texte suit le mouvement du passage, tout en construisant progressivement une interprétation. On peut souligner, en revenant à l'origine latine du terme, qu'*expliquer* signifie *déplier* un texte pour le donner à voir et à lire[1] : il s'agit donc de déployer la richesse du passage, de dégager sa part d'implicite, ses différentes possibilités d'interprétation.

• L'introduction présente le texte dans son contexte direct, en fonction de sa place dans l'œuvre intégrale ou au sein du parcours associé. À la suite de cette présentation, on procédera à la lecture à haute voix du texte, en soignant particulièrement cette étape, dans la mesure où lire un texte revient déjà à en proposer une interprétation.

Vers le BAC

1. Les manuscrits des Anciens se présentaient en effet sous forme de rouleaux, que l'on déroulait au fur et à mesure de la lecture.

• À la suite de cette lecture, on annoncera les différents mouvements du texte (en se référant à des lignes ou des vers précis), puis la problématique retenue, autrement dit la question que l'on souhaite poser au texte pour creuser ses enjeux. Cette question constituera le fil directeur de toute l'explication, et il faudra y revenir régulièrement.

Exemple de présentation de l'extrait choisi

a. LE TEXTE ET SON CONTEXTE Le passage commenté se situe dans la première partie du roman, quelques mois après l'arrivée de Mlle de Chartres à la cour du roi Henri II. Le lendemain de son arrivée, la jeune fille fait la rencontre du prince de Clèves, qui tombe aussitôt éperdument amoureux d'elle et demande sa main. Le mariage est célébré peu de temps après, malgré l'absence d'inclination de la jeune fille pour le prince. En février 1559, à l'occasion des fiançailles de Claude de France, la fille cadette du roi, un grand bal est donné à la cour. Toute la noblesse assiste à cet événement, avec le désir d'y paraître à son avantage. C'est dans ce cadre prestigieux que la princesse de Clèves rencontre pour la première fois le duc de Nemours, réputé pour son élégance et sa galanterie.

b. LECTURE À HAUTE VOIX

c. LA COMPOSITION DU PASSAGE Les premières lignes du texte (l. 682 à 684) sont consacrées aux préparatifs de Mme de Clèves pour le bal et à son arrivée au Louvre. La princesse accorde alors une première danse au chevalier de Guise, qui est un de ses soupirants. Puis les lignes 685 à 697 se focalisent sur l'arrivée différée du duc de Nemours, et sur sa rencontre avec Mme de Clèves. Enfin, le dernier temps du passage (l. 698 à 702) est consacré à la surprise éprouvée par Nemours devant l'extrême beauté de la princesse, qui est elle aussi saisie par l'apparition du duc.

d. ANNONCE DU PLAN ET DE LA PROBLÉMATIQUE On peut ainsi se demander comment Mme de Lafayette suggère dans cet extrait le caractère décisif de cette rencontre pour la destinée des personnages, tout en mettant en évidence le poids des regards de la cour sur cette scène. Pour répondre à cette question, on montrera dans un premier temps que Mme de Clèves se trouve en cette soirée de bal au sommet de sa beauté, notamment en raison des préparatifs qu'elle a accomplis. Puis nous nous attarderons sur le moment de sa rencontre avec le duc de Nemours, dont l'entrée en scène a été habilement retardée par la narratrice, avant de montrer que cette rencontre provoque chez les deux personnages un saisissement réciproque. Cette scène préparée avec soin est ainsi l'occasion d'observer la naissance de la passion chez deux êtres d'exception, qui semblent prédestinés l'un à l'autre.

2 L'explication linéaire à l'oral

S'entraîner à l'explication linéaire

Construire à l'oral une explication linéaire n'est pas chose facile. Il faudra vous entraîner, pour réussir à rester dans les bornes temporelles de l'épreuve (soit huit minutes environ, ce qui est très bref), et pour présenter vos analyses de texte de manière fluide, en évitant l'écueil des répétitions. Vous devez donc faire attention à :

– **La nécessité d'une architecture et d'un fil conducteur**
Les principaux dangers de l'explication linéaire résident dans la paraphrase et la juxtaposition d'analyses stylistiques sans lien les unes avec les autres. Afin de mettre en évidence l'unité du texte, **articulez votre explication autour d'une problématique**. Ce questionnement doit être le fil directeur de votre étude. Ne vous contentez pas de l'évoquer au début et à la fin de votre exposé. **Revenez-y régulièrement**, sans quoi vous risquez de transformer l'explication en une liste de procédés. **Tenez bien compte du plan de votre étude**, fondé sur une analyse précise de la structure du texte. N'oubliez pas que **vos analyses doivent être des arguments** venant démontrer la validité des axes annoncés.

– **Travailler la fluidité de l'explication**
Un autre risque, à l'oral, est d'annoncer les analyses à l'aide des mêmes formules grammaticales (« on voit », « il y a »...). **Variez les expressions que vous employez**. Soignez également le choix de vos connecteurs logiques. Préférez commencer vos phrases par une interprétation, que vous justifierez ensuite par un exemple analysé (plutôt que de commencer par lire une phrase avant de l'analyser en repérant les procédés).

– **Réfléchir aux attentes de l'examinateur**
Passer un examen, c'est toujours se poser cette question : **qu'attend-on de moi ?** Sur quels critères serai-je évalué ? L'examinateur veut savoir si vous avez compris le texte et si vous savez utiliser des outils pour l'interpréter. Il sera également attentif à vos **qualités d'expression** et de **communication**. Veillez à votre syntaxe, faites des phrases courtes, choisissez avec soin votre vocabulaire et n'oubliez pas de regarder parfois votre interlocuteur !

Plan d'explication linéaire

I. Une princesse au sommet de sa beauté

– Les premières lignes du texte (l. 682 à 684) sont consacrées aux préparatifs de Mme de Clèves pour le bal, puis à son arrivée au Louvre. La cour admire l'extrême beauté de la princesse. Le recours au pronom personnel indéfini « on » (l. 684) permet de souligner que ce constat est unanime. La narratrice ne s'attarde cependant pas sur la toilette de Mme de Clèves, dont le raffinement et la perfection sont simplement suggérés.

– Puis la princesse accorde une première danse au chevalier de Guise. Rappelons que le chevalier est passionnément amoureux de la jeune femme depuis plusieurs mois ; il est jaloux du prince de Clèves, et ne tardera pas à éprouver de la jalousie à l'égard de Nemours.

– Notons cependant que nous n'avons aucune précision, là encore, sur la danse accomplie par les deux jeunes gens, et sur le cadre de ce bal. À rattacher à l'esthétique de la brièveté de Mme de Lafayette.

II. Une entrée en scène remarquée

– Puis les lignes 685 à 697 se focalisent sur l'arrivée différée du duc de Nemours, et sur sa rencontre avec Mme de Clèves, les deux personnages se trouvant immédiatement placés au centre des regards de la cour. L'arrivée de M. de Nemours est fortement théâtralisée : le désordre que cause son apparition est à la mesure de l'importance de ce personnage et de la séduction qu'il dégage. Mme de Clèves n'est cependant pas perturbée dans sa danse, car elle tourne le dos à l'entrée de la salle. Lorsqu'elle se retourne (« Elle se tourna... ») pour voir le cavalier qu'on lui impose, sa surprise est complète. Relevons dans ces quelques lignes le lexique de la vision (chercher des yeux, voir...).

– Le roi joue dans ce passage le rôle d'un metteur en scène très efficace, et symbolise la destinée. Notons la tournure restrictive « un homme qu'elle crut d'abord ne pouvoir être que », qui souligne le caractère intuitif de la reconnaissance chez ces deux êtres d'exception que sont le duc et la princesse.

– L'aisance physique de Nemours, qui lui permet de passer « par-dessus quelques sièges », est d'emblée soulignée. Relevons le recours à la négation et l'art de la litote (« il était fait d'une sorte qu'il était difficile de n'être pas surprise de le voir... »). La référence au soin qu'il a mis à se « parer » rappelle l'ouverture du passage et l'allusion aux préparatifs de la princesse. Enfin, la narratrice souligne la réciprocité du saisissement des deux personnages, en utilisant des termes très proches pour dire la force de cet « étonnement ». On rappellera le sens étymologique de ce terme (le choc, la stupeur de celui qui est frappé par la foudre).

III. Un saisissement réciproque

– Enfin, le dernier temps du passage (l. 698 à 702) revient sur la surprise éprouvée par Nemours devant l'extrême beauté de la princesse. La consécutive intensive « tellement... que » permet de renforcer l'expression de cette surprise. Plus démonstratif que la princesse, le duc ne peut se retenir d'exprimer son admiration par sa gestuelle et son attitude. La formule « il ne put s'empêcher de » suggère, là encore, la dimension *fatale* de cette passion.

– La dernière phrase du texte rappelle que la princesse et le duc sont sous le regard de toute la cour, qui est sensible au caractère exceptionnel de cette rencontre. La tournure impersonnelle « il s'éleva dans la salle un murmure de louanges » suggère que cette rumeur est à la fois diffuse et largement partagée. La cour est ainsi un lieu où les personnages sont sans cesse sous observation.

3 La question de grammaire

- **Durée :** 2 minutes
- La question de grammaire porte sur le texte. Elle vise l'analyse syntaxique d'une courte phrase ou d'une partie du texte.

SUJET À quel temps grammatical sont conjugués la plupart des verbes dans les dix premières lignes du texte ? Pourquoi, selon vous ?

- Le passé simple de l'indicatif prédomine largement dans cet extrait : « passa », « arriva », « admira », « commença » ... Ce temps permet d'exprimer des actions accomplies, ponctuelles, à la différence de l'imparfait qui exprime des actions qui se poursuivent dans la durée.
- Dans ces quelques lignes, la multiplication des verbes au passé simple permet à l'auteur de faire progresser rapidement le récit, en se focalisant sur l'enchaînement des actions qui conduisent à la rencontre de Mme de Clèves avec Nemours.

Vers le BAC

DEUXIÈME PARTIE

L'entretien avec l'examinateur

- **Durée :** 8 minutes
- **Premier temps de l'épreuve :** présentation par le candidat d'une œuvre choisie parmi celles étudiées en lecture intégrale en classe avec le professeur, et exposé argumenté des raisons de ce choix.
- **Deuxième étape de l'épreuve :** entretien avec l'examinateur sur cette œuvre.

1 La présentation de l'œuvre choisie

• Vous aurez travaillé en classe quatre œuvres intégrales (une par objet d'étude), ainsi que d'autres lectures cursives obligatoires proposées par votre professeur. Parmi ces lectures, il vous faudra décider l'œuvre que vous choisirez de présenter à l'examen.

S'entraîner à la présentation d'une œuvre

Pour présenter une lecture cursive, sachez ce que l'on attend de vous dans cette partie de l'examen :

• Une présentation qui témoigne d'une lecture personnelle de l'œuvre

Votre examinateur cherchera à voir à quel point vous êtes engagé dans cette lecture. Cette implication est essentielle : choisissez une œuvre que vous avez aimée, ou qui vous a interrogé, voire dérangé. On doit percevoir que vous entretenez un lien véritable avec votre lecture.

• Des capacités argumentatives

Il ne s'agit pas simplement de parler de l'œuvre, mais de défendre votre choix, votre lecture, à l'aide d'arguments construits, élaborés à l'avance, et étayés par des exemples précis qui démontrent votre connaissance approfondie de l'œuvre en question.

• Une fois l'œuvre choisie, construisez un **dossier personnel** sur cette œuvre. Utilisez tout au long de l'année un **carnet de lecture**, dans lequel vous consignerez vos impressions, vos remarques et toutes les références que vous pourrez mobiliser pour en discuter. **Soyez curieux !** Essayez d'étoffer votre connaissance de l'auteur, du contexte historique, culturel, etc. Pour *La Princesse de Clèves*, essayez de voir une ou deux adaptations filmiques du roman (se reporter à la rubrique Conseils de lecture, p. 247). Vous pouvez également lire, en complément, *La Princesse de Montpensier* et regarder l'adaptation de cette œuvre pour le cinéma.

• Si vous choisissez de présenter *La Princesse de Clèves* à l'oral, pensez à ce que vous pourriez répondre aux questions suivantes :

– Pour quelles raisons avez-vous choisi cette œuvre ? En quoi vous a-t-elle touché, interrogé, marqué ?

– Que savez-vous de Mme de Lafayette ? Dans quel contexte a-t-elle publié son œuvre ? Comment comprendre l'anonymat de cette publication ?

– Pouvez-vous commenter le titre du parcours associé « Individu, morale et société » ? En quoi le roman de Mme de Lafayette vous semble-t-il pouvoir être rattaché à ce parcours ?

– Avez-vous découvert d'autres personnages d'hommes ou de femmes confrontés à la passion au fil de votre année ? Dans quelle mesure vous semblent-ils faire écho au personnage de Mme de Clèves ? Ou au contraire s'en éloigner ? Pourquoi ?

– Y a-t-il, dans l'œuvre, un passage que vous appréciez particulièrement ? Pourquoi ?

– Avez-vous vu une adaptation de ce roman pour le cinéma ? Si oui, laquelle ? Qu'en avez-vous pensé ?

2 L'entretien avec l'examinateur

• Si votre travail de l'année a été régulier, si l'œuvre que vous présentez a été lue avec une réelle implication personnelle, cette dernière partie de votre examen oral sera sans doute la plus plaisante. Les questions que votre examinateur vous posera ne seront que des aides pour approfondir cette présentation, questionner votre réception de l'œuvre, et montrer l'étendue de vos connaissances culturelles autour de cette lecture.

• Outre ces connaissances, votre examinateur testera votre capacité à dialoguer, à écouter les questions posées, et parfois à remettre en question ou en perspective vos analyses. Considérez cet entretien comme ce qu'il est : un temps d'échange, de réflexion à deux, autour d'un même objet littéraire.

• **Affliction :** peine, douleur profonde, généralement durable.
« La perte du dauphin son fils […] lui donna une sensible affliction. »
(p. 48, l. 836)

• **Agrément :** charme, beauté.
« Ce qui le mettait au-dessus des autres, était une valeur incomparable, et un agrément dans son esprit, dans son visage et dans ses actions, que l'on n'a jamais vu qu'à lui seul. »
(À propos du duc de Nemours, p. 18, l. 86)

• **Aimable :** digne d'être aimé, en fonction de sa conformité à un idéal moral et physique.
« Le prince de Condé, dans un petit corps peu favorisé de la nature, avait une âme grande et hautaine, et un esprit qui le rendait aimable aux yeux même des plus belles femmes. »
(p. 17, l. 69)

• **Ajustement :** parure.
« […] elle paraissait elle-même avec tous les ajustements que pouvait avoir mademoiselle de la Marck, sa petite-fille. » (À propos de Mme de Valentinois, p. 15, l. 12)

• **Apparence :** vraisemblance.
« […] monsieur de Nemours fut bien fâché d'y trouver de l'apparence. »
(p. 57, l. 1112)

• **Balancer :** hésiter, tempérer.
« […] sans balancer ni se retourner du côté où il était, elle entra dans le lieu où étaient ses femmes. »
(À propos de Mme de Clèves, p. 163, l. 339)

• **Cabale :** complot, intrigue secrète.
« Il y avait tant d'intérêts et tant de cabales différentes, et les dames y avaient tant de part, que l'amour était toujours mêlé aux affaires, et les affaires à l'amour. » (p. 30, l. 369)

• **Cabinet :** lieu où l'on se retire pour converser en privé.

• **Céans :** ici, en ce lieu.

• **Chaleur :** ardeur, passion.
« Le cardinal de Lorraine […] condamna l'attachement qu'il témoignait pour mademoiselle de Chartres, avec une chaleur extraordinaire. » (p. 31, l. 412)

• **Chiffres :** lettres initiales d'un nom, entrelacées, dont on peut orner un bouclier, des vêtements, etc.
« Les couleurs et les chiffres de madame de Valentinois paraissaient partout […] » (p. 15, l. 10)

• **Commerce :** liaison, relation sociale, amicale ou affective.
« Ce prince aimait le commerce des femmes, même de celles dont il n'était pas amoureux. » (À propos d'Henri II, p. 16, l. 27)

• **Connétable :** responsable de l'administration et de la conduite des armées.

• **Considération :** estime.
« Cette princesse était dans une

grande considération, par le crédit qu'elle avait sur le roi son frère. » (À propos de Madame, sœur du roi, p. 27, l. 280)

• **Contre son ordinaire :** contrairement à ses habitudes.

• **Course de bagues :** jeu qui consiste, pour des cavaliers, à enlever des anneaux suspendus à un poteau.
« [...] c'était tous les jours des parties de chasse et de paume, des ballets, des courses de bagues, ou de semblables divertissements. » (p. 15, l. 8)

• **Devant que :** avant.
« [...] devant que d'y aller, il avait un nombre infini de maîtresses. » (À propos du duc de Nemours, p. 58, l. 1170)

• **Dissimulation :** art de tromper.
« L'adresse et la dissimulation [...] ne peuvent aller plus loin qu'elle les a portées. » (À propos de Mme de Tournon, p. 73, l. 264)

• **Éblouissement :** étourdissement.
« Le coup que ce prince s'était donné lui causa un si grand éblouissement qu'il demeura quelque temps la tête penchée sur ceux qui le soutenaient. » (p. 92, l. 861)

• **Échafaud :** tribune pour les spectateurs.
« On monta sur l'échafaud qui était préparé dans l'église. » (p. 145, l. 1199)

• **Engagement :** action d'engager, par une promesse de fidélité, sa vie sentimentale ou religieuse ; liaison galante, aventure amoureuse.
« Les passions et les engagements du monde lui parurent tels qu'ils paraissent aux personnes qui ont des vues plus grandes et plus éloignées. » (p. 189, l. 1217)

• **Entendre :** peut avoir le sens de comprendre.
« Je ne puis entendre tout ce que vous me dites, répondit monsieur de Nemours. » (p. 100, l. 1116)

• **Expédient :** moyen, ruse. Entrer dans un expédient : accepter de recourir à un moyen.
« Madame de Clèves entra dans cet expédient. » (p. 116, l. 298)

• **Galanterie :** agrément, élégance des manières ; commerce amoureux.
« On m'a accusé de n'être pas un amant fidèle, et d'avoir plusieurs galanteries à la fois » (Monsieur de Nemours parlant de lui-même, p. 109, l. 65.)

• **Garantir :** préserver.

• **Hardiesse :** courage, témérité.

• **Honnêteté :** politesse, civilité.
« Monsieur de Clèves sortit de chez sa femme après ces paroles, et partit le lendemain sans la voir ; mais il lui écrivit une lettre pleine d'affliction, d'honnêteté et de douceur. » (p. 156, l. 176)

• **Imprécations :** souhaits de malheur contre quelqu'un.

• **Lice :** lieu où se déroule un tournoi.
« *Les quatre tenants parurent au bout de la lice.* » (p. 146, l. 1225)

• **Lors :** alors.

• **Magnificence :** faste, luxe.
« *La magnificence et la galanterie n'ont jamais paru en France avec tant d'éclat que dans les dernières années du règne de Henri second.* » (p. 15, l. 1)

• **Maîtresse :** femme aimée.
« [...] *il mourait à la fleur de son âge, heureux, adoré de ses peuples, et aimé d'une maîtresse qu'il aimait éperdument.* » (À propos d'Henri II, p. 148, l. 1307)

• **Mander :** demander ; faire savoir.

• **Opiniâtrer (s') :** s'entêter.
« *Madame de Chartres combattit quelque temps l'opinion de sa fille, comme la trouvant particulière ; mais, voyant qu'elle s'y opiniâtrait, elle s'y rendit.* » (p. 55, l. 1074)

• **Passer :** peut avoir le sens de dépasser, surpasser.
« *La douleur de cette princesse passait les bornes de la raison.* » (p. 173, l. 675)

• **Quérir :** chercher.
« [...] *j'envoyais quérir son frère, que je venais de quitter chez le roi.* » (p. 72, l. 254)

• **Retardement :** retard.

• **Secret :** discrétion. Avoir du secret : être discret.
« [...] *elle n'avait trouvé personne en France qui eût du secret.* » (À propos de Catherine de Médicis, p. 101, l. 1139)

• **Souffrir :** supporter.

• **Tenant :** dans un tournoi, chevalier qui affronte l'adversaire qui se présente.

• **Tout à l'heure :** tout de suite.

• **Transport :** trouble, émotion forte.
M. de Nemours « *la vit d'une si admirable beauté, qu'à peine fut-il maître du transport que lui donna cette vue.* » (p. 159, l. 291)

• **Vidame :** personne responsable des biens d'un évêché.

Conseils de lecture

À lire

César de Saint-Réal, *Dom Carlos*, 1672

Une nouvelle historique très épurée, centrée sur le destin tragique du fils de Philippe II, roi d'Espagne.

Mme de Lafayette, *La Princesse de Montpensier*, 1672

La première nouvelle historique de l'auteur, qui se concentre déjà sur l'analyse des désordres causés par la passion.

Bertrand Tavernier, *La Princesse de Montpensier*, 2010

1572. La belle Marie de Mézières se voit contrainte d'épouser le prince de Montpensier alors qu'elle aime passionnément le duc de Guise, qui l'aime en retour… Une magnifique histoire d'amour tragique sur fond de guerres de religion, dans un film en costumes qui permet de découvrir tout l'esprit du siècle.

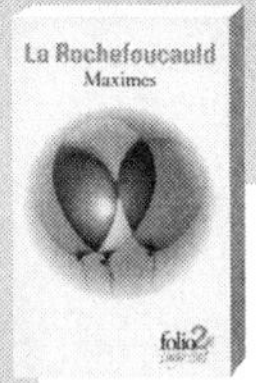

François de La Rochefoucauld, *Maximes*, 1665

Une série de maximes qui constituent une analyse sans concession de la nature humaine et des passions. À rapprocher de *La Princesse de Clèves* !

Jean-Michel Delacomptée, *Passions. La Princesse de Clèves*, 2012

Un essai très stimulant, facile à lire, qui montre que l'œuvre de Mme de Lafayette est « le roman de tous les amours ».

À voir

Christophe Honoré, *La Belle Personne*, 2008

Avec Léa Seydoux et Louis Garrel. Quand la cour des Valois se transforme en cour d'un grand lycée parisien…

Jean Delannoy, *La Princesse de Clèves*, 1961

Avec Marina Vlady dans le rôle-titre, et Jean Marais dans le rôle du prince de Clèves. Un superbe film en costumes d'époque !

Notes

Notes

Notes

Notes

Crédits photographiques

Couverture : *Diane de Poitiers, allégorie de la paix*, Jean Capassin (vers 1568-1570).

Granger Coll NY / Aurimages.

p. 4 : *Portrait de Madame de Lafayette*. © API/GAMMA-RAPHO.

p. 10 : © BIS / © Archives Nathan.

p. 13 : *Portrait d'Anne d'Autriche, reine d'Espagne* (1549-1580), Alonso Sanchez Coello, huile sur toile, 1571. © Bridgeman Images.

p. 64 : BIS / Ph. R. Basset © Archives Larbor.

p. 106 : BIS / © Archives Larbor.

p. 150 : BIS / Ph. Coll. Archives Larbor.

II et 216 : © BIS / Ph. Coll. Archives Larbor.

III et 218 : Bridgeman Images.

Conception graphique : Élise Launay

Design de couverture : Élise Launay

Recherche iconographique : Annie-Claire Auliard, Célia Diop

Mise en page : Facompo

Fabrication : Camille Friquet

Édition : Clémentine Coudray

Dans la même collection

Carrés classiques BAC

Apollinaire, *Alcools*
Baudelaire, *Les Fleurs du Mal*
Beaumarchais, *Le Mariage de Figaro*
Hugo, *Les Contemplations*
La Fontaine, *Les Fables*
Madame de Lafayette, *La Princesse de Clèves*
Molière, *L'École des femmes*
Montaigne, *Les Essais*
Racine, *Phèdre*

Carrés classiques LYCÉE

31. *L'Encyclopédie* (textes choisis)
75. *L'Homme en débat au XVIIIe siècle* (anthologie)
82. *Nouvelles réalistes et naturalistes* (anthologie)
103. *Paroles de femmes* (anthologie)
107. *Poésie et politique* (anthologie)
106. *Rencontrer l'autre* (anthologie)
110. *Une terre et des hommes* (anthologie)
85. Apollinaire, *Alcools*
33. Balzac, *Gobseck*
60. Balzac, *L'Auberge rouge*
47. Balzac, *La Duchesse de Langeais*
18. Balzac, *Le Chef-d'oeuvre inconnu*
72. Balzac, *Pierre Grassou*
95. Baudelaire, *Tableaux parisiens*
32. Beaumarchais, *Le Mariage de Figaro*
20. Corneille, *Le Cid*
78. Corneille, *Médée*
56. Flaubert, *Un coeur simple*
92. Giraudoux, *La guerre de Troie n'aura pas lieu*
77. Hugo, *Les Contemplations : Pauca Meae*
49. Hugo, *Ruy Blas*
48. Marivaux, *L'Île des esclaves*
57. Marivaux, *Les Acteurs de bonne foi*
19. Maupassant, *La Maison Tellier*
69. Maupassant, *Une partie de campagne*
55. Molière, *Amphitryon*
15. Molière, *Dom Juan*
79. Molière, *Le Misanthrope*
35. Molière, *Le Tartuffe*
63. Musset, *Les Caprices de Marianne*
14. Musset, *On ne badine pas avec l'amour*
46. Racine, *Andromaque*
66. Racine, *Britannicus*
30. Racine, *Phèdre*
13. Rimbaud, *Illuminations*
99. Rimbaud, *Les Cahiers de Douai*
50. Verlaine, *Fêtes galantes et romances sans paroles*
45. Voltaire, *Candide*
88. Voltaire, *Zadig*

Achevé d'imprimer en Italie par Grafica Veneta S.p.A. en juillet 2021
N° d'éditeur : 10275841 - Dépôt légal : août 2019